13560

9 788994 405179

누구나 알아야 할 최소한의 IT지식

모르면 손해 보는
IT 이야기

이 상 옥 지음

당신은 스마트하게 살고 있습니까?
아는 것이 힘이다. IT를 알면 미래가 보인다!

2014
세종도서 교양부문

WOWbooks
와우북스

모르면 손해 보는 **IT 이야기**
누구나 알아야 할 최소한의 IT 지식

- •초 판　　　　2014년 12월 3일　2쇄 발행

- •저 자　　　　이 상 옥
- •발 행　　　　와우북스
- •출 판　　　　와우북스
- •본문디자인　　김 덕 중
- •표지디자인　　포　　인

- •등 록　　　　2008년 3월 4일 제313-2008-000043호
- •주 소　　　　서울 마포구 연남동 223-102호 유일빌딩 3층
- •전 화　　　　02)334-3693　팩스 02)334-3694
- •e-mail　　　mumongin@wowbooks.kr
- •도메인　　　 www.wowbooks.co.kr
- •ISBN　　　　978-89-94405-17-9 13560

- •가 격　　　　17,000원

국립중앙도서관 출판시도서목록(CIP)

(모르면 손해 보는) IT 이야기: 누구나 알아야 할 최소한의 IT 지식 /
저자: 이상옥, -- 서울 : 와우북스, 2014
p. ;　cm

ISBN　978-89-94405-17-9 13560 : ₩17000

정보 기술(情報技術)
정보 산업(情報産業)

004-KDC5
004-DDC21　　　　　　　　　　　　　　CIP2014007259

추천사

오늘날 과학의 발전은 눈부시게 빨라 상상에 머물지 않고 가까운 미래에 '실제 상황'이 되리라는 것을 예고하고 있습니다. 현대인은 각종 첨단기기에 둘러싸인 채 과거에는 상상도 못 했던 현실을 날마다 맞이하고 있습니다. 어쩌면 세상은 알려진 것보다 훨씬 더 빠르게, 역동적으로 바뀌고 있는지도 모릅니다. 실제로 변화의 속도가 빨라지는 만큼 앞으로 살아가는 동안 더 혁명적인 변화를 겪을 확률이 높습니다.

또한, 우리는 매일같이 홍수처럼 쏟아지는 기사, 이메일, 동영상, 소셜 네트워크에 노출되어 있습니다. 우리가 이 소통의 장을 활용한다면 어떠한 변화를 촉발할 수 있을까요? 얼마나 많은 사람이 그 일에 참여할 수 있을까요? 어떠한 영향력을 다른 사람이나 기업, 나아가 세상에 남길 수 있을까요? 우리는 소셜 미디어를 통해 예전 친구들을 찾기도 하고, 완전히 새로운 친구를 만들기도 했으며, 우리의 관심을 광활한 네트워크 안의 사람들과 효과적으로 공유하기도 하고, 때로는 실시간으로 소통하기도 합니다.

한편, 우리는 새로운 도구를 일상에 어떻게 활용할 것인가 생각하기보다 단순히 뒤처지지 않고 따라가는 데 급급합니다. 우리는 이런 디지털 장비를 쓰기 위해 얼마든지 지출할 용의가 있다는 데에 자부심을 느낍니다. 그것이 실제로 우리 삶에 어떤 영향을 미칠지는 거의 고려하지 않은 채 말입니다. 하지만 누가 그런 생각을 할 시간이 있겠습니까?

개인용 컴퓨터 시대가 시작될 무렵, 우리는 전자계산기가 어떻게 작동하는지 이해하지 못했을지 모르지만, 그것이 어떤 기능을 하는지는 정확히 이해했습니다. 전자계산기와 달리 컴퓨터와 인터넷 세상에 와서는 그것이 무엇을 하는지는 그만두고, 우리가 그 기계에 무엇을 주문해야 할지조차 모르는 경우가 많습니다. 그만큼 복잡하고, 수많은 관계 속에서 살고 있습니다. 그 결과 기계를 인간의 필요에 맞추는 것보다 우리 자신을 기계에 최적화하는 경향이 생겼습니다.

우리는 디지털 시대가 낳은 많은 문제점을 알고 있습니다. 이제 온통 우리 주변을 둘러싼 이 기술의 진화에 대한 인간의 반응이 요청되고 있습니다. 우리는 우리가 모르는 사이 이런 혁신적인 기기에 의해 자존감을 잃고 기기에 종속되는 또 다른 세상에 살고 있으며, 그 차이는 과거에 느끼던 세대 간 차이보다 더 심대합니다.

IT는 산업혁명 이후로 이 세상을 가장 혁신적으로 이끌어 왔습니다. 그리고 이제 대부분 사람이 그 혜택을 누리고 있습니다. 하지만 인간이 만든 문명 기기에 더는 종속되어서는 안 됩니다.

결국, 누가 혹은 무엇이 디지털 혁명의 진정한 중심인가? 새로운 방식으로 소통하는 능력을 획득한 사람이나 조직에 감탄하는 대신, 우리는 그것이 일어나는 도구에 경탄하기 일쑤입니다. 라디오나 영화, 텔레비전 스타에게 그랬던 것처럼 스크린이나 터치패드 그 자체에 마음을 빼앗기고 있습니다.

한 기술에서 다른 기술로, 한 업무에서 다른 업무로 옮겨 감에 따라 변하는 편향성을 우리는 제대로 느끼지 못합니다. 이메일을 쓰는 것은 편지를 쓰는 것과 같지 않고, 소셜 네트워킹 서비스를 통해 보내는 메시지는 이메일을 쓰는 것과 같지 않습니다. 각각의 행위는 다른 결과를 낳을 뿐 아니라 우리에게 다른 사고방식과 접근법을 요구합니다.

우리가 세상과 소통하는 데 이용하는 미디어의 편향성을 제대로 이해해야만, 우리가 생각한 바와 우리가 쓰는 컴퓨터가 의도하는 바를 제대로 변별할 수 있습니다. 이런 문명의 산물을 제대로 활용 못해 사회적으로 매장당하고, 개인정보가 유출되어 큰 피해를 보는 사례가 심심찮게 일어나는 이유도 제대로 이해하고 활용하지 못해서 그렇습니다.

인간이 기술과 자연스럽게 소통하는 환경, 인간이 기술을 받아들이는 수용 과정, 기술이 인간과 사회 환경에 맞게 변형되는 과정의 연구를 통해 인간중심의 기술 시스템을 구현해야 합니다.

앞으로 다가올 차세대는 융합의 시대라고 합니다. 많은 사람이 융합에 관해 이야기하지만, 정작 진정한 의미에서 융합의 정의를 아는 사람은 많지 않은 것 같습니다. 융합과 통섭에서의 가장 중요한 키워드는 창의성입니다. 융합은 서로 다른 분야에 대한 깊은 이해를 통해서 남들이 보지 못하는 연결고리를 발견하고 새로운 가치를 창출하는 것입니다. 스티브 잡스의 '아이폰 혁명'에서도 볼 수 있듯이, 이제는 세분된 지식이나 기술보다는 창의성을 통해 새로운 가치를 창출하는 제품이 세계를 이끌어간다는 것을 알 수 있습니다.

모든 융합의 궁극적 목적은 IT 기술을 다양한 학문 분야와 융합하여 인간이 삶을 윤택하게 하고 산업을 고도화하는 것이라 할 수 있습니다. 인간이 생활의 편리함을 추구할 때, 인간은 그 편리함을 현실화하기 위해 발명을 합니다. 그리고 발명을 함으로써 새로운 기술이 생겨나고, 그 기술은 보편화되며 하나의 트렌드가 됩니다. 스마트폰을 비롯한 스마트 혁명도 계속해서 진화하는 트렌드의 한 과정이고, 현재의 스마트 기술과 개념이 융합되어 또 다른 새로운 기술을 탄생시킬 것입니다.

이러한 스마트 기술이 가지고 있는 의미는 바로 개방, 협업, 융합이라고 말할 수 있습니다. 미래의 기술 발전도 이런 가치들이 중심축을 이루며 발전하게 될 것입니다.

이 책은 저자가 현직에서 쌓은 오랜 경험을 토대로 IT에 대한 기본적인 지식을 다양한 각도에서 정리하였습니다. IT에 종사하는 사람뿐만 아니라, IT에 관심 있는 일반 사람을 상대로 상식 수준에서 꼭 알아야 할 내용으로 채웠습니다. 그리고 IT 기술이 전달해준 문명기기에 종속되지 않고, 제대로 활용하고, 미래에 다가올 혁신적인 세상에 대응하여 준비하기를 주문합니다.

또한, 전문가의 입장에서 뿐만 아니라 일반 독자의 입장에서도 비교적 쉽게 이해할 수 있도록, 다양한 사례와 그림 및 QR코드를 이용한 동영상을 추가하였습니다. 그동안, 딱딱하고, 어려운 전문용어로 IT에 쉽게 접근하지 못한 독자에게는 입문서로서 많은 도움이 될 것으로 기대합니다.

2014년 3월
두산그룹 CIO 부사장 이광성

Contents

PART **왜 IT인가?** /17

01 TV 예능프로그램의 '스마트폰 없이 살기' 체험 방송을 보면 출연자들이 불편함을 호소하고 울먹이며 금단현상을 보인다. 우리 일상이 문명기기의 노예가 되지 않으려면 IT를 제대로 알 필요가 있다.

PART **IT는 무슨 일을 하지?** /75

02 빠르게 변하는 IT 세상에서 전문지식을 제 때 익히기가 쉽지 않고, 어렵게 익힌 기술이나 지식은 제대로 사용도 하기 전에 사장되지만, 그래도 기본적으로 익혀야 하는 지식과 기술은 있다.

PART 세상에 없던 제품을 만드는 IT 기업 이야기 /133

03 수많은 기업이 경쟁에서 낙오되어 사라지고 새로 생기고 하지만, 어느 분야이든 강자는 있기 마련이다. 혁신과 융합, 신기술 등으로 무장하고 IT 업계의 강자로 우뚝 선 기업들을 알아본다.

PART 세상을 바꾼 IT 영웅들의 이야기 /237

04 오늘날의 IT 세상을 만드는데 공헌한 뜨거운 열정, 빛나는 기술, 번뜩이는 아이디어, 탁월한 경영 능력으로 성공했거나, 가진 재능을 다 꽃피우지 못하고 불운하게 스러져간, 영웅들의 이야기를 알아본다.

PART **05** 숨 가쁘게 달려온 IT의 역사 /303

모든 산업 분야에서 직간접적으로 영향을 미치고 있는 IT의 지난 역사를
돌아보며, 현재의 IT의 역할과 미래의 활약상을 예견해 보기로 한다.

PART **06** IT의 미래와 우리가 해야 할 일 /349

기술과 사회 간의 자연스러운 융화는 물질적이든 정신적이든 사람이 행복
을 증대시킬 때 이루어진다.
그렇다면 21세기를 살아가는 우리가 준비해야 할 인간중심의 IT 융합의
지향점은 무엇일까?

Prologue

항상 갈구하라(Stay Hungry), 우직하게 나아가라(Stay Foolish)

"반도체에 기대 이상 성과... IT, 모바일 '보급형 전략' 주효"
"SK C&C, 그린 IT로 '전력 대란' 극복방안 제시"
"서울대 병원, 의료, IT 접목한 '스마트 암 병원' 개발"

최근 인터넷에 올라온 IT 관련 뉴스이다. 하루에도 수없이 IT에 관한 뉴스가 쏟아져 나오고 있다. 이제 IT는 어려운 것도, 특정 분야에 종사하는 사람에게만 필요한 것도 아니다. 자기도 모르는 사이 생활 깊숙이 들어와 일상생활이 되었고, 상식이 되었다.

또한, 수많은 사람이 IT가 미래를 이끌어 갈 것이고, 심지어 미래를 창조하기를 기대하고 있다. 하지만 급격한 변화 속에서 미래가 불확실한 시대다. 불과 10년도 내다볼 수 없는 사회로 변모하고 있다. 어제 발명된 신기술이 내일이 되면 낡은 기술이 될 정도로 변화의 속도는 빠르다. 꿈과 상상했던 것이 현실이 되었고, IT와 같은 과학기술은 마술 같은 신기한 세상을 펼쳐 보이고 있다.

우리나라가 IT 강국임에도 불구하고, 대부분 사람은 IT에 대한 지식이 짧다. 서점에 나가 IT 관련 서적을 찾아보면 대부분 전문 용어로 만들어져 너무 어렵다. 특정 제품이나 기술과 같은 이론적인 내용으로만 가득하거나 스마트폰, 페이스북 등 특정 분야의 사용법에 대한 내용이 대부분이다. 이미 IT는 생활 속에 깊숙이 들어와 있고 너도나도 IT란 용어를 쉽게 쓰는데도 정작 편하게 읽어 볼 IT 관련 서적은 턱없이 부족하다.

저자는 IT를 전공하지도 않았고, 전산 전문가들이 흔히 할 수 있는 프로그램도 짤 줄 모른다. 그러나 IT 관련 일을 시작한 지 14년이 넘었고 심지어는 수백억에 달하는 IT 프로젝트도 수차례 수행해 왔다. 수많은 IT 전문가와 일을 같이하면서 늘 쉽고 편하게 접근할 수 있는 IT 관련 서적이 그리웠다. 나 같은 비전공자도 이해하기 쉽고 관심 있는 일반인도 편하게 읽어 볼 수 있는 책은 없는 걸까?

IT를 몰라도 사는 데 지장은 없다. 하지만 IT를 모르면 불편함을 넘어 손해 보는 경우가 종종 있다. 특히 직장생활을 하다 보면 IT 활용을 잘하는 친구가 일 잘하는 사람으로 인정되어 유능한 직장인으로 거듭나게 된다. 일상생활도 마찬가지다. 누구나 스마트폰을 가지는 세상이지만, 전화나 문자메시지 등 한정된 사용으로 휴대전화의 세상을 사는 사람이 있는 반면, 각종 유용한 앱을 자유자재로 활용하여 스마트한 세상을 사는 사람이 있다.

"Stay Hungry(항상 갈구하라), Stay Foolish(우직하게 나아가라)"

창조와 혁신의 아이콘 스티브 잡스가 스탠퍼드 대학교 졸업식 연설에서 주창한 말이다. IT는 그런 것이다. 엉뚱하고 고지식한 그들의 사고가 그들의 행위가 이 세상을 바꾸어 왔고, 바꾸고 있다. 실제로 IT를 이끌어 가고 있고 혁신과 함께 미래를 창조해 나가는 사람들이 만들어 가는 수많은 사건을 보고 있으면 그 어떤 소설보다 재미있고 뜨겁다. 기술만 나열한 지겨운 IT가 아닌 인간이 함께하고 창조와 미래가 살아 숨 쉬는 그런 책을 만들어 보고 싶었다. 이것이 저자가 이 책을 쓰려고 마음먹은 이유이기도 하다.

"스마트폰이 중심이 되는 제4의 물결이 시작되고, 빅데이터가 이끄는 웹 3.0 시대가 왔다"

최근에 우리나라의 IT를 주도하고 있는 삼성전자가 제시한 미래의 메시지이다. 이미 스마트폰이 삶의 방식과 기업 비즈니스를 바꾸고 있고, 대량으로 넘쳐 나는 정보의 활용을 중요시하는 빅데이터가 이끄는 웹 3.0 시대가 생활 깊숙이 파고들고 있다. 이제 IT는 좋든 싫든 누구나 알아야 할 상식 이상이 되었다.

요즘은 자동차 사고가 나면 차량에 부착된 블랙박스부터 확인한다. 차량 자체의 주행정보뿐 아니라 차량 안팎에서 벌어지는 모든 영상과 음성정보가 실시간 데이터로 블랙박스에 기록되고 있다. 페이스북이나 트위터에 로그인 하는 순간, 블로그나 카페에 짤막한 글을 남기는 순간마다 새로운 데이터가 생겨난다. 여행하면서 담은 사진이나 맛있게 먹었던 음식을 사진이나 동영상 으로 찍어 친구들과 공유할 때마다 지구상에 존재하지 않았던 새로운 데이터 가 만들어진다.

어렵고 딱딱하고 재미없게만 여겼던, 나와는 별로 상관없다고 여겼던, 데 이터가 세상을 바꾸고 있다. 우리가 잠들어 있을 때도 데이터는 살아 움직이 며 우리 삶에 영향을 미치고 있고, 생활하는 거의 모든 순간을 데이터와 떼어

놓고 생각하기 어려운 세상이 되었다. 데이터는 눈으로 도저히 보이지 않는 세상의 변화와 흐름을 볼 수 있게 해준다. 이런 데이터가 모이면 정보가 되고, 정보를 생성하고 분석하고 나누고 창조하여 실생활에 활용하게 하는 것이 IT 이다.

이 책은 IT에 대한 이해를 돕기 위해 저자의 오랜 경험을 바탕으로 상식적인 수준에서 작성하려 노력하였다. Part 1과 Part 2를 통해 왜 IT에 대해 알아야 하는지와 IT에 대한 정의부터 IT 산업 및 IT 종사자들이 무슨 일을 하는 지에 대해 간략히 기술하였다. Part 3과 Part 4는 IT를 통해 이 세상을 바꾼 기업, 제품과 사람에 대한 이야기를 담았다. 단순히 사실을 전달하는 것보다 왜 그들이, 그 제품들이 이 세상을 바꾸고 있는지에 대한 원인과 DNA에 관해 관심을 가지고 접근하였다. Part 5에서는 산업혁명에서 정보기술 혁명으로 전환하는데 단초를 제공한 컴퓨터의 출현으로부터 지난 50여 년간의 IT 역사에 대해 알아보고, 마지막 Part 6은 최근에 불어 닥치고 있는 사물인터넷과 웨어러블 기기 등 IT의 미래를 가늠해 보고, 조만간 다가올 영화 같은 현실을 어떠한 마음으로 맞이할 것인지에 대해 생각해 보는 시간을 가졌다.

이 책을 쓰면서, 매년 맞이하는 신입사원들에게 IT를 소개하는 마음으로 될 수 있으면 쉽고 재미있게 만들어 보려고 노력하였다. 이 책을 통해 그동안 막연하게 생각했던 IT에 대해 조금이나마 이해할 수 있는 계기가 되고, IT 지식과 활용이 단연코 실생활에서 도움이 되기를 기대한다. 또한, IT에 대한 통찰력을 바탕으로 다가올 미래의 삶에 대해 예측할 수 있고, 미리 준비하는 스마트한 생활이 되었으면 좋겠다.

이 책이 나오도록 영감을 주고 리드해 주신 김병완 작가님께 우선 감사를 드린다. 미천한 지식을 마음껏 발휘할 수 있도록 장소와 책을 제공해 준 송파 도서관의 도움을 잊을 수 없다. 또한, 부족한 글을 읽어 주시고 추천해 주신 이광성 부사장님께 감사드리며, 마지막으로 저술을 위해 매일 도서관에서 살다시피 한 저에게 격려를 아끼지 않았던 사랑하는 은숙과 준형, 지현에게도 고마운 마음을 전한다.

2014년 3월
이상옥

왜 IT 인가?

우리는 이 세상이 한 번도 보지 못한 것을 만들고 싶다.

- 제프 베조스 -

도구가 많을수록, 매개가 많을수록, 현실을 더욱더 잘 파악한다.

- 브뤼노 라투르 -

IT가 변화를 주도하고 있다

최근 TV 연예프로그램에서 '스마트폰 없이 살기'란 체험 방송이 있었다. 출연한 연예인들은 불편함을 호소하며 울먹이는가 하면, 습관적으로 전화를 들거나 스마트폰으로 하던 셀카 찍기, 카톡 놀이 등을 회상하며 금단현상도 보였다. 이렇게 우린 일상에서 IT가 배출한 문명의 기기에 지배당하고 있는 것이 현실이다. 그것의 노예가 되지 않기 위해서는 IT를 제대로 알 필요가 있다.

Smart한 인생이 시작되었다

꾀꼬리 같은 아름다운 목소리의 아가씨가 잠을 깨운다. 뒤이어 평소 즐겨 듣던 셀린 디옹의 'The Power of Love'를 들으며 세수를 하고, 아침밥을 먹으며 스마트폰으로 날씨와 일정을 체크한다. 그리고 이메일과 주요기사까지 확인한다.

출근길 버스를 타기 위해 스마트폰으로 타야 할 버스의 위치를 확인한다. 도착하려면 5분 정도 남아있다. 사무실에 도착할 때까지 라디오 시사방송을 통해 주요기사와 이슈사항을 청취하면서, 페이스북으로 페친들의 동향을 살피고 '좋아요'와 '댓글'을 달아준다. 이어서 트위터에 올라온 트윗 친구들의 조잘거림도 잊지 않고 체크하는 센스를 보인다.

어느덧 사무실이다. 오전에 중요한 미팅이 있다. 전날 메일로 제공한 회의 자료를 아이패드를 통해 보면서 회의에 참석한다. 예상보다 회의가 길어지고 있다. 카톡을 통해 점심 약속을 한 친구에게 양해를 얻는다. 오후에는 거래처 방문이 있다. 이번에는 지하철 노선도를 체크하여 가장 빠른 노선을 확인하고 소요시간도 확인한다. 거래처로 가는 길에 급하게 결재할 사항이 메일로 확인된다. 스마트폰에 있는 결재프로그램으로 신속하게 결재를 해준다.

저녁은 모처럼 친구들 모임이다. 일주일 전에 예약해둔 맛집에 들렀다. 먹음직스럽게 차려진 음식을 사진으로 찍어 같이 모인 친구들 모습과 함께 블로그에 올린다. 바쁜 하루 일정을 마치고 저녁에 집에 귀가해서는 야간경기 중인 프로야구를 아이패드를 통해 시청한다. 그리고 주말에 여자친구랑 보기로 한 영화예매를 마친 후 잠자리에 들 때는 스마트폰에 모아둔 음악을 들으며 기분 좋은 하루를 마감한다.

노총각인 김 대리의 평범한 하루의 모습이다.

우리나라 스마트폰 보급률은 2012년 기준 약 70%에 도달했다. 전 국민의 3분의 2 정도는 스마트폰을 갖고 있다고 볼 수 있다. 요즘 스마트폰은 휴대용 컴퓨터라 해도 무리가 아니다. 특히 카메라와 마이크가 있기 때문에 앱만 설치하면 빛의 밝기나 소음 측정도 가능하다. 최근 국내 연구진이 스마트폰으로 방사선, 염분, 자외선 등 다양한 계측이 가능하도록 바꿔 주는 기술을 개발해 화제다.

이 모든 것이 작은 스마트폰 하나로 가능하다는 것이 놀랍지 않은가? 우린 이미 중독되었다. 세상과 멀리하여 산속에서 홀로 칩거하지 않는 이상, 거부할 수 없는 변화의 흐름에 역행하기가 쉽지 않다. 거부하고 역행하기보다 제대로 알고 잘 활용하는 스마트한 인생을 살아갈 필요가 있다.

기술 중심에서 사람 중심으로

세계적인 IT 업체인 애플의 놀라운 성공의 비밀은 철저한 '고객 중심'에 있다. 스티브 잡스Steve Jobs는 매년 개최하는 애플 세계 개발자 회의WWDC: Worldwide Development Conference에서 2010년도에 다음과 같이 말했다.

"사람들은 사진 이야기를 할 때 몇 백만 화소인지와 같은 눈에 보이는 수치를 가지고서 이야기하려 합니다. 하지만 우리는 '어떻게 하면 더 나은 사진을 찍을까?'하고 고민했습니다."

애플의 모든 기술은 사용자가 고민하고 원하는 것을 중심에 두고 개발한다. 이러한 애플의 전략은 기존 애플 사용자의 충성도를 더욱 강화하고 새로운 제품에 대한 기대를 키운다. 모든 제품의 최종 목적을 고객이 사용하는 목적과 일치시킴으로써 계속해서 새로운 수요를 촉발하는 것이다.

MP3 플레이어도 마찬가지다. 일반적인 MP3 사업자는 '고객에게 어떤 기능을 제공할까?'를 고민했다. 그 결과 서라운드 입체음향, 칼로리 계산, 어학 기능 등 다양한 기술을 결합한 제품이 출시되었다.

하지만 애플의 iPod은 오직 고객의 사용 목적에만 집중했다. 소리의 재생이 아닌 음악 그 자체를 즐기는 것이 고객의 가장 큰 목적임을 알고 있는 것이다. 기존의 MP3 사업자가 개발한 제품은 많은 기능을 추가하다 보니 사용법이 점점 더 복잡해지고 있었다. 그러나 애플은 정반대로 극도의 단순함을 추구했다. 누구나 쉽고 편리하게 작동할 수 있도록 직관적인 인터페이스를 적용하고, 불필요한 기능 역시 최대한 줄임으로써 사용자가 복잡함을 느끼지 않도록 철저하게 배려했다.

iPod에 들어간 버튼은 반드시 필요한 기능인지 수없이 반문한 끝에 결정됐다. 더 이상 제거할 것이 없다는 생각이 들 때까지 버튼을 줄여나갔다. 그렇게 해서 만들어진 것이 스크롤 휠이다. 또한, 잡스는 개발팀에서 만들어 온 시제품으로 원하는 곡을 세 번 이내의 버튼 조작으로 찾지 못하면 불같이 화를 냈다고 한다.

사실 MP3는 우리나라가 선발주자였다. iPod이 세상에 나오기 4년 전인 1997년에 이미 새한정보시스템에서 MP맨이라는 제품을 내놓은 것이 세계 최초 제품이고 뒤이어 레인콤에서 출시한 삼각 프리즘 형태의 아이리버 iFP-100은 선풍적인 인기를 누리며 우리나라가 시장을 선도했다. 그 이후 컴팩Compaq을 비롯한 여러 회사에서 제품이 나오면서 그 당시 유행한 휴대용 카세트 및 CD 플레이어를 대체하는 상품으로 꽤 인기가 높았다.

새한의 MP맨

아이리버 iFP-100

애플의 iPod Nano

그러나 이런 제품이 더 강력하고 다양한 기능을 제공했지만, 사람들에게는 워크맨Walkman을 대체하는 '휴대하며 음악을 들을 수 있는 기기' 그 이상도 그 이하도 아니었다. iPod은 그에 비해 MP3가 줄 수 있는 또 다른 즐거움을 선사하는데 초점을 맞추었다. 즉 디자인 혁명을 통해 단순한 형태와 다양한 색상을 선보이고, 스크롤 휠에 의한 터치로 감성을 자극하였으며, 아이튠즈iTunes 뮤직스토어를 통해 디지털 음악 판매라는 새로운 서비스의 융합으로 '사용자가 음악을 즐기는 새로운 공간'을 서비스한다는 인식의 변화를 가져왔고, 이것이 결국, 커다란 성공으로 이어졌다.

iPod이 나온 후 9년이 지난 2010년 1월, 샌프란시스코에서 애플이 신제품인 'iPad' 제품발표회를 열었다. 이날 발표에서 잡스는 마지막 슬라이드로 '인문학 거리'와 '과학기술 거리'가 교차하는 표지판을 인용하며, "직관적이고, 재미있고, 사용하기 쉬운 제품을 만들기 위해 우리는 늘 과학기술과 인문학의 교차점에 서려고 노력했습니다. 우리가 아이패드와 같은 창조적인 제품을 만들 수 있었던 것은 이 두 가지 요소의 결합 때문입니다."라고 말했다.

iPad 제품발표회의 잡스

이제 사람들은 의자에 앉아 컴퓨팅하지 않고, 아이패드를 가지고 침대건 소파건 편한 곳에서 마음껏 디지털 콘텐츠를 소비한다. 이것은 IT가

결코 우리가 알고 있는 것처럼 기술 중심의 산업이 아니라는 방증이다. 기술과 기기는 사람이 어떻게 하면 행복하고 윤택하게 살 수 있는지 도와주고 돋보이게 하려고 존재하는 것이다. IT는 사람 중심의 산업이다.

불확실성에서 돋보이는 IT의 힘

1997년 IMF 경제위기 이후 한국 경제는 지속적인 글로벌화와 자본시장 개방으로 급변하는 해외 금융시장에 신속하고도 면민하게 대처해 왔다. 그러던 중 2008년 세계 금융위기가 발생했고, 큰 위기에 빠졌다. 2008년 9월 리먼 브라더스Lehman Brothers Holdings Inc는 파산보호 신청을 했고, 한 달 뒤 한국의 코스피는 3년 4개월 만에 또다시 1,000선이 무너졌다. 2010년에는 유럽 4개국의 재정적자 문제까지 드러나며 국내의 기업은 국제 금융위기에 직접 노출되며 끝없는 깊은 수렁에 빠져들었다. 세계적인 투자은행인 메릴린치Merrill Lynch, 모건스탠리Morgan Stanley, 시티뱅크Citibank 조차도 대규모 손실을 보이며 금융위기의 심각성을 보여 주었다.

그러나 이처럼 허망하게 무너지거나 심각한 손상을 입은 기업들과 달리 세계 금융위기 이후에도 견고한 수익률을 달성한 금융기관이 있다. 바로 글로벌 투자은행인 골드만삭스Goldman Sachs다.

세계적인 투자은행들

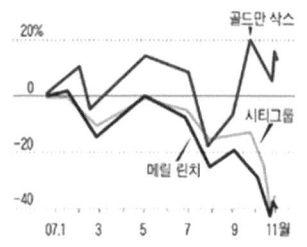

금융위기 직전 주요 투자은행 주가 추이

골드만삭스가 성공적으로 금융위기에 대처할 수 있었던 원동력은 무엇일까? 여러 의견이 있었으나 가장 유력한 것은 뛰어난 정보분석과 활용능력이었다고 한다. 골드만삭스는 대규모 IT 투자를 통해 프로세스 효율화와 대규모 DB^Database를 구축하였다. 축적된 대규모 데이터를 근간으로 2006년 12월 최고 경영층에서는 위기를 감지하고 '서브프라임 모기지(비우량 주택담보대출) 시장구조의 취약성이 심화되고 있다. 따라서 우리는 관련 리스크를 헤지^Hedge해야 한다.'라는 전략적 결정을 하게 된다. 이렇게 선제 대응하게 된 덕분에 2007년 3분기 서브프라임 사태에도 불구하고 오히려 8억 달러의 추가 순이익을 달성했다.

그에 반해 미국의 대표적인 보험사인 AIG는 파생상품의 위험규모를 적절히 파악하지 못한 상태에서 수익증대라는 부분적인 가치에만 지나치게 집중하게 되고, 위험관리가 제대로 이뤄지지 않은 상황에서 서브프라임 사태라는 폭탄은 엄청난 손실을 초래했다.

단순히 데이터를 쌓아 놓는 데만 급급했던 다른 투자은행들이 위기에 휩쓸리거나 휘청거린 것과 달리 골드만삭스는 데이터를 적절히 분석하고 활용한 결과로 '위험분산'이라는 큰 성과를 얻은 것이다. 정보자산의 활용, 즉 분석에 의한 의사결정은 이처럼 중요한 순간에 결정적인 힘을 발휘한다.

초(超)연결 사회를 리드하는 IT

하버드대 사회심리학과 교수인 스탠리 밀그램^Stanley Milgram의 1967년 '작은 세계^Small World'라는 연구에 의하면 지구상에서 누구나 여섯 단계만 거치면 아는 사람을 통해 연결될 수 있다고 한다. 마이크로소프트는 2006년에 1억 8천만 명의 사람이 메신저를 통해 주고받는 메시지 300억 건을 분석한 결과 이 이론을 다시 한 번 증명하기도 했다. 당시 78%의 사람이 7단계 이전에 연결되었다고 한다.

2013년 현재 페이스북 회원이 11억 명을 넘어섰다. 사람들은 빛의 속도로 서로의 안부를 확인하고, 각자의 관심사를 공유하는 시대에 살고 있다. 인터넷이나 스마트폰을 이용하면 언제라도 원하는 정보나 사람에 연결할 수 있다. 그야말로 우리는 이러한 상시 접속 그리고 어떤 면에서는 과잉연결의 시대에 살고 있다. 몇 년간 얼굴 한번 못 보면서도 서로 온라인상에서 안부를 확인하고, 전에는 입에서 입을 거쳐 사회적으로 이슈가 되던 일을 온라인에서 순식간에 공유하는 경험을 한다.

단순히 정보의 흐름만 따라가 보자. 지구의 한 지점에서 반대쪽으로 전달된 후, 다시 돌아와서 전 세계로 퍼지기도 한다. 특히 사회적 이슈가 될 만한 일은 이러한 초연결성을 활용해 대중의 힘을 모으고 사회 변혁을 이끄는 중요한 기폭제로 작용하였다. 이집트를 시작으로 중동에서 거세게 불었던 민주화 움직임도 휴대폰과 페이스북이라는 연결매체가 존재한 덕분에 가능할 수 있었다. 우리의 경우도 지난 대선에서 소셜 커뮤니케이션의 위력을 실감하지 않았는가.

초연결로 인해 생각하지 못한 부작용도 생겼다. 스마트워크 시대가 열리면서 퇴근 후나 주말에 상관없이 회사 업무에 접속할 수 있게 된 것이다. 그 결과 심적으로 업무 부담이 증가하는 등 의도하지 않았던 현상을 낳기도 했다. 하지만 사람이 소통을 원하는 순간에 바로 소통할 수 있는 기본적인 가능성을 열어 줬다는 점은 긍정적으로 볼 수 있다.

다만 사람 사이에 연결이 원활해지는 것이 반드시 그만큼 관계가 풍성해 지고 있다는 뜻은 아니다. 관계의 양보다 중요한 것은 바로 질이라고 할 수 있다. 하지만 약하게 연결된 많은 관계도 어느 순간 특정 관심사나 이슈에 노출되면, 이때 동시에 발생하는 에너지는 상상 그 이상이다.

IT가 소통과 공유하는 세상을 만들고 있다

현재는 웹 1.0 시대를 넘어 웹 2.0 시대에 있다고 한다. 웹 2.0의 핵심은 어디에 있을까? 웹 2.0의 근본에는 사람이 있다. 웹 1.0은 정보를 이어주는 웹이고, 웹 2.0은 연결대상이 사람이다. 위키피디아Wikipedia, 페이스북Facebook, 트위터Twitter 등 이들의 공통점은 무엇일까? 그것은 역시 사람이다. 사람이 새로운 창조적인 가치를 만들어 낼 수 있도록 어떻게 '소통'하고 '공유'하느냐가 바로 웹 2.0 시대의 근본적인 힘이자 핵심이다.

웹 2.0 시대가 되면서 가장 중요한 사회현상의 변화는 '지식에 대한 필요성'에서 '공유에 대한 필요성'으로 옮겨가는 것이다. 지식전파와 공유의 중요성에 대한 공감대는 이미 형성된 지 오래고, 이를 촉진하고 도와주는 관점에서 IT의 역할은 절대적이라 할 수 있다. 사람들에게 이런 일을 하게 하고 생각과 의견을 자유자재로 전파하고 공유하며, 그러한 모든 행위에 생명력을 불어넣는 것이 모두 IT의 힘이라니 대단하지 않은가?

Wikipedia

Facebook

Twitter

소셜 미디어와 소셜 네크워크의 발전 방향은 결국, 사람에서 출발한다. 무언가 궁금한 것이 있다면 네이버의 지식인을 이용하는가? 물론 그것도 괜찮은 방법이다. 그런데 혹시 페이스북이나 트위터에 질문을 던져본 적이 있는가? 소셜 웹의 대표주자인 트위터의 팔로워Folower가 많거나, 페이스북의 친구가 많다면 상당히 좋은 답변을 빨리 얻을 수 있다. 이미 이런 경험을 한 사람이 많다고 알고 있다. 재미있는 사실은 페이스북에 모든 세계 페북인을 대상으로 "아빠가 '좋아요' 10,000개 받으면 자전거 사주기로 했어요!"라고 올리는 귀여운 친구들도 있다.

누구나 수많은 사람과의 관계에서 명함철이나 휴대폰에 다량의 전화번호를 가지고 있다. 인맥의 중요성에 대해서는 다들 잘 알고 있을 것이다. 그러나 단순히 연락처와 명함이 많다고 인맥이 훌륭하다고 할 수 있을까? 정작 필요한 것은 필요로 할 때 가장 적합한 사람을 빨리 찾아내고 이들과 협업하는 것인데, 이를 위해서는 자신이 알고 있는 사람이 실제로 어떤 사람이고, 그들이 알고 있는 인맥은 어떻고, 누구를 알고 있으며, 관심사는 무엇이고, 어떤 일을 하고 있는지에 대해서 알아둘 필요가 있다는 것이다.

그렇다면 페이스북이나 트위터를 생각해 보자. 정리가 일목요연하게 되어 있지는 않지만, 오픈된 공간에서 실시간으로 시간 순서에 따라 그들만의 이야기가 전개되고 있다. 어디에서 무엇을 하고 있는지, 현재 관심있는 것은 무엇이며, 어떻게 생각하고 있는지, 사진과 동영상을 곁들여 낱낱이 공개되고 공유되기를 원하고 있다.

페이스북으로 연결된 인맥

트위터로 연결된 인맥

현재는 인터넷이나 IT의 전문가들이 주도하는 것처럼 보이지만, 수년 내에 우리의 생활이 되면서 일상생활의 개인이 주인이 되는 날이 올 것이다. 또한, 모두가 온라인에 자신의 존재를 각인시키고, 퍼스널 브랜딩Personal Blending이 대세인 시대가 올 것이다. IT에서 파생된 다양한 소셜 네트워킹 서비스가 이를 돕고 있다. 그런 면에서 새로운 정보의 시대가 열린다고 하겠다.

공공데이터 활용으로 공공서비스를 리드하다

정부나 지자체의 공공데이터를 일반 시민에게 개방할 경우, 그 활용 및 효과에 대한 회의적인 시각이 생길 수 있다. 하지만 지금까지의 활용 사례를 봤을 때 우려보다는 효과에 대한 기대치가 점점 높아져 가고 있다.

실제로 최근 공공데이터를 활용하기 위해 노력해 온 구글의 서비스인 구글 퍼블릭 데이터 익스플로러Google Public Data Explorer의 활용은 시사하는 바가 크다. 이 서비스는 미국 정부, 유럽 또는 세계은행 등이 각종 기초 데이터를 개방하여 제공하면 이를 구글 서비스에서 일반 사용자가 원하는 조합에 따라 각종 차트로 만들어 볼 수 있게 해준다. 데이터가 방대하고 복잡한 경우에도 다차원적인 방법으로 보여 준다.

스웨덴의 통계전문가인 한스 로슬링 교수의 강연은 TEDTechnology, Entertainment, Design의 명강연으로 유명하다. 가난과 기대 수명, 출산율 등이 시간에 따라 변화하는 모습을 담은 복잡한 차트를 통해 사람들의 통념이 잘못되었음을 눈으로 보여준 기발한 강연이 가능했던 것은 결국, 구글의 데이터 차트 기법을 활용한 덕분이다. 즉 데이터를 통해 세상을 바라보는 통찰력Insight을 얻어낸 것이다. 한스 로슬링에게 데이터는 세상을 보는 창이자 변화를 만들어 내는 도구이다.

한스 로슬링의 TED 강연과 동영상

국내의 경우 고등학생이었던 유주완 씨가 개발해 인기를 끌었던 '서울 버스' 앱의 서비스가 잠시 중단된 적이 있었다. 버스 노선정보를 가지고 있던 기관에서 사전 협의 없이 개인 개발자가 정보를 가져다 쓰는 것을 허용하지 않겠다고 했기 때문이다. 하지만 시민들의 비난이 빗발치면서 다시 정보를 가져다 쓸 수 있도록 허용되었다.

이 사건은 공공데이터 개방이 필요성에 대한 본격적인 공감대를 형성하고 국내 여론을 성숙시킨 중요한 역할을 했다. 데이터를 통해서 전혀 예상치 못했던 통찰력이 생기는 경우, 의사결정에 큰 영향을 미치기도 한다. 결국, 공공데이터의 경우도 이를 통해서 '서울 버스', '지하철 노선도', '문화관광'과 같은 공공서비스 개선에 이용될 수도 있다. 더 넓게 보면 과학 분야, 미디어 등 광범위한 데이터가 필요한 분석 업무에 모두 활용이 가능하다.

한스 로슬링 교수는 인구와 보건, 교육, 소득과 분배, 물, 위생, 전쟁, 빈곤 등 방대한 데이터를 활용해 세계의 변화를 들여다보고, 데이터 속에 감추어진 의미는 세상을 바꾸는 실마리가 될 것이라 확신했다.

출판 비즈니스 구조를 혁신한 아마존

아마존은 출판 역사를 두 번이나 혁신으로 이끈 역사적인 기업이다. 구텐베르크는 금속활자를 발명함으로써 인류에게 가장 큰 변혁을 가져왔고, 이 기술이 널리 퍼지면서 많은 사람이 지식을 접하면서 출판 산업은 급성장하게 되었다. 전통적인 출판업은 저자와 출판 기획, 마케팅, 영업 등을 담당하는 출판사 그리고 이를 판매하는 서점이 역할 분담을 하면서 발달해 왔다. 비용문제로 출판사는 적어도 수천 부 이상이 깔리는 책만 기획해야 했고, 잘 팔리지 않은 책에 대해서는 적자를 감수해야 했다.

이러한 전통적인 구조에 거대한 변화의 바람을 일으킨 것이 아마존이다. 아마존의 혁신은 전자상거래를 확고하게 정착시키며 대단한 반향을 일으켰다. 아마존의 등장은 전통적인 저자-출판사-서점의 구조에서 끝점에 있는 서점의 존재감을 극도로 약화시켰고, 유통과 관련한 비용 및 효율을 출판사에 돌려주면서 예상과는 달리 출판사와 콘텐츠를 생산하는 저자 모두에게는 긍정적인 효과를 주었다.

출판사는 위험을 감수하면서 책을 많이 찍어서 재고를 안고 있을 필요가 없어졌고, 주문수량과 판매 추이, 영업 및 마케팅 여하에 따라 효과적으로 책을 찍어 내는 관리가 가능해졌다. 심지어 예약판매라는 제도를 통해 일정 부분 판매량을 예측할 수 있게 되면서 출판 산업 전체가 활황에 들어갔다. 이것이 초창기 아마존이 일으킨 출판 산업의 혁신이다.

아마존이 두 번째 일으킨 혁신은 '킨들Kindle'이라는 전자책 디바이스를 만든 것이다. 아마존은 킨들을 2007년 11월에 일반에게 처음 공개했다. 킨들은 전자잉크 기술을 이용해서 책과 유사한 느낌을 주었고, 배터리도 매우 오래가며 가벼웠기에 기존에 존재했던 전자책 디바이스에 비해 강력한 경쟁력을 가지고 있었다.

킨들 파이어와 소개 동영상

    킨들의 뒤를 이어 다양한 eBook기기가 생산되면서 출판계에 콘텐츠 혁신이 일어났다. 휴대폰에서 읽기 적합한 형태의 소설이 나오기 시작했고, 애플의 아이패드 출시로 촉발된 콘텐츠 시장은 멀티미디어 등 풍부한 내용과 함께 출판 산업의 판도를 바꾸어 버렸다.

    아마존으로부터 시작된 출판 콘텐츠 시장은 애플의 '아이북스', 구글의 '구글북스' 등 다양한 형태의 시장이 만들어졌고, 작가는 출판사를 통하지 않고도 전자책으로 독자를 만날 수 있게 되었다. 더불어 전문 작가가 아닌 비전문 작가의 등단도 쉬어지며 1인 출판의 시대가 도래하기도 했다.

    이 모든 변화가 인터넷을 비롯한 IT 기술의 발전이 없다면 불가능한 일이며, 제프 베조스Jeff Bezos 같은 뛰어난 CEO가 있었기에 가능한 일이었다. 또한, 블로그라는 개인화된 미디어가 탄생하면서 이전에는 전문가와 기자가 독점하던 정보 제공 능력이 누구에게나 주어지게 되었다. 그리고 블로그를 포함하여 다양한 사이트로 구성된 웹은 마치 우주가 팽창하는 것처럼 끊임없이 빠르게 성장하고 있다.

02

IT, 제대로 알 필요가 있다

"앗 뜨거워" 스마트폰 성능 경쟁이 치열하다. 이렇게 성능 경쟁도 뜨겁지만, 스마트폰 온도도 높아졌다. 이를 증명하듯 최근 포탈 사이트에선 스마트폰 발열(發熱) 관련 연관 검색어가 100여 개를 넘는다. 이처럼 스마트폰만 뜨거워지는 것이 아니라 덩달아 IT에 대한 관심도 뜨겁다. 우리나라 IT의 선두기업인 삼성전자가 2013년도 세계 브랜드 순위 8위를 차지하는 기염을 토했다. 그렇다면 우리나라가 IT 강국이 맞는 걸까?

IT 정의하기

IT는 정보기술Information Technology이다. 정보를 다루는 기술 또는 정보와 관련된 사업을 총칭하는 말이다. 사전적인 의미로는 정보를 주고받는 것은 물론 개발, 저장, 처리하는 데 필요한 모든 기술을 지칭한다. 최근 통신 산업이 급속도로 발전하면서 통신기술을 포함한 ICTInformation & Communication Technology로 확대하여 해석하는 경향이 일반적이다.

그렇다면 정보Information란 무엇인가? 정보는 데이터의 결합과 분석으로 만들어진다. 정보는 어떤 사물이나 사태에 대한 정황을 반영하고 있다. 미국의 수학자이자 공학자인 클로드 섀넌Claude Shannon은 '커뮤니케이션의 수학적 이론A Mathematical Theory of Communication'에서 '정보란 잡음Noise이 배제

된 메시지 신호Signal'로 보았다. 그는 신호의 입력이 출력되어 나오는 과정에서 잡음을 최소화하여 원래 투입한 신호가 그대로 전송되는 과정과 그에 필요한 조건을 연구하였다. 입력 신호가 잡음 없이 전달되기 위해서는 중간 전송 과정에 피드백이 필요하다. 정보에 대한 기술적 정의에서는 잡음 없는 전송 시스템을 설계하는 것이 가장 중요한 부분을 구성한다.

한편 심리학자인 그레고리 뱃슨Gregory Bateson은 "다름을 만드는 차이가 정보다."라고 정의했다. 이것은 정보를 잡음 없이 전달하는 새넌의 정보공학적 전달 형식과는 달리 내용과 관련된 의미론적 규정이다. 차이를 만드는 것은 모두 정보다. 다른 사람과 차이를 드러내 보이니까 내 얼굴이나 목소리도 정보다. 이런 문화적인 차이와 사회적인 의미를 담고 있는 것이 뱃슨의 정보에 대한 정의다. 새넌의 정보가 기술적인 정의라면 뱃슨의 정의는 의미론적인 정의다.

영국 하트퍼드셔대학교 루치아노 프로리디Luciano Floridi 교수는 정보를 다음과 같이 분류했다.
1) 어떤 대상에 대한 정보(Information about something).
2) 대상으로서 정보(Information as something).
3) 대상을 위한 정보(Information for something).
4) 대상 안에 있는 정보(Information in something).
대상에 대한 정보는 기차 시간표처럼 알고 싶은 대상에 대해 상세하게 알려 주는 개념이다. 대상으로서 정보는 DNA나 지문처럼 그 대상의 특성에 관한 지식정보이다. 즉 대상의 바깥이 아니라 안쪽을 펼쳐 보이는 정보로서 그 대상이 무엇인가에 관한 정보다. 그다음으로 대상을 위한 정보,

곧 목적성 정보를 꼽을 수 있다. 컴퓨터 프로그램은 이루고자 하는 목적에 도달하기 위한 최적의 지시를 담고 있다. '3시에 밥을 먹어라!', '60점 이하의 점수를 받은 학생만 골라내라!' 등은 무엇을 위한 정보다. 마지막으로 대상 안에 있는 정보가 있다. 대상 안에 있는 정보는 물건, 사물의 속성, 특성을 설명하는 것처럼 어떠한 형태나 패턴을 말한다. 예를 들어 '저 책상은 사각형 형태를 띠고 있고, 철재로 만들어졌다.'라는 식이다.

너무 학구적인가? 정보의 정의가 어떻든 중요한 것은 IT는 정보를 만들어 내고(융합하고 창조해 내는 것을 포함), 보존하고, 활용하고, 공유하는 데 필요한 유형·무형의 모든 기술을 포함한다고 볼 수 있다.

데이터, 정보 그리고 지식의 차이

이야기하는 김에 정보에 대해서 더 알아보자. IT에서 말하는 정보란 개인이나 조직이 의사결정을 할 때 필요한 의미 있고 유용한 형태로 처리된 데이터Data이다. 지식은 이러한 정보가 개개인에게 내재화된 것을 의미한다. 사용자에게 실제로 가치가 있거나 가치가 있을 것이라는 확신을 주어야 정보Information가 되므로, 이미 알고 있을지라도 어떠한 형태로든 의사결정에 도움을 줄 수 없다면 정보가 아니다.

정리하면 정보의 근간은 데이터이고, 정보를 활용하면 지식 창출의 기반이 되며, 지식은 축적된 정보라고 할 수 있다. 먼저 데이터는 문자, 이미지, 음성 등과 같은 형태를 띠고 주어진 과업에 관련되어 유용할 수도 있고 그러지 않을 수도 있다. 글로벌 시대에 경쟁력을 높이기 위해서는 데이터와 정보, 그리고 이들을 바탕으로 창출되는 지식은 조직차원에서 갈수록 그중요성이 강조되고 있다.

또한, 지식은 데이터와 정보를 잘 활용할 수 있는 능력까지도 포함한 개념으로 가공 처리된 정보를 실천 가능한 수준으로 저장된 상태라 볼 수 있다. 다시 말해, 센서나 사람으로부터 쉼 없이 쏟아져 나오는 것을 데이터라고 한다면, 본인에게 관심이 있거나 도움이 되는 데이터를 정보라고 할 수 있으며, 정보를 서로 연결하여 의사결정을 가능하게 해줄 수 있는 수준까지 정제된 정보를 지식이라 한다.

비즈니스 환경이 점차 글로벌화, 다각화하면서 경쟁이 치열해질수록 기업은 IT로 중무장하고 있다. 경쟁이 격화될수록 빠르고 정확한 정보를 보유하는 것이 최고의 경쟁력이라 생각했기 때문이다. 기업이 IT를 받아들이는 속도는 점차 빨라지고 있으며, 이에 맞춰 IT에 투자하는 규모도 상상을 뛰어넘을 정도로 증가했다.

그러나 부작용도 만만치 않다. 조지 오웰의 소설 '1984년'에서 처음 등장한 '빅 브라더'는 권력자들이 정보를 독점해 일거수일투족을 통제하는 사회를 비유한다. 선의의 목적으로 사회를 보호한다는 의미도 있지만, 일반적으로 가공할 만한 사생활 침해로 인식된다. 소설 속 가상의 나라 통치자인 빅 브라더는 정보를 수집하고 통제해 강력한 권력 수단으로 삼는다.

20~30년 전만 해도 빅브라더는 '실제 있을지도 모른다!'라는 막연한

우려에 불과했지만, IT가 발달하면서 점차 현실화됐다. 2013년 6월 에드워드 스노든에 의해 빅 브라더가 실제로 존재한다는 것을 세계 모든 사람이 확인했다. 미 국가안보국NSA은 세계를 상대로 광범위한 정보수집과 감시활동을 벌여온 것으로 드러났다.

결국, 정보를 정복하는 자가 이긴다

기업의 인프라가 사람을 따라오지 못하고 있다. 우리를 도와주리라 생각했던 것이 이제는 온갖 '금지사항'만 나열하고 있다. 많은 기업은 IT 분야에 막대한 돈을 쏟아 붓고 있지만, 우리가 '일터' 밖에서 사용하는 도구가 안에서 사용하는 도구를 한참 뛰어넘는다. 오히려 기업은 보안이란 창틀에 묶여 휘황찬란한 바깥세상을 보지 못한다. 아니 제대로 된 정보를 얻지 못하는 자충수에 빠진다.

요즘의 젊은 세대는 직장에서 확보할 수 있는 것보다 신속하게 정보를 모으고 좀 더 나은 방향으로 정보를 가공하고, 더욱 다양한 전문가의 의견을 참고하고, 더욱 양질의 정보원에게서 나온 지식을 확보할 수 있다. 과연 여러분은 경쟁력이 있다고 자부할 수 있겠는가?

회사에서 제공하거나 허가하는 것에 비해 개인적 필요 때문에 사용하는 스마트폰에 있는 도구가 훨씬 강력하다. 인터넷을 이용하면 누구든지 원하는 것을 접하고 얻는 세상이 되었다. 업무수행에 결정적인 정보까지 인터넷 검색으로 손쉽게 얻는 세상이라면, 회사에서 최고 실적을 자랑하는 여러분이 회사에서 주어진 시스템에 얽매일 필요가 없다.

회사의 정보통신 기술이 여러분에게 힘이 되기보다는 장벽으로 작용한다는 사실에 개의치 마라. 여러분이 모르는 사이 회사는 주어진 시스템과 툴 안에서 업무를 수행하도록 강요하고 일거수일투족을 감시하고 있다.

그러나 이 또한, 개의치 마라. 인사부가 일방적인 평가 잣대를 들이대는 상황에도 전혀 신경을 쓸 필요가 없다. 여러분의 상사가 형편없어도, 여러분에게 걸림돌이 되어도, 팀을 꾸려 나갈 능력이 없어도 상관하지 마라. 결국, 정보를 정복하는 자가 승리하게 되어 있다.

회사의 정보통신 기술을 우회하는 일에 익숙해지자. 일단 회사 IT의 방화벽을 뛰어넘은 후 개방된 전산 환경에서 기존의 제약과 수단을 초월하여 일을 처리한다. 그다음 결과물을 다시 방화벽 안으로 가져와서 상사들 앞에서는 회사에서 이용하는 틀로 작업한 것처럼 발표하면 된다.

판에 박힌 틀에서 벗어나 기존의 규칙을 깨는 데 더 이상의 자극이 필요한가? 공연히 여러분을 힘들게만 하는 회사 규칙이 얼마나 많은지 생각해 보라. 다수를 차지하는 불합리한 업무 지시를 거부하고 알짜배기 업무에 집중할 수 있는 그런 세계로 뛰어들기 위해서는 IT에 능통해라. 그리고 정보를 정복하는 여러분이 되라.

아이폰을 보면 IT를 알 수 있다

2007년 1월 9일 샌프란시스코에서 열린 맥월드Mac World에서 기조연설로 나선 프레젠테이션의 달인 스티브 잡스가 역사적인 연설을 하고 있었다.

"우리는 오늘 세 가지 혁명적인 기계를 선보일 것입니다. 하나는 손으로 조작할 수 있는 커다란 화면을 가진 아이팟이고(Widescreen iPod with touch controls), 두 번째는 아주 새롭고 혁신적인 휴대폰이며(Revolutionary mobile phone), 세 번째는 인터넷을 이용해서 소통할 수 있는(Breakthrough Internet Communication) 전혀 새로운 기기입니다. 그리고 놀랍게도 이 세 가지 기기는 각각 다른 기기가 아니라 하나의 기기라는 것입니다. 우리는 그것을 아이폰이라고 부릅니다."

스티브 잡스의 아이폰 프레젠테이션

IT 역사상 가장 혁신적이고 혁명적인 사건이었다. 아이폰의 탄생으로 전 세계의 통신 산업뿐만 아니라 제조업 시장도 엄청난 변혁의 회오리 속으로 빠져들게 된다. 결론적으로 한때 전 세계 휴대전화 시장을 이끌었던 노키아Nokia가 몰락하고 2013년 9월 마이크로소프트에 전격 인수된다. 그에 앞서 세계 최초로 휴대전화를 만든 모토로라Motorola가 구글에 인수되었다. 두 회사 모두 시장에서의 트렌드를 주도하지 못한 것도 아니고, 기술력이나 역량이 떨어진 것도 아니다. 모두 아이폰 때문이다.

그렇다면 아이폰은 무슨 매력 때문에 세상을 발칵 뒤집어 놓았나? 스티브 잡스의 말처럼 아이폰은 IT의 핵심 기술과 기능의 집합체였다. 아이폰 이전에는 각각 따로 휴대해야 했던 MP3, 전화기, 컴퓨터 그리고 카메라까지 하나의 기기로 가능하게 되었고, 무엇보다 중요한 것은 앱스토어라는 오픈된 시장을 통해 무한정한 콘텐츠 기능 업그레이드가 가능하게 되었다는 것이다.

아이폰 이전에 스마트폰이 없었던 것은 아니다. 잡스가 보기에 아이폰보다 먼저 나와 있던 스마트폰은 전혀 스마트하지 않았다. 휴대전화, 이메일, 인터넷 검색 기능을 그저 복잡하게 한데 묶어 놓은 스마트폰은 사용하기 불편했다. 잡스는 스마트폰을 처음부터 다시 디자인했다. 검색 휠, 스타일러스, 키보드 등 기존의 스마트폰이 갖고 있던 사용자 인터페이스와 디자인을 과감하게 버렸다. 대신 두 개의 손가락을 동시에 사용할 수 있는 멀티터치 인터페이스를 채택했다. IT에는 기술적인 요소만 필요한 것이 아니고, 인간의 경험에 대한 이해를 바탕으로 한 디자인 개념도 매우 중요하다는 것을 일깨워 주는 좋은 사례이다.

휴대폰과 MP3 시장만 충격을 받은 것이 아니다. 디지털카메라 시장이 어려워졌고, 한참 잘 나가던 내비게이션업체도 위협받고 있으며, 닌텐도 같은 전통적인 게임기기업체도 타격을 받았다. 이처럼 아이폰을 면밀히 분석해 보면 정보통신 기술의 집합체임을 알 수 있다.

IT 산업은 누가 움직일까?

IT 산업을 움직이는 것이 과학과 기술이라 생각하고, 컴퓨터와 기능의 싸움, 비즈니스와 제품의 관점으로만 바라본다면 본질을 볼 수 없다. 산업에서 파생되는 제품이나 서비스는 모두 기술의 산물이지만, IT 산업에 종사하고 새로 만들어진 기술을 이용하는 것은 모두 사람이기 때문이다. 결국, 사람을 제대로 이해하지 못하고, 그들의 감정에 공감할 수 없다면 IT를 제대로 알 수 없다는 것이다.

우리나라 IT 산업은 제조업 중심으로 성장한 것이 사실이다. 대부분 제조업 마인드로 설비투자와 생산성 향상 및 비용절감을 경쟁력이라 생각하고 IT 투자의 목표가 되고, 정부 주도의 대규모 인프라 투자가 이루어지다 보니 IT 산업은 기술만 남고 사람은 없어졌다.

물론, 한때 벤처 붐을 타고 젊은 사람이 중심이 되어 우리나라 IT 산업의 발전을 위해 열정을 불태우던 시절도 있었다. 하지만 열악한 여건과 한탕주의에 의한 부도덕한 투기의 전장이 되면서 벤처가 '벤츠'가 되던 시절에서 하루아침에 '벤치'로 내몰리는 몰락의 길을 걷기도 했다.

미국의 최고 인재들은 실리콘밸리나 작은 벤처기업에서 자신의 꿈을 시작하고 세상을 혁신시키는 혁명가로 거듭나지만, 우리나라의 똑똑한 인재들은 대기업에만 가려고 한다. 직업의 안정성이 꿈을 펼쳐 보는 것보다 훨씬 중요하다고 생각하기 때문이다.

2009년 3월 음성통화 기술에 일대 혁신적인 사건이 벌어졌다. 구글 보이스가 세상에 첫 선을 보인 날이다. 구글이 개발한 원거리 통화서비스로 인터넷망을 통해서 전화가 가능한 인터넷전화VoIP 서비스 기술이다. 기가 막힌 것은 이 기술 또한, 우리나라의 새롬기술이 10년 전인 1999년에 다이얼 패드라는 이름으로 처음 세상에 내놓은 기술이었다는 것이다. 후일담이지만 다이얼 패드를 만들었던 사람들이 훗날 야후를 거쳐 그랜드센트럴Grand Central이라는 회사를 만들고, 이 회사가 구글에 인수되면서 만든 것이 구글 보이스라는 것이다.

결국, 사회 문화의 문제이다. 뛰어난 인재가 모여서 잘 나가는 작은 회사를 만들 환경이 없는데, 어떻게 작은 기업이 성공신화를 쓸 수 있겠는가? 최고의 복지국가로 알려진 스웨덴은 다국적 기업인 에릭슨Ericsson을 비롯해 2만여 개의 IT 기업을 보유하고 있는 IT 강국이다. 또한, 정부가 나서서 창업투자를 적극적으로 할 수 있도록 실패에 대한 지원이 제도적으로 잘 되어 있는 곳으로 유명하다.

우리나라 경제가 살려면 뛰어난 젊은이가 과감히 창업할 수 있고, 이들이 사업에 성공할 수 있는 토대를 만들어야 한다. 더불어 실패를 하더라도 그들의 경험을 높이 사고 재기할 수 있는 환경을 만들어 주어야 한다. 이러한 여건이 형성되지 않는다면 결국, 사람이 최고 재산인 우리나라의 장래는 그다지 밝지 않을 것이다. 그런 측면에서, 최근에 우리나라에도 K Cube Ventures 같은 아이디어와 가능성만 보고 투자하는 벤처캐피털사가 만들어지고, 주목을 받고 있다는 것은 다행스러운 일이다.

고객에게 경험을 파는 가게 '애플스토어'

미국 전체 상점 중 면적 대비 수익이 가장 높다. 전체 소매점 매출 평균에 17배를 올린다. 명품 티파니 매장보다 매출이 두 배나 많다. 전부 애플스토어(Apple Store)에 붙는 수식어다. 3개월간 평균 1억 명이 방문하고 1인당 45달러를 소비하는 곳이다. 연일 최고 수치를 갈아 치우며 매년 90%씩 성장하는 최고의 유통점이다. 애플 신제품 출시일이 다가오면 사람들은 애플스토어 앞에서 밤을 새운다. 제품을 사면 환호성을 지르고 줄 선 사람들과 하이파이브를 한다. 사람들은 왜 애플스토어에 열광하는가? 애플스토어는 제품을 싸게 팔지도 않고 덤도 없다. 애플스토어는 정가를 받지만 많은 사람은 이왕 애플 제품을 산다면 이곳에 간다. 안타깝게도 한국엔 애플스토어가 없다. 한국에서 애플 제품을 파는 곳은 진정한 애플스토어가 아니라 애플이 인증한 대행 매장이다. 제품 전시 모습만 비슷할 뿐 애플이 직접 운영하는 애플스토어와 크게 다르다.

IT 산업은 제품 수준에 머물지 않고 제품과 서비스를 만드는 산업 시스템으로 확대되는 중이다. 2001년 5월 애플은 오늘날 대성공을 거둔 애플스토어 계획을 발표한다. 오픈 당시 월스트리트 전문가 대부분은 매우 부정적인 시각을 보였고, 조만간 실패하고 문을 닫을 것이라 예견하였다. 하지만 애플스토어는 2001년 5월 19일 캘리포니아주 글렌데일에 처음 오픈한 이래 소매업 역사상 가장 빠른 성장률을 기록한 성공 사례가 되었다. 애플스토어가 성공한 원인을 알아봤다.

★ 제품이 아닌 경험을 판다

샌프란시스코의 중심 유니온스퀘어 소재 애플스토어에 들어서면 많은 직원에 압도당한다. 파란색 티셔츠를 입은 직원들이 어떤 서비스가 필요한지 묻는다. 제품이 아니라 서비스다. 애플스토어는 애플 제품을 가장 잘 배울 수 있는 곳이다. 애플스토어는 단순한 매장이 아니다. 새로운 애플 제품을 가장 먼저 보고 배울 수 있는 최적의 장소다. 판매사원을 계약직으로 채용하는 일반 매장과 달리 애플스토어 직원은 대부분 정규직이다.

★ 공짜 강의가 매일 매일

유니온스퀘어 애플스토어 2층에는 맥, 아이패드, 아이폰, 아이팟을 활용하는 갖가지 무료 강의 '워크숍'이 한창이다. 어린아이부터 어르신까지 애플 제품 활용법을 배운다. 처음 스마트폰을 사고 활용법을 몰라 검색을 하거나 지인이나 자녀에 물어볼 필요가 없다. 애플스토어에 가면 전문가가 알기 쉽게 강의한다.

아이폰으로 멋지게 사진 찍는 법, 아이패드로 아이와 함께 공부하는 법, 아이클라우드 사용법 등 주제도 다양하다. 단순히 제품 작동법이 아니라 이를 활용해 각종 멀티미디어 콘텐츠를 제작하는 방법을 강의한다. 사람들이 스토어에 더욱 자주 찾게 하는 비법이다. 언제나 최신 애플 제품을 만지고 활용하는 길을 여는 셈이다.

★ 당신만을 위한 서비스

애플스토어는 제품 구매에서 활용, 수리까지 책임진다. 스토어에는 지니어스Genius라 불리는 전문가가 포진한 '지니어스바'가 있다. 웹사이트에서 예약 후 지니어스바에 가면 고장 난 기기 수리는 물론 각종 문제를 해결한다. 호텔 컨시어지Concierge와 같은 역할이다. 품질 보증기간 이내거나 제품 자체 결함일 경우 두말없이 새 제품으로 교환하거나 공짜로 수리해준다. 지니어스는 세계 어느 매장에서 일하더라도 본사에서 직접 교육받는다.

★ 최고의 위치와 디자인

2013년 현재 14개국에 407개 애플스토어가 운영 중이다. 2001년 미국서 2개 매장으로 시작한 애플스토어는 설립 당시 성공 가능성이 낮다는 평가를 받았지만, 예상을 뒤집고 최고 소매점이 됐다. 애플스토어는 각 도시에서 눈에 잘 띄거나 의미 있는 건물에 위치한다. 유동인구가 얼마 이상이고 매장 평수가 몇 백 평 이상이어야 한다는 기본 조건과 함께 상징적인 장소에 애플스토어가 있다.

눈에 띄는 위치와 함께 애플스토어는 최고급 자재로 내외부를 꾸민다. 애플스토어 전면을 둘러싼 유리부터 벽면, 기둥, 테이블, 의자 등은 독일과 이탈리아에서 가장 유명한 소재를 쓰는 것으로 유명하다. 팀 쿡 애플 CEO는 2013년 6월 열린 애플개발자회의WWDC에서 "애플스토어는 미국 학교의 현장 학습 장소"라며 "단순히 애플 제품 판매 매장의 의미를 넘어섰다"고 말했다.

Green IT의 의미

그린 IT는 환경을 의미하는 그린Green과 정보기술IT의 합성어로서, IT 분야 자체의 친환경 활동과 IT를 활용한 친환경 활동을 포함한다. 그린 IT에 대해 일반적으로 받아들여지는 정의는 없지만, 이를 글로벌 사회에 이슈화한 가트너Gartner는 "기업 운영 및 공급자 관리 과정에서 환경 지속 가능성을 위해 상품, 서비스, 자원의 라이프 사이클에 걸쳐 최적의 IT를 사용하는 것"이라고 한 바 있다.

새로운 시대를 맞이하며 지구를 위협하는 것 중 하나는 지구온난화를 포함한 환경 문제이다. IT 분야에서도 과거와는 달리 환경 문제가 대두하자, 전 세계적으로 그린 IT가 초미의 관심사로 떠오르게 되었다. 선진국은 환경규제를 보호무역의 수단으로 활용할 뿐만 아니라, IT 제품의 친환경화를 유도하기 위해 그린 IT 정책에 지대한 관심을 보여 왔다. 나아가 선진국은 그린 IT 규제에 선제 대응하고 있다. 우리나라도 향후 이산화탄소 감축 의무국으로 지정될 예정이므로 이에 대한 대응전략과 앞으로 바람직한 방향을 미리 모색해야 할 것이다.

갈수록 IT 장비 및 관련 기기의 보급이 확대됨에 따라, 전력소비 등 에너지 문제가 사회적 이슈로 등장하고 있다. 또한, IT를 활용한 인터넷 사용이 급증하고 첨단 제품의 개발로 인해, 제품의 회전주기가 상대적으로 짧은 IT 산업은 급기야 에너지 소비 및 온실가스 배출 산업으로 주목받게 되었다. 따라서 IT의 에너지 효율화에 대한 요구가 급증하게 된 것은 당연한 귀결이라고 할 수 있다.

이러한 IT 분야의 환경 문제 대두로 가트너 등 컨설팅업체, IBM 등 IT 장비업체는 IT 분야의 전력소비와 CO_2 배출 문제를 제기하게 된 것이다. 동시에 그린 IT란 용어를 사용하게 되면서 본격적으로 논의되기 시작하였다.

결국, IT의 발전이 거듭될수록 환경 파괴에 대한 사회적 책임 의식이 강화되고, 환경 규제의 강도가 높아짐에 따라 그린 IT 기술의 중요성이 주목받고 있다.

그린 IT의 적용 사례를 살펴보면, 우선 데이터센터Data Center를 볼 수 있다. 데이터센터는 에너지 집약적으로 IT 분야에서는 가장 우선적인 대상으로 전기 분배, 변환 등의 에너지 비효율성이 높아 IT 관리를 통해 에너지 효율화 및 종합적인 그린 정책으로 개선할 수 있다. 국내외 글로벌 IT 기업은 차세대 데이터센터로 그린 데이터센터 관련 기술개발 및 구축 중이다. 그린 데이터센터는 건물 배열, 에너지 효율성, 폐기물, 용량 등을 고려하여 최신 에너지 기술로 설계함으로써 비용과 탄소 배출량을 감축할 수 있다.

또 다른 하나인 인터넷은 네트워크 장비가 항상 전원에 연결되어 있어 에너지 소비가 많고 에너지 효율성도 낮은 편이다. 이를 해결하기 위해 에너지 소비 절감과 기능향상을 위한 이더넷Ethernet 기술을 활용한다. 이더넷이란 근거리 통신망을 활용하는 대표적인 기술이다. 또한, 시스코 CISCO 등 네트워크 벤더들은 환경규제를 고려한 기술개발, 친환경 제품 생산 및 서비스 개선에 주력하고 있다.

마지막 사례로 날로 발전하는 이동통신과 관련하여 친환경 기지국이 향후 수년간 전기 공급이 원활하지 않은 지역부터 차례대로 설치될 것으로 전망된다. 기지국 운영비 70%가 연료비, 연료운송 등에 막대한 추가 비용이 소요됨에 따라 대체에너지 개발과 기지국 운영의 효율화가 필요하다. 그래서 태양열 전기 생산효율 4배 증가, 식물에서 기름을 추출하는 신기술, 풍력발전기와 태양열 집전판을 효과적으로 배치해 전기 생산성을 높이는 새로운 설계 기술이 떠올랐다.

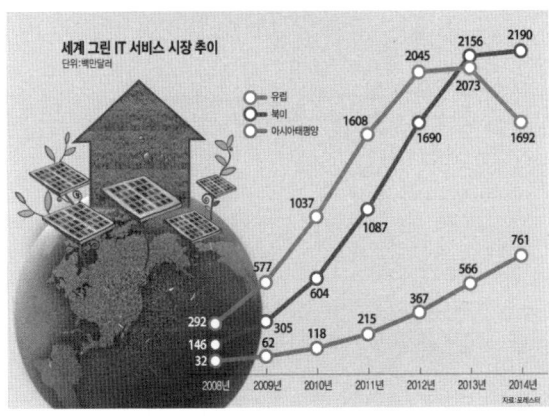

03

IT에 대한 경계가 사라지고 있다

"10년 치 환자 진료기록 5초 만에 뚝딱 빅데이터가 의료서비스 바꿔나갈 것"
"병원에서는 환자에게 감염을 방지하기 위해 항생제를 쓰고 있지만, 너무 오
랜 기간 투입하면 오히려 내성균이 생길 수 있고 비용도 문제가 됩니다. 우리
병원에서는 가장 적정한 수준의 항생제를 처방하는 데 빅데이터를 활용하고
있습니다." 분당 서울대학교병원은 업계 최초로 실시간 데이터를 활용해 의료
서비스의 질을 높이고 있다고 설명했다. 이처럼 IT의 활용 영역은 경계를 초
월하여 진화하는 중이다.

패러다임이 빠르게 변하고 있다

지금은 과거의 패러다임Paradigm만으로는 예측하기 어려운 변화가 일어
나고 있다. 경기 침체에 따른 저성장과 고령화라는 사회 구조적인 요인으
로 개인은 불안해하고 있다. 기업 역시 지속적으로 성장 동력을 찾기 위해
동분서주하고 있다. 브랜드에 대한 신뢰는 예전 같지 않고, 사람들은 새로
운 가치와 대안을 어디서 찾아야 할지 고민스럽다.

지금 이 순간에도 경기 침체에 따른 저성장, 인구 고령화, 초연결사회,
다극화 및 개인화, 환경과 사회적 가치의 변화 등이 일어나고 있다. 이러
한 변화는 우리가 기존에 익숙하게 느끼던 소비자와 기업, 개인과 영향력

있던 조직, 서비스와 제품, 라이프스타일에 이르기까지 명확했던 경계선을 지워내는 중이다.

과거에는 돈을 내고 사용하던 것이 이제 공짜가 된 것도 많아졌다. 새로운 비즈니스 모델이 시장에 진입하면서 과거에는 비용을 지불하고 사용하던 것 중 상당수가 무료로 제공된다. 기업 입장에서는 고객과의 관계를 얻기 위해 무료 서비스라는 대가를 지불하는 것이다.

이는 상식의 파괴를 의미한다. 기술의 발달 역시 변화를 촉진하는 역할을 하였다. 복제, 거래, 운송비용이 거의 제로에 가까워진 디지털 시대에서 미디어 시장은 완전히 달라졌다. 기업은 어떻게 하든 고객과의 관계를 형성하여 신뢰를 쌓은 다음, 그중 일부라도 수익을 창출하면 성공이라 생각한다. 디지털 전환이라는 큰 변화는 기존 질서를 파괴하는 혁신을 가져온 것이다.

새롭게 변화하는 틀 속에서 기업은 소비자의 니즈와 관계를 재발견하게 될 것이다. 최근에 검색으로 인터넷 최강자로 군림하고 있는 구글이 무인 자동차를 만드는 사업에 뛰어든 것처럼 서로 다른 영역에 있다고 여기던 것의 경계가 사라지며 섞이고 있다. 물론, 이런 변화가 당장 세상을 뒤바꾸거나 모든 문제를 해결하지는 않을 것이다. 하지만 최소한 우리는 기존의 프레임을 다시 바꿀 필요가 있다.

성공에 도취하면 망할 수 있다

2012년 1월 19일, 세상을 깜짝 놀라게 한 일이 벌어졌다. 카메라의 산 역사이자 설립한 지 120년이 넘는 회사인 코닥Kodak이 파산을 신청한 날이다. 코닥의 몰락은 이미 잘 알려진 바와 같이 카메라 시장이 디지털로 전환되면서 발생했다. 아이러니하게도 코닥은 1975년에 세계 최초로 디지털카메라를 개발한 회사이다. 코닥이 디지털카메라를 만든 시기는 코닥의 필름카메라 사업이 한창 잘 나가던 시기이다. 결국, 잘 나가던 필름카메라 시장을 지키기 위해 디지털 전환을 늦추면서 경쟁사들에 시장을 선점당하고 몰락하게 된 것이다.

과거를 거슬러 올라가면, 1888년에 설립된 코닥은 모든 사람에게 '연필만큼 쓰기 쉬운 카메라를 판다!'라는 모토 아래 당시로써는 파격적인 1달러에 브라우니Brownie 카메라를 내놓는다. 필름 역시 전문가용이 아닌 교체식 필름을 내놓으면서 카메라의 대중화 시대를 열었다.

초기의 브라우니 카메라   브라우니의 다양한 모델   브라우니 1달러 판매 광고

코닥은 존재하지 않았던 카메라 대중시장을 열었다는 측면에서 당시에는 혁신적인 기업이라 할 수 있었다. 1976년에 코닥은 미국 시장 점유율 90%, 필름시장 85%를 장악할 정도로 주도적인 기업이었다. 코닥의 주요 수익원은 필름과 인화지였다. 카메라를 싸게 파는 대신에 사람들이 반복 구매해야 하는 필름을 좀 더 고가에 판매함으로써 총수익을 극대화하는 전략을 사용한 것이다.

반면 경쟁사인 후지필름은 1998년 디지털카메라를 시장에 출시했다. 코닥처럼 후지필름도 디지털카메라가 당시로는 수익성이 낮다는 것을 알고 있었다. 하지만 시대적인 트렌드를 읽고 이를 수용했으며, 사업 다각화로 디지털카메라 시장에 집중했다.

코닥은 디지털카메라를 세계 최초로 개발했음에도 불구하고 디지털카메라 사업이 잘 나가던 필름카메라의 매출을 잡아먹게 될 것을 우려하여 디지털카메라 시장에 소극적으로 대처하였다. 하지만 디지털카메라 시장은 코닥의 의지와 상관없이 그 시기가 너무 빨리 오고 말았다. 소니, 삼성전자처럼 필름카메라 시장에서 눈에 띄지 않던, 경계 밖에서 들어온 경쟁자들이 변화를 앞당긴 것이다.

  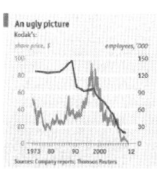 

| 코닥의 필름카메라 | 코닥의 필름 | 코닥의 주가 추이 | 디지털카메라 |

작다고 두려워할 필요가 없다

대량생산 대량소비 시대에 시장을 지배하는 것은 두 가지였다. 소품종 대량생산 체제를 갖춘 시설과 충분한 자본이다. 덕분에 소비자는 낮은 가격으로 품질 좋은 제품을 시장에서 구매할 수 있었다. 새로운 기술이 발명되어 특정 제품이 만들어 지면 초기에는 소수를 위한 기호품에 머물지만, 시간이 지나면 기술이 스스로 대중화를 촉진할 방법을 찾는다. 모든 혁신 제품은 이렇게 결국, 대중 시장으로 연결되었다.

산업혁명으로 촉발된 대중화의 물결은 제품을 넘어 서비스업으로 확대되었고, 수많은 부자와 왕성한 거대 기업 그리고 부유한 국가를 만들었다. 그러나 정보화 사회를 거치면서 소량 다품종 시대로 접어들었고, 전통적으로 구매자 위치에 있었던 대중도 큰 위험 없이 공급자로 변신할 수 있는 제반 여건이 점차 무르익고 있다.

사업을 구성하는 세 가지는 자본, 인력, 기술이다. 그런데 이제 적은 자본만으로도 인력 수요를 최소화하면서 다른 사람이 제공하는 기술 위에서 적절한 통합 능력을 발휘하여 새로운 일을 꾸밀 수 있게 되었다. 물론여기에는 어느 정도의 창의성과 시장을 바라보는 감각이 필요하다. 중요한 것은 방법을 아는 노하우Know-how보다 필요한 것이 무엇이고 어디에있는지를 찾는 능력이다.

대기업은 개인이나 소기업에 비해 자본, 인력, 기술 등 훨씬 많은 자원을 보유하고 있다. 또한, 사업을 운영하면서 조직 내에 축적된 프로세스및 지식 또한, 상당하다. 그렇다면 개인이나 소기업은 이러한 대기업에비해 어떤 강점이 있을까? 작기 때문에 가능한 빠른 속도와 강한 팀워크그리고 상황 변화에 언제든지 방향을 바꿀 수 있는 유연성이 강점이다.

다행히도 세상은 변했다. 무료로 제공되는 것이 많아졌다. 대표적인 무료의 예로는 '리눅스Linux 운영체제'를 들 수 있다. 수십만 원하는 윈도우운영체제와 비교해, 설치에 들이는 약간의 수고를 감수한다면 프로그램까지 얼마든지 무료로 이용할 수 있다. 세상에서 가장 큰 인터넷 사전인 위키피디아도 무료이다. 위키피디아는 소수의 전문가가 만들던 고가의 브리태니커 백과사전 못지않게 풍부한 내용과 정확성으로 명성을 얻었다.

1968년에 설립된 브리태니커 백과사전　　　2001년에 시작한 위키피디아

생산도구 역시 무료로 쓸 수 있다. 과거에는 홈페이지 하나를 만드는
데 대기업이 수억씩 돈을 투자하기도 했다. 하지만 무료 블로그 툴이 인기
를 끌면서 이 또한, 바뀌는 중이다. 전자책을 만드는 데 필요한 다양한
도구 역시 무료로 배포된다. 주로 전자책 판매 시장을 가지고 있는 기업이
저자나 출판사를 지원하기 위해서다.

무료는 경쟁이 심화되고 있는 사회에서 관계 맺기를 위한 훌륭한 전략이
다. 점차 많은 무료 상품이 시장에 등장해 경쟁할 것이다. 개인이나 소기업
은 최대한 무료로 제공되는 생산도구를 활용하여 한계비용을 최소화하고,
창의적인 방식으로 이미 존재하는 외부의 자원을 엮어 하나로 연결해 내
것처럼 활용한다면 혁신적인 제품이 나올 가능성은 매우 높다 하겠다.

공개와 공유는 웹의 기본 철학이다

웹의 기본 정신과 철학은 무엇인가? '정보의 공개와 공유를 통한 인간
의 행복'이다. 웹 창시자인 팀 버너스 리Timothy John Berners Lee가 꿈꾼 웹은
언제 어디서나 정보에 접근할 수 있는 '완벽한 정보의 연결'이다. 정보는
가두는 것이 아니라 오히려 적극적으로 외부에 퍼 주어야 한다. 인터넷
공간만큼 경계가 사라진 곳이 없기에 더욱더 공개와 공유는 중요한 철학

이다.

기업이 자선 사업만으로 존재할 수 없으니 유료나 회원제 등을 통해 수익을 내는 것을 탓할 일은 아니다. 하지만 내가 공개로 얻은 만큼 공개할 의무가 있다는 것은 자명하다. 자신이 창작한 내용을 유료로 판매해 수익을 내는 경우가 아니라면 정보 공개와 공유는 당연한 사회적 의무이다.

정보를 공개하고 공유한 기업일수록 성공했다. 오히려 복사 방지 장치를 단 프로그램이나 기술을 독점하려 했던 제품이 몰락하는 사례는 많이 있다.

VTR 시장에서 더 성능이 뛰어난 소니의 베타Beta 방식이 일본 빅터사 JVC의 VHS 방식에 밀린 사건은 공유가 얼마나 중요한 경쟁력인지 보여준다. 1975년에 소니가 선보인 베타 방식은 VHS보다 크기도 작으면서 화질도 뛰어났지만, 소니 혼자 고가에 팔며 독점했다. 반면 빅터사는 VHS 방식의 기술을 세계 각 나라에 이전했다. 우리나라에서도 삼성, 금성이 VTR을 생산하게 되는데 당연히 VHS 방식을 따랐다. 결국, 기능이 떨어지는 빅터사의 VHS 방식이 소니가 독점한 베타 방식을 밀어내고 만다.

또한, 복사 방지를 건 기업이 망하는 경우도 눈여겨볼 일이다. 우리가 잘 아는 윈도나 포토샵은 복사본이 가장 많이 범람한 제품이다. MS사나 Adobe사는 아직도 복사 방지 록을 걸지 않고 제품을 판매한다. 복사 방지 록을 걸면, 분명 정품 판매 비율은 늘겠지만 절대 판매 수량은 오히려 감소한다는 것을 알고 있는 것이다. 반면 아래아한글, 문방사우처럼 복사 방지 록을 건 제품은 모두 망하거나 시장 지배력을 잃어버렸다.

오픈 소스와 같은 정책을 채택한 소프트웨어의 인기가 갈수록 커지고 있다. 공개와 공유를 통한 장점을 사람들이 점차 인식하고 있기 때문이다. 이미 오픈 소스는 인터넷의 주요 정책으로 바뀌고 있다. 네이버의 '지식인'

은 대표적인 성공사례이다. 포탈 시장이 군웅할거 시대를 맞아 힘겨루기 하고 있을 때 지식의 공개와 공유를 표방한 '지식인'은 네이버를 우리나라 포탈의 절대적인 지존으로 만든 일등공신이었다.

기본적으로 지식과 정보는 인류 공통의 문화유산이며 선대로부터 물려받아 후대로 물려주어야 하는 공개 재산이다. 지식과 정보를 공개하고 공유한다고 해서 기업의 이익이 줄어들거나 기업의 성장이 멈추는 것이 아니다. 오히려 지금 현재 활황을 겪고 있는 시장 자체가 다른 대체 상품에 의해 사장될 수 있다는 점에 두려워해야 한다.

웹계와 실세계의 벽이 사라지고 있다

플래시몹Flash mob은 서로 다른 웹계와 실세계가 넘나든 좋은 예이다. 플래시몹이 만들어지는 과정은 다음과 같다. 우선 인터넷으로 불특정 다수의 사람이 무언가를 계획한다. 그런 다음 약속된 장소에 모여, 미리 짜놓은 동작을 함께 시연하고 다시 흩어져 제 갈 길을 간다. 웹상 공간에서 일을 꾸미고, 실제 세상에서 모여 행동을 하는 것이다. 가상과 실상의 차이로 구분되던 두 영역이 이렇게 서로 경계를 허물며 뒤섞이는 일이 늘고 있다.

오래전에는 눈으로 보고 실제로 만질 수 있는 것이 세상의 주류를 이루었다. 하지만 인터넷 시대가 본격적으로 열리면서 이제 만질 수 없는 것으로 이루어진 세상도 그에 못지않게 중요해졌다. 웹계와 실세계의 벽이 사라지는 것은 기술의 발전과 보급에 따라 점차 현실화되는 중이다. 웹 이용이 가능한 스마트폰과 각종 센서의 탑재, 초고속 무선 인터넷의 보급으로 증강현실 기술이 발달하면서 점차 그러한 현상이 가속화되고 있다.

대학생 1,000명이 만든 플래시몹

병원에서 MRI를 찍듯이 사물 자체를 스캔하여 정보화시키기도 하고, 반대로 이러한 정보를 가지고 3D 프린터를 이용해 다시 물건으로 재생해 낼 수도 있다. 아직 미흡한 수준이지만 그러한 상상을 실현하는 초기 단계에 진입한 것은 분명해 보인다.

아이폰이나 아이튠즈의 관계에서도 제품 자체의 기능이나 가치를 높여 주는 서비스가 결합되면서 독특한 비즈니스 모델이 출현하는 모습이다. 서비스는 제품을 구매하도록 촉진하는 역할도 하지만, 오히려 반대로 서비스를 판매하는 데 제품이 매개체로 쓰이기도 한다. 상황이 역전된 것이다.

제품과 서비스가 강력히 결합하는 현상에 따라 통신 산업의 서비스 모델이 제조산업에 적용되는 현상도 생긴다. 이제 자동차 기업도 본격적으로 제품에 서비스를 결합해야만 미래 경쟁력을 확보할 수 있을 것으로 본다. 최근 소비자와 단순한 거래 수준을 넘어 관계를 맺는 것이 점점 더 중요해진다. 그리고 이러한 경향이 제품과 서비스의 결합을 강화시키고 있다.

경계 밖에도 경쟁자가 존재한다

코카콜라의 경쟁자는 누구인가? 펩시콜라라고 생각할 수 있지만, 크게 보면 콜라 대신에 사람이 마시는 모든 것이 경쟁 상품이다. 그래서 코카콜라는 물을 경쟁자로 보고 있다고 한다. 그럼 영화관의 경쟁자는 누구일까? 영화관을 연인끼리 시간을 보내는 장소로 본다면 분위기 좋은 식당이나 카페 등도 경쟁자가 될 수 있다. 이처럼 경쟁이라는 것이 반드시 같은 범주 내에 있는 것들 사이에 일어나지는 않는다.

같은 업종, 같은 산업 내에서의 경쟁은 당연히 존재하지만, 더욱 중요한 것은 소비자의 관점에서 서로 대체할 수 있는지 여부이다. 소비자의 관심과 지갑, 시간을 누가 더 점유하느냐는 같은 범주 내에서 일어나는 일만으로는 모두 알 수 없는 일이다.

닌텐도Nintendo에서 사람들이 게임을 많이 즐기면 밖에서 달릴 일이 적어져 나이키 운동화의 판매량이 줄어들 것이라고 가정해 보자. 실제로 나이키의 매출이 영향을 받았는지는 모르지만, 만일 그렇다고 하면 나이키는 더 이상 리복과 푸마처럼 더는 운동화 만드는 기업만이 경쟁자가 아니다. 반대로 밖에서 운동하는 사람들 때문에 닌텐도의 매출이 줄어들 수도 있다. 그런 측면에서 실내 운동 게임인 위Wii가 태어났는지도 모르는 일이다.

아이들의 로망 닌텐도 DS   나이키 신발   닌텐도의 위

필름카메라가 디지털카메라로 대체되면서, 필름카메라를 만들던 캐논과 니콘은 시장 전환에 성공했다. 그리고 동시에 전자 업종에 있던 소니와 삼성전자 등이 새로운 경쟁자로 들어왔다. 반면에 코닥은 수익사업으로 여겼던 필름 사업이 망하면서 프린팅 분야로 수익사업을 전환하였으나, 그 시장은 기존의 HP, 캐논, 엡손 3사가 70%가 넘는 점유율을 보이며 시장을 지배하고 있다.

기존에 소니, 마이크로소프트와 함께 게임 콘솔 삼국시대를 열어 가고 있었던 닌텐도 역시 게임 산업이 아닌 컴퓨터와 음악 플레이어 같은 정보 가전 분야에서 넘어온 경쟁자들과 맞닥뜨리게 되었다. 게다가 아이폰이 들고 나온 앱스토어를 통한 모바일 게임이 활성화되면서 휴대형 게임기 산업에 커다란 영향을 미치고 있다. 기존의 게임기보다 휴대폰으로 해볼 만한 것이 더 많아지고 있다. 실제로 최근 닌텐도는 '2013년 상반기 실적'에서 80억 엔(약 861억 원) 적자를 기록했다.

경계 밖에서 넘어온 경쟁자들은 소비자에게 다른 형태로 가치를 전달하기 때문에 기존 기업은 이들을 상대하기 어려워한다. 심한 경우 이들은 기존 산업 전반을 와해시키는 혁신을 불러오기도 한다. 이것이 바로 경계를 넘어 일어나는 현상에 관해 관심을 가지고 지켜봐야 할 이유이다.

흐름을 정확히 이해하고 변화를 꾀해야 한다

세상 모든 일에는 흐름이 있다. 춤을 출 때에도 노래를 부를 때에도 저마다의 흐름이 있으며, 눈에 보이는 것은 물론이고 눈에 보이지 않는 것에도 흐름이 있다. 창업주가 성공하여 큰돈을 버는가 하면 한순간에 몰락하기도 하고, 기업이 크게 이익을 얻는가 하면 파산해 하루아침에 길바닥에 내몰리기도 한다. 세상은 항상 흐르고 변화한다. 변화의 파도를 잘 타면 성공하고, 그렇지 못하면 실패한다.

수많은 사례 중에 핀란드의 노키아가 대표적이라고 할 수 있다. 제지회사로 출발해 고무, 컴퓨터 등으로 사업을 확장했으나 적자에 시달리던 노키아는 휴대전화 사업을 미래사업으로 설정하고 1993년 본격적으로 뛰어들었다. 노키아는 1998년 모토로라를 제치고 세계 1위에 올라선 후 10년 동안 시장을 지배했다.

그러나 스마트폰 시대가 도래하면서 실적은 추락했고, 생존을 걱정하는 처지에 몰렸다. 브라운관 TV 시대의 최강자인 소니도 비슷한 처지다. 흐름을 타는 것이 얼마나 중요하고 어려운지를 잘 나타내는 사례이다.

지금은 역사 속으로 사라진 DEC(Digital Equipment Corp)는 1980년대 IBM과 함께 컴퓨터의 대명사였다. 켄 올슨(Ken Olsen)이 창업한 DEC는 1980년대 초반 'VAX'라는 기종으로 미국시장에서 두각을 나타내기 시작했고, 유럽을 비롯한 세계시장으로 진출해 1980년대 말에는 미국 2위, 세계 6위의 컴퓨터업체로 성장했다. 이러한 급성장에는 올슨의 강력한 추진력이 있었다. 하지만 메인프레임 시대의 성공을 가져다준 추진력은 소형컴퓨터 시대로 변하면서 유연성의 부족이 족쇄가 되었다.

"가정용 컴퓨터란 것은 필요 없다."라고 무시하면서 1989년 신형 대형컴퓨터 생산에 10억 달러를 투자하기로 했고, 이후 실적은 급속히 악화되었다. 1991년 매출 140억 달러에 12만 명이 근무하던 대형회사 DEC는 1991년 6억 달러 적자, 1992년 상반기 20억 달러 적자를 기록하면서 전략수정이 불가피한 상황으로 몰렸다. 하지만 올슨은 소신을 굽히지 않았고, 결국, 1992년 7월 이사회에서 해고 통보를 받았다.

올슨은 뛰어난 엔지니어로서 메인프레임 시대의 주역이었으나, 전략적 유연성이 부족해 자신이 창업한 회사를 떠났고, 결국, DEC도 비즈니스의 역사에서 사라졌다.

반면에 변화의 흐름에서 과감한 선제행동으로 국면을 전환한 사례로 삼성전자를 들 수 있다. 1990년대 초반까지 소니에 TV를 납품하는 평범한 전자회사였던 삼성전자는 1993년 소위 '신경영'을 기치로 내걸고 과감한 혁신과 미래지향적 사업구조로 변신하기 시작했다.

당시 오디오, 비디오 산업의 지존이었던 소니가 'AV 확장'이라는 관점에서 산업을 바라보다가 디지털 혁명의 흐름을 제대로 따라가지 못하는 사이, 삼성전자는 반도체, LCD, 휴대전화 등 디지털 혁명의 수혜를 직간접적으로 받는 사업부문을 고루 갖추며 글로벌 기업으로 올라섰고, 2013년 지금은 명실상부한 세계 전자산업을 이끌어가는 글로벌 초일류기업으로 도약했다.

04

IT는 미래에도 혁신을 주도할까?

'사물과 인터넷의 만남' 창조경제 이끌 ICT 융합 미래를 본다. 사물인터넷(IoT) 국제 행사로는 최대 규모인 'RFID/IoT 월드 콩그레스 2013'이 성황리에 막이 올랐다. 230개 부스로 마련된 전시회는 전자태그(RFID)/IoT 기반 융합솔루션& 서비스, 기기 간 통신(M2M)/IoT 제품 및 SW, 근거리 무선통신/모바일 서비스, 빅데이터, 특허 등 5개 관으로 구성된다.

미래창조과학부 ICT R&D 중장기 전략 발표

우리 정부는 2013년 10월 23일 경제장관회의에서 정보통신기술 연구 개발 중장기 전략(ICT WAVE 전략)을 확정 발표했다. 앞으로 5년간 8조 5,000억 원을 투입해 12조 9,000억 원의 생산유발 효과와 7조 7,000억 원의 부가가치, 일자리 18만 개를 창출하는 효과를 기대했다. 기술 상용화율을 현 18%에서 39%로 올리고 R&D 투자액 대비 기술료 수입을 의미하는 투자 생산성도 3.4%에서 7% 수준으로 개선하겠다고 했다.

이를 위해 콘텐츠(C), 플랫폼(P), 네트워크(N), 디바이스(D), 정보보호(S) 5개 분야에서 홀로그램, 5세대 이동통신, 사이버공격 대응기술 등 10대 핵심 기술을 개발해 신성장동력으로 육성하고 글로벌 시장을 선점해 나갈 방침이다.

또 사용자 선택형 실감방송, ICT 자동차, ICT 힐링플랫폼, 스마트 먹거리 안심 등 15대 대표 미래 서비스를 선정해 중점적으로 구현한다.

우리나라 IT의 밝은 미래를 보는 것 같아 기쁘다. 계획한 대로 실행만 한다면 적어도 우리나라에서는 IT가 여전히 미래의 변화를 주도해 갈 것으로 보인다.

사물과 인터넷의 만남, 미래를 창조한다

인터넷과 통신이 급속하게 발달하면서 다양한 융합서비스가 등장하고 있다. 융합Convergence이란 IT 기술과 연관 지어 사용되는 말로 새로운 것을 만들기 위해 두 개 이상을 섞는다는 의미로 IT, 바이오, 의료기술 등을 결합하거나 디자인, 비즈니스, 과학기술 등 서로 다른 분야를 통합하는 형태로도 발현된다.

최근에 화두가 되고 있는 사물인터넷Internet of Things은 융합서비스의 바탕을 이루는 말로 앞으로 몇 년 안에 대부분의 사물이 인터넷과 연결되어 자연스럽게 우리 일상에 스며들 것으로 예상한다. 사물인터넷IoT의 적용 영역은 매우 다양할 것으로 생각한다. 의료 산업이나 교통은 기본이고 우리 일상이나 공장, 농장까지 사물이 있는 곳이라면 폭넓게 활용될 것이 자명하며, 가전제품, 전자기기뿐만 아니라 헬스케어, 원격검침, 스마트홈, 스마트카 등 다양한 분야에서 사물을 네트워크로 연결해 정보를 공유할 수 있다.

미국 벤처기업 코벤티스Corventis가 개발한 심장박동 모니터링 기계, 구글의 구글글라스, 나이키의 퓨얼 밴드 등도 이 기술을 기반으로 만들어졌다. 특히 심장박동 모니터링 기계는 사물인터넷의 대표적인 예로, 부정맥을 앓고 있는 환자가 기계를 부착하고 작동시키면 심전도 검사 결과가 자동으로 기록돼 중앙관제센터로 보내진다. 중앙관제센터는 검사 결과를 전문가에게 전송해 임상 보고서를 작성하고 이 보고서를 통해 환자와 적합한 의료진과 연결된다.

 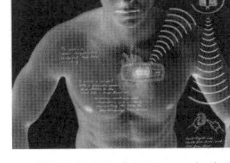

| Nike의 퓨얼밴드 | 코벤티스의 심장 모니터링 | 구글의 구글글라스 |

이러한 사물인터넷은 상품 정보를 저장한 극소형 칩이 무선으로 데이터를 송신하는 'RFID^{Radio Frequency Identification}'와 센서, 스마트기기의 등장으로 다양한 분야에서 미래의 IT를 주도할 것이다.

미래의 IT상품은 플렉시블이 대세다

최근 주요 스마트기기업체가 잇따라 스마트워치^{Smart Watch}를 선보이면서 플렉시블^{Flexible} 디바이스^{Device}에 대한 관심이 높다. 하지만 이는 예고편에 불과하다. 글로벌 정보기술^{IT} 기업은 정형화된 플렉시블 디바이스를 넘어 소비자 요구에 맞춰 자유롭게 형태 변경이 가능한 기기 개발에 열을 올리고 있다. 애플 아이폰이 촉발한 스마트폰에 이어 또 한 번의 디바이스 혁명이 눈앞으로 다가온 것이다.

이 변화를 주도하는 것이 플렉시블 디바이스와 투명 나노소재 부품기술이다. 시장조사업체 디스플레이뱅크^{Displaybank}에 따르면 플렉시블 디스플레이 시장은 오는 2015년 11억 달러에서 오는 2020년 420억 달러로 고속 성장이 예상된다.

플렉시블 디바이스 기술은 신소재 플라스틱을 이용하여 종이처럼 얇고 유연한 기판을 활용해 손상 없이 휘거나 구부릴 수 있는 반도체 소자와 디스플레이 등을 구현하는 것이다. 디스플레이는 물론 센서, 통신, 소재·패키징 등 전 영역에서 대응 기술 개발이 요구된다.

센서 측면에서는 유연한 기판에 차별화된 인터페이스를 구현하는 물리 센서와 의료·환경 등 타 산업과 융합을 촉진하는 화학·바이오센서가 주목된다. 소재·패키징 쪽으로는 전자기기에 요구되는 방열, 전도, 무선충전, 에너지 생성·저장 등에 필요한 폴리머와 무기물을 결합한 유연 소재 기술 개발이 필요하다.

투명 나노소재 부품도 유망 기술이다. 전자기기를 투명화해 후면 정보를 습득하고 공간 에너지를 차단·흡수할 수 있는 차세대 기술이다. 불투명한 정보 표시 환경의 한계를 극복할 수 있어 휴대폰은 물론이고 스마트 홈·빌딩 윈도, 자동차 헤드업디스플레이 등 응용 분야가 무궁무진하다.

건축물에도 쓰이는 만큼 에너지 절감 소재의 중요성도 크다. 여름에는 시원하고, 겨울엔 따뜻하게 만드는 냉난방 부하 저감용 스마트 윈도가 보편화될 전망이다.

하지만 진정한 플렉시블 디바이스가 나오려면 각 요소기술도 이에 대응할 수 있는 방향으로 개발돼야 한다. 플렉시블 디바이스와 투명 나노 소재 부품 기술 모두 아직은 초기 단계이나 응용 분야가 워낙 다양함에 따라 미래의 핵심 IT 분야로 성장할 것이다.

여전히 소셜 웹이 인터넷을 장악할 것이다

2003년 10월 28일, 미국 하버드대 2학년생 마크 주커버그가 교내 인맥관리에 최적화된 서비스 '페이스매시'를 공개했다. 자신의 얼굴과 신상을 밝히고 교류하는 서비스였다. 세계 11억 명 이상이 사용하는 소셜네트워크서비스SNS '페이스북'이 탄생한 순간이다. 2013년 10월 28일 페이스북이 탄생 10년을 맞았다. 친구가 정보를 올리면 내 페이스북에 자동 배달되는 이 간편하고 신속하며 생생한 커뮤니케이션 도구는 세계 사용자들을 매료시켰다. 지난 10년 동안 이 SNS는 외형을 키우고 기업공개IPO를 했으며 모바일 시장에 성공적으로 안착했다. 또 다른 소셜 웹의 강자 트위터도 2013년 11월에 기업공개IPO를 하였고, 당시 기업 가치는 140억 달러(약 15조억 원)에 달했다.

페이스북과 트위터가 세계인의 서비스로 성장하면서 단순히 지인과 일상을 공유하고 인맥을 관리하는 목적의 SNS가 다시 성공할 가능성은 거의 없어 보인다.

그렇다고 새로운 인기 SNS 탄생이 불가능한 것은 아니다. 목적과 대상, 콘셉트를 달리한 버티컬 서비스가 속속 등장한다. 핀터레스트Pinterest와 인스타그램Instagram, 텀블러Tumblr, 포스퀘어Foursquare 등이 '포스트 페이스북' 후보이다. 새로운 SNS는 사진공유가 핵심이다.

2011년 서비스를 시작한 핀터레스트는 '2013년 현재 4,600만 회원을 가진 사진공유 SNS다. 최근 투자 유치 당시 기업가치 38억 달러(약 4조

원)로 평가받으며 업계를 놀라게 했다. 핀터레스트는 '핀PIN'을 '관심거리 INTEREST'에 꽂는다는 의미다. 좋아하는 분야 사진에 '핀 잇PIN IT'하면 관련 사진을 모아보며 쉽게 공유한다. 예쁜 사진이 모이는 곳으로 입소문 나면서 여성 사용자가 몰렸다. 최근 직관적인 메시지 전달을 원하는 기업의 광고 채널로 급부상 중이다.

인스타그램은 가장 빠르게 성장하는 SNS다. 2010년 서비스 개시 후 현재까지 1억 5,000만 사용자를 모았다. 미국 10대 청소년의 절대적인 지지를 받으며 매일 평균 5,500만 장의 사진이 올라온다. 창업 1년 6개월 만인 지난해 4월 페이스북이 전격 인수했다. 큰 특징은 사진 보정 기능이다. 인스타그램 앱에서 사진을 찍고 바로 다양한 효과를 더해 올리고 페이스북으로 공유한다. 최근 유명 연예인들이 사용하면서 국내에서도 인기가 높아지고 있다.

현아의 인스타그램

또 다른 사진 기반 블로깅 서비스 '텀블러'는 야후 인수로 올해 가장 큰 화제를 모은 스타트업이다. 야후는 텀블러 인수에 11억 달러(약 1조 2,000억 원)를 쏟아 부었다. 세계 1억 2,000만 명 회원을 자랑하는 텀블러는 키워드로 사진을 검색하며 마음에 드는 사진은 간단하게 자신의 블로그로 옮긴다. 가장 큰 특징은 문자 교류가 제한적이라는 사실이다. SNS로서는 역설적이지만 짧은 설명조차 없이 제목만 붙인 사진이 대부분이다.

포스퀘어는 위치 기반 SNS의 대표주자다. 사용자가 방문한 지역을 지도에 표시하고 공유한다. 사용자가 특정 지역에 '체크인'하며 앞서 같은 장소를 거쳐 간 친구들의 흔적을 살펴본다.

유명 레스토랑이 실제 맛집인지 친구들의 믿을 수 있는 평가를 얻는다. 주변에 있는 친구들의 위치 정보는 물론이고 해당 지역 상점의 광고와 할인 쿠폰도 제공한다. 현재 3,500만 회원을 가졌다. 마이크로소프트가 인수를 타진 중이다

클라우드, 스마트 시대를 리드한다

미래 IT의 화두는 클라우드Cloud다. 2008년 미국 라스베이거스에 열린 가트너 IT 심포지엄에서 이 단어를 처음 들었을 때는 그야말로 뜬구름같은 이야기였다. 그러나 불과 몇 년 사이 온 세상은 모두 클라우드 열풍이다. 마이크로소프트, 애플, 구글, 아마존, 삼성 등 이 시대 IT의 선봉에 서있는 기업은 모두 클라우드를 외친다. 2010년 3월, 마이크로소프트의 CEO 스티브 발머Steve Ballmer는 워싱턴 대학 강의에서 다음과 같이 말했다.

"클라우드 서비스와 관련해, 우리는 '올인'한다. 글자 그대로 우리는 회사 전체를 거기에 걸었다."

매우 강한 표현이다. 그 정도로 마이크로소프트는 클라우드 서비스에 집중할 것으로 예상하며, 클라우드 서비스에 마이크로소프트의 미래가 달려 있다고 생각한다. 쉽지는 않다. 이미 클라우드 서비스 시장에는 구글과 아마존이 앞서 있는 것이 사실이다. 또한, 애플도 2011년 6월 WWDC

2011 스티브 잡스 키노트에서 클라우드 서비스인 iCloud의 존재를 공식 발표하였다. 그만큼 미래의 클라우드 서비스 시장은 엄청난 경쟁의 장소가 될 것이 자명하다.

클라우드 서비스란 '인터넷을 통해 실시간으로 전송되고 소비되는 개인 고객 및 기업고객 대상의 제품, 서비스 그리고 솔루션'을 말한다. 클라우드 컴퓨팅이란 '클라우드 서비스를 가능하게 하는 IT 개발과 배치 및 전송 모델로서, 규모의 경제에 입각한 대규모 분산 컴퓨팅 패러다임'이다. 기업의 비용절감과 효율적인 모바일 컨버전스 서비스 제공 차원에서 보면 클라우드 서비스는 기존 컴퓨팅 사업에서 '소유' 형태로 있던 하드웨어와 소프트웨어 시장을 '임대' 형태 제공 방식의 시장으로 변화시킨다.

기업의 IT 인프라 및 업무용 소프트웨어의 클라우드 서비스가 대표적 니즈이다. 다양한 서비스를 더욱 빠르고 비용 효율적으로 제공하고 받게 하려면 클라우드 컴퓨팅 기반의 클라우드 서비스가 더욱 요구된다.

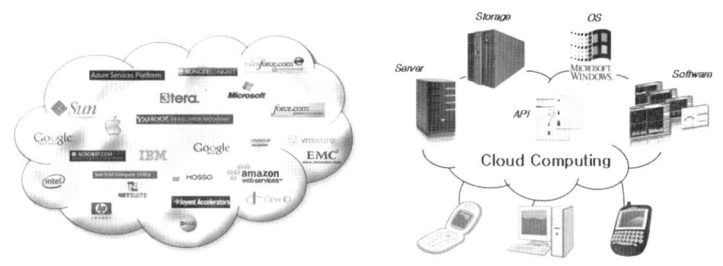

클라우드 컴퓨팅 환경에서 하드웨어상의 제약이 사라지고 있다. 단말의 요소 기술이 발달하면서 더 강력한 씬-클라이언트Thin-Client 형태의 이동형 단말, 이용자 편의성과 이동성이 강화된 스마트 단말로 발전하고 있기 때문이다. 스토리지와 서버가 모두 클라우드에 존재하고 클라이언트에는

데이터가 저장될 필요가 없다. 그래서 가능해진 썬-클라이언트화는 PC 하드웨어 시장에 근본적 변화를 일으키게 된다. 즉 HDD^{Hard Disk Driver}와 CPU^{Computing Power Unit}의 중요성은 상대적으로 작아지고, 디스플레이와 입출력 기능 및 네트워크 기능의 중요성이 상대적으로 커지게 된다.

클라우드 서비스가 중요한 또 다른 이유는 이것이 결국, 스마트폰과 태블릿 같은 모바일 환경에서 경쟁력을 좌우하기 때문이다. 구글이 안드로이드로 성공한 것과 아이폰이 성공한 것은 클라우드 서비스가 동반되었기 때문이다. 결국, 클라우드 서비스를 잘 준비하지 못하면 미래의 모바일 시장에서 도태될 수 있다는 사실을 간과해서는 안 된다.

빅데이터, 웹 3.0 시대를 연다

최근 미래 IT의 아이콘은 '빅데이터^{Big Data}'이다. 빅데이터란 말 그대로 엄청난 양의 데이터를 말하며 기존 데이터베이스^{Database} 관리도구로 할 수 있는 데이터의 수집, 저장, 관리, 분석 등의 역량을 넘어서는 대량의 정형 또는 비정형 데이터 및 이러한 데이터로부터 가치를 추출하고 결과를 분석하는 기술을 총칭하는 말이다.

빅데이터는 IT와 인터넷의 발달로 규모를 가늠할 수 없을 정도로 많은 정보가 생산되면서 나타났다. 컴퓨터 및 처리 기술이 발달함에 따라 디지털 환경에서 생성되는 빅데이터와 이 데이터를 기반으로 분석할 경우 질병이나 사회현상의 변화에 관한 새로운 시각이나 법칙을 발견할 가능성이 커졌다. 일부 학자는 빅데이터를 통해 인류가 유사 이래 처음으로 인간 행동을 예측할 수 있는 세상이 열리고 있다고 주장하기도 하며, 이를 주장하는 대표적인 학자로는 토머스 멀론^{Thomas Malone} 미국 MIT 대학 집합지능연구소장이 있다.

빅데이터는 초대용량의 데이터 양Volume, 다양한 형태Variety, 빠른 생성 속도Velocity라는 뜻에서 3V라고도 불리며, 여기에 네 번째 특징으로 가치 Value를 더해 4V라고 정의하기도 한다. 빅데이터에서 가치가 중요 특징으로 등장한 것은 엄청난 규모뿐만 아니라 빅데이터는 대부분 비정형적인 텍스트와 이미지 등으로 이루어져 있고, 이러한 데이터는 시간이 지나면서 매우 빠르게 전파하고, 변함에 따라 그 전체를 파악하고 일정한 패턴을 발견하기가 어렵게 되면서 가치창출의 중요성이 강조되었기 때문이다.

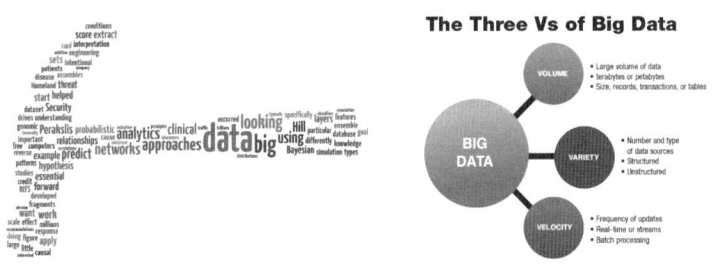

웹 3.0은 수많은 정보 중에서 컴퓨터가 우리를 위해서 우리에게 꼭 필요한 정보를 찾아서 분석한 후 알려 주고 보여줄 수 있도록 고안된 웹 기술이다. 결국, 웹 3.0이란 기술은 빅데이터가 양산한 기술이라 볼 수 있다.

카메라와 GPS까지 장착된 모바일기기가 등장하고, RFID 등 각종 센서가 웹에 연결되면서 웹은 우리의 일상생활에 밀착되어 버렸다. 이제 웹은 언제 어디에서나 필요하다. 우리의 카메라와 전화기는 눈과 귀가 되도록 연결되었고, 동작과 위치 센서는 우리가 어디 있는지 알려 주고, 우리가 보고 있는 것과 얼마나 빨리 움직이고 있는지도 알아낸다.

많은 데이터가 실시간으로 수집되어 저장되고 있는데다가 우리 생활의 거의 모든 가구에도 웹에 연결되어 데이터를 생성하는 기기가 되었다. 이렇게 많은 데이터로 말미암아 종래의 웹에서처럼 인간의 손으로 처리하고 인간의 눈으로 이해하여 처리할 수 있는 한계는 이미 지났다.

과거에도 규모가 큰 데이터를 다루는 기술이 없었던 것은 아니다. 하지만 전례 없이 많아지고 형태 또한, 다양해진 데이터, 즉 일상 속에서 생산되는 문자와 메시지, 음악이나 동영상 그리고 사진이나 각종 센서를 통해 유입되는 로그 데이터 같은 비정형 데이터를 실시간으로 처리 분석할 수 있는 시대가 열렸다.

시장의 필요로 탄생한 새로운 웹에서는 컴퓨터에 의해서 서로 종류가 다른 데이터가 서로 연결되어 읽히고 분석되고 처리되어 우리 인간에게 필요한 정보의 형식으로 전달되기 시작했다. 새로운 웹은 서로 다른 데이터가 컴퓨터 애플리케이션Application에 의해서 읽히고 분석되는 것을 가능하게 한다. 새로운 형태의 애플리케이션이 만들어지기 시작하고 있다. 이들이 새로운 산업으로 등장하기 시작했다.

이러한 앱App은 다른 산업으로의 파급효과로 인하여 더욱 흥미롭다. 생명과학 분야를 예로 들어 의약 기관의 적극적인 참여로 다른 분야에 비해서 가장 많은 데이터가 인터넷에 공개되어 사용될 수 있는 형태로 존재한다. 새로운 웹의 기술에 적응하는 조직과 사람은 크게 성공할 기회를 얻게될 것이지만, 적응하지 못한다면 도태될 수도 있을 것이다.

IT는 무슨 일을 하지?

죽은 후에도 나의 무언가는 살아남는다고 생각하고 싶군요. 그렇게 많은 경험을 쌓았는데, 어쩌면 약간의 지혜까지 쌓았는데, 그 모든 게 그냥 없어진다고 생각하면 묘해집니다. 그래서 뭔가는 살아남는다고, 어쩌면 나의 의식은 영속하는 거라고 믿고 싶은 겁니다.

- 스티브 잡스 -

IT를 쪼개고 나눠 보자

외국인이 생각하는 대한민국의 이미지는 어떤 것일까? 한류, K-Pop, 싸이의 강남스타일 같은 문화를 떠올리는 사람도 있고, 김연아, 박지성 같은 스포츠 스타를 생각하는 사람도 있다. 하지만 빠지지 않고 등장하는 키워드는 IT이다. 우리나라는 IT 강국이다. 이미 전국에 초고속 통신망이 깔린 지 오래됐으며, 변방의 작은 가내 수공업 수준으로 TV 같은 가전제품을 조립, 생산하던 대한 민국의 IT는 반도체, LCD, 모바일 등에 집중적으로 투자하여 IT 강국으로 우뚝 섰다. 하지만 대한민국의 IT 산업이 제조업 중심이라는 점과 특정 대기업에 편중된 점이 아쉽다.

정보화 사회에서 소셜 웹 사회로의 변화

20세기 중반, 컴퓨터가 보급되기 시작하였다. 초창기에는 국방과 학술, 금융 같은 산업 분야에서 대형 컴퓨터를 도입하면서 과거에는 꿈도 꾸지 못했던 복잡한 일을 해내는 등 생산성을 향상하기 시작했다. 1970년대 들어서는 개인용 컴퓨터 시장이 열리면서 사무자동화라는 용어가 유행했고, 인터넷이 보급되면서 정보화 사회로의 변화가 시작되었다.

컴퓨터는 결국, 기존 산업의 생명주기 전반에 걸쳐서 영향을 주었지만, 산업 자체를 바꾸거나 하지는 않았다. 정보화를 적극적으로 받아들이고 생산성 혁신을 이룬 곳은 고속성장을 했고, 과거 방식에서 혁신하지 못하고 생산성에서 밀린 기업은 경쟁력을 잃고 사라져 갔다.

과거보다 영속하는 기업은 줄어들었고 글로벌 산업화까지 진행되면서 훨씬 치열한 경쟁이 펼쳐지기 시작했다. 정보화 사회와 정보화 기술은 기업이 좀 더 쉽게 거대해질 수 있는 토대를 제공했고, 막강한 IT 시스템을 활용해서 '규모의 경제'로 부를 획득하는 것이 상대적으로 쉬워졌다. 일부 기업은 그 덩치를 계속 키워 나갔고 경쟁에서 승리하면서 다국적 대기업 지배체제를 잉태하는 계기가 되었다.

이런 지배체제에서는 특화되고 전문적인 일을 하는 작은 기업 또는 집단은 거대한 기업에 의존할 수밖에 없었고, 대기업 체제에 반하는 형태의 혁신은 철저히 외면당했다. 즉 IT와 정보화 사회가 중앙 집중을 가속화하였고, 정보와 네트워크를 지배하는 자가 통제하는 시대가 되었다.

현재는 정보화 사회를 넘어 소셜 웹 사회로 넘어가는 단계이다. 컴퓨터나 인터넷이라는 기본 인프라가 바뀌지는 않았다. 바뀐 것은 정보화가 회사나 비즈니스 단위에서 각 개개인의 네트워크와 관계 그리고 관심사 등을 바탕으로 비즈니스 경계를 넘어 이루어진다는 것이다.

소셜 웹 사회에서 집단행동과 준거집단은 회사 단위로 이루어지는 것이 아니라 각 개인의 판단으로 모이는 폭발적인 에너지에 따라 이루어진다. 페이스북이나 트위터는 이런 소셜 웹 네트워킹을 전 세계적으로 완전히 개방된 형태로 만들 수 있는 인프라를 제공했고, 스마트폰은 컴퓨팅 환경을 개인화시키며 이를 가속화했다.

결국은 정보화 사회와 소셜 웹 사회를 거치면서 IT의 산업 발전 양상도 급속하게 변하고 있다. 기존의 IT 산업은 IBM, HP, 마이크로소프트 등 글로벌 IT 기업이 이끌어 왔다. 이들이 새로운 기술을 개발 공개하면 일반기업은 수용하는 것이 일반적이다. 하지만 오픈 소스Open Source는 이같은 형태의 산업을 바꿔 놓았다. 최근 IT 업계의 주요 트렌드인 클라우드, 소셜, 빅데이터 등은 전통의 IT 기업이 아닌 오픈 소스가 주도하고 있다.

대한민국 IT의 역사

해방 이후 우리나라의 산업과 경제는 급속도로 발전하였다. 급격한 발전에 따른 부작용도 만만치 않지만, 이제는 누가 뭐라 해도 선진국 반열에 올라섰다. IT 산업 발전 역시 이러한 고도성장과 부작용 속에서 큰 영향을 받으며 궤를 같이했다. 대한민국 IT 역사를 조망하며 IT 관련 산업 및 분야에 대한 이해를 도모하고자 한다.

★ 1970년대

대한민국 IT 산업의 태동기이다. 1967년에 한국과학기술연구소KIST의 전자계산실과 한국생산성본부KPC의 전자계산소가 창립됨으로써 대한민국 IT 산업의 시작을 알렸다. 정부 및 금융권의 전산화도 이때부터 시작되었고, 전산과 관련된 수요가 증가하면서 IT 및 컴퓨터 관련 직종이 주목받기 시작하였다.

1971년 9월 전화요금 전산화를 위해 OCR 리더를 가동하고, 77년에 관세청은 세관 전산화를 하였으며, 금융기관으로는 최초로 외환은행이 서울-부산 간 온라인 뱅킹을 구축하였다. 뒤이어 한국증권전산이 설립되고, 동방생명보험의 온라인 시스템이 구축되었는데 79년 말 각 금융기관 온라인 취급점포가 370여 개에 달하는 등 정보화의 바탕을 마련하였다.

전자산업 역시 발전을 시작하였는데, 금성사와 삼성전자가 TV를 비롯한 가전산업을 중심으로 발전을 이끌어 나갔다.

★ 1980년대

정부와 금융기관의 전산화에 이어 1980년대는 일반기업의 전산화가
시작되었다. 이때부터 국내 SI(System Integration) 산업이 본격적으로 태동했다
고 볼 수 있다. 개인용 컴퓨터가 보급되기 시작하였고, 일반 사용자를 위
한 소프트웨어가 본격적으로 등장하였다. 대표적인 것이 80년대 말에 나
와 현재까지도 국산 소프트웨어의 대표격인 아래아한글과 V3 백신이다.

아래아한글은 자체 글꼴 내장과 편리한 기능 등을 선보이며 출시와 동
시에 각광을 받았고, V3 백신의 경우 무료임에도 강력한 기능을 제공함으
로써 아래아한글과 함께 빠른 속도로 보급되었다. 이 두 소프트웨어의 등
장으로 다양한 소프트웨어가 개발되었으며, 당시 소프트웨어 산업은 대기
업보다 중소기업이 활발하게 이끌었다.

하드웨어 산업 역시 80년대에 발전을 거듭하였다. 1980년대 초 삼보엔
지니어링이 설립되고 국내 최초로 개인용 컴퓨터를 판매하기 시작하였다.
또한, 가전산업이 대기업을 중심으로 발전하면서 반도체와 LCD 기술의
초석을 다지는 계기가 되었다.

아래아한글 도스 버전　　　V3 도스 버전　　국내 최초 PC 삼보 SE-8001

★ 1990년대

IT 산업의 격동기이자 변혁기라 볼 수 있다. 아래아한글과 V3와 더불

어 새롬데이터맨, 문방사우 등 국산 소프트웨어가 속속 출시되고, 80년대 말부터 유행하던 PC 통신은 90년대에 절정을 맞이하는데, 하이텔, 천리안, 유니텔 등 PC 통신은 다양한 소프트웨어 산업이 등장할 수 있는 가교 역할을 하게 된다.

이처럼 90년대에는 일반 사용자를 위한 패키지 소프트웨어가 발전하였고, SI 산업 역시 기업 전산화를 필두로 경험과 기술을 축적하고 있었다. 게임 산업에서도 국산 소프트웨어의 도전이 시작되었다. 소프트맥스와 손노리 등의 게임업체는 '창세기전'과 '어스토니시아 스토리' 등이 패키지 게임을 발표해 호평을 받았다.

하지만 97년 발생한 IMF 사태의 영향으로 중소 소프트웨어업체 중 상당수가 도산하였고, SI 업체 역시 대기업 중심으로 개편되었다. 또한, 90년대 말은 인터넷의 보급과 더불어 인터넷 기반의 IT 기업이 발전하기 시작한다. 이때 등장한 다음과 네이버로 대표되는 포탈업체와 온라인 게임업체가 2000년대에도 소프트웨어 산업을 주도적으로 이끌었다.

전자산업은 80년대에 이어 지속적으로 발전하였으며, 다양한 기술을 국산화하였고 세계적인 경쟁력을 갖추기 시작하였다. 특히 삼성전자는 D램 시장에서 세계 1위를 달성하며 반도체 신화를 써내려갔고, 한국 IT 수출의 큰 축을 담당하게 된다.

PC 통신 천리안   어스토니시아 스토리   64K D램 반도체

90년대는 IT 산업에서 또 하나의 산업이 주목받기 시작하는데 바로 통신 사업이다. 기존 유선전화를 넘어 PC 통신 등의 발전을 하고 있던 통신산업은 90년대 후반 초고속 인터넷의 보급과 세계 최초 CDMA^{Code division multiple access} 방식의 서비스를 필두로 이동통신이 등장하면서 대한민국 IT 발전을 위한 인프라 역할을 하게 된다. 정보통신 인프라는 2000년대 인터넷 산업의 기반이 되었으며, 전자산업과 연계되어 이동통신과 휴대폰 강국으로 거듭날 수 있는 기틀이 되었다. 대한민국이 IT 강국 또는 IT 코리아라고 불리게 된 이유 중 하나가 바로 정보통신 인프라의 발전이라 할 수 있다.

★ 2000년대

2000년대는 IMF 사태를 극복하고 인터넷 서비스를 기반으로 신규 도약하는 시기였다. 불법 복제 등으로 패키지 소프트웨어의 내수 시장은 취약했지만, 초고속 인터넷의 보급으로 새로운 기회가 열렸다. 또한, 정부도 적극적으로 IT 산업을 육성하여 벤처 붐을 일으켰다. 그러나 불행하게도 벤처 붐은 IT 버블로 이어졌고, 이러한 거품을 틈타 불법적으로 한 몫 잡으려는 기업인들의 도덕적 해이 등으로 인해 또다시 많은 IT 업체가 도산하게 된다. 결국, 살아남은 소수의 인터넷 포털과 온라인 게임업체 및 대기업의 SI 업체 위주로 재편되게 된다.

2000년대 소프트웨어 산업은 전국적으로 보급된 정보통신 인프라가 바탕이 되어 인터넷 서비스 산업을 기반으로 발전하였다. 다음과 네이버로 대표되는 인터넷 포털이 견고히 잡으며 현재까지 지속적으로 성장하고 있으며, 싸이월드와 같은 커뮤니티 중심의 서비스도 등장하였고, 인터넷 쇼핑몰 또한, 발전하여 현재는 필수 불가결한 존재가 되었다. 게임 산업은 불법 복제로 인해 내수시장이 극도로 좁아지자 온라인 게임으로 눈을 돌렸다.

2000년대 후반에는 아이폰 쇼크라고 불리는 스마트폰 혁명으로 국내 소프트웨어 산업도 새로운 국면에 접어들고 있다. 모바일 소프트웨어가 성장하고 있으며, 애플리케이션Application 시장을 기반으로 모바일 소프트웨어 생태계가 구축되고 있다.

전자산업의 경우 삼성전자와 엘지전자를 축으로 글로벌 경쟁력을 갖추고 TV, 반도체, 스마트폰 등과 같은 분야에서는 세계의 시장을 리드해 가고 있다.

정보통신 산업은 이동통신을 주축으로 발전하였다. 스마트폰의 보급과 함께 국내 이동통신망은 급격하게 발전하였고, 3세대 이동통신을 거쳐 현재는 4세대 이동통신인 LTELong Term Evolution망 또한, 세계에서 그 유래를 찾아보기 힘들 정도로 빠르게 전국적으로 설치가 완료된 상태이다.

이처럼 대한민국의 IT는 눈부신 발전을 한 경제만큼 짧은 기간에 급격히 발전하였으며, 대한민국이 충분히 IT 강국임을 자부할 수 있게 만들었다. 반면 제조업 중심의 하드웨어나 전자산업은 세계적인 경쟁력을 갖추고 있으나, 소프트웨어는 여전히 경쟁력이 부족하다는 우려의 목소리가 남아있다.

IT 산업의 쪼개고 나누기

앞에서도 언급했지만 IT는 말 그대로 정보를 다루는 기술이다. 따라서 IT 산업은 정보를 개발, 저장, 교환하는 데 필요한 모든 형태의 기술, 제품, 서비스를 포함한 산업이라 보면 된다. IT와 관련된 산업 분야를 나눠 보려 한다. 아니 정보를 교환하는 데 통신도 중요한 역할을 하므로 ICT

관점에서 분류해 보는 게 좋겠다.

ICT(Information & Communication Technology)에는 다양한 분야가 있는데, 간략하게 나눠 보면 다음과 같다.

1) 정보통신(유선/무선) 서비스

2) 정보통신 기기 및 솔루션

3) 네트워크 서비스 및 솔루션

4) 시스템 개발 및 통합

5) IT 인프라(소프트웨어 및 하드웨어)

6) 인터넷 서비스

7) 전자기기 및 반도체

1) 정보통신 서비스

정보통신(Data Communication)이란 전기통신회선에 문자, 부호, 영상, 음향 등 정보를 저장 처리하는 장치와 그에 부수되는 입출력 장치 또는 기타의 기기를 접속하여 정보를 송신, 수신, 처리하는 전기통신을 말한다. 쉽게 말해 정보통신은 원격지에 설치된 컴퓨터 상호 간 또는 컴퓨터와 단말기 간을 통신회선으로 접속하여 데이터를 송수신하는 통신방식이다.

정보통신 서비스에는 전화, 텔렉스와 같이 가입자 회선을 정보통신에 사용하여 가입자 상호 간 임의로 송수신할 수 있는 공중회선 서비스, 제한된 범위 내에 있는 상대 이외에는 송수신할 수 없지만, 저속에서 고속까지 여러 가지 서비스를 받을 수 있는 전용회선 서비스, 디지털 데이터 교환장치를 중심으로 하는 디지털 데이터 교환망 서비스 등이 있다. 쉽게 말해 생성된 정보를 유선이나 무선을 활용하여 전파하고 전달하는 서비스라 보면 된다.

대표적인 정보통신 서비스 기업으로는 버라이즌Verizon, AT&T, T-Mobile 등이 있으며, 우리나라는 KT, SKT, LGT 등이 있다.

2) 정보통신 기기 및 솔루션

정보통신과 관련된 기기나 장비를 만드는 분야이다. 이 분야에서 대표적인 제품은 휴대폰류와 방송장비 및 기지국 장비 등이 있다.

2012년 12월 방송통신위원회가 발표한 자료를 보면 우리나라 유선전화 가입자 수는 1,800만 명, 이동전화 가입자 수는 5,300만 명으로 집계됐다. 인구수보다 많으니, 1인당 1개 이상의 전화기를 사용하고 있는 셈이다. 단순한 통화기능을 넘어 인터넷, MP3, TV, 내비게이션 기능까지 수행하는 휴대폰은 이미 우리나라 삼성과 LG전자가 세계를 리드하고 있으니, 경이로운 일이 아닐 수 없다.

방송장비와 기지국 장비는 워낙 생소한 분야이고 휴대폰은 다양한 제품이 존재하고 성장 속도가 빛과 같이 이루어지기 때문에 별도로 논의해 보기로 한다.

대표적인 정보통신 기기 및 솔루션을 만드는 기업은 애플, RIM, 에릭슨Erisson, HTC가 있으며, 우리나라는 삼성, LG전자 등이 있다.

3) 네트워크 서비스 및 솔루션

네트워크Network는 두 개 이상의 장치가 데이터 통신이라는 공통의 목적을 바탕으로 연결된 통신구조를 말하는 것으로 서로 연결된 요소 간의 데이터 등을 전송하는 통신망이다. 이런 구조에는 데이터 통신을 원하는 컴퓨터 시스템뿐만이 아니라, 데이터 통신을 수행하기 위해 사용되는 전송장치, 교환장치 등이 통신선로에 의해 연결되어 있다. 거리에 따라 전 세계의 네트워크가 서로 연결된 것을 인터넷이라고 하고 가까운 지역을 연결한 것은 근거리 통신망LAN : Local Area Network, 먼 지역을 연결한 것은 원거리 통신망WAN : Wide Area Network이라 한다.

초고속 인터넷망에 대한 소비자의 요구와 스마트폰으로 촉발된 무선망의 속도전 그리고 동영상을 포함하여 폭발적으로 늘어난 정보로 인해 네트워크 서비스에 대한 수요와 관심은 뜨겁다. 더군다나 최근 개인정보 유출 등 잇따른 보안 사고로 네트워크 보안 솔루션에 대한 관심과 클라우드 컴퓨팅 관점에서 '네트워크가 곧 컴퓨터가 된다.'라고 말한 구글의 에릭 슈미트 회장의 말을 감안하면 향후 가장 크게 성장할 수 있는 분야라 생각한다.

대표적인 네트워크 서비스 및 솔루션을 제공하는 기업은 시스코Cisco, 폴리콤Polycom, 쥬니퍼Junifer 등이 있으며, 국내 기업으로는 다산네트웍스, 퓨처시스템, 윈스테크넷 등이 있다.

4) 시스템 개발 및 통합

시스템 개발과 통합은 복잡도와 대소의 차이를 제외하면 비슷한 과정을 거친다. 즉 고객의 요구를 충족시키고, 사업목표 달성을 위해 요구사항을 자세히 분석하고, 전문가를 투입해 설계와 개발을 하여 테스트 과정을 거친 후 완료하는 것이다. 그 과정에서 하드웨어, 소프트웨어, 통신망, 전산인력, 컨설팅 등의 모든 자원을 일과 목적에 맞게 투입하고, 통합하여 최적의 솔루션을 제시하고 완성된 시스템을 유지, 보수하는 과정까지 포함하는 광범위한 개념이다.

시스템 통합은 하드웨어, 소프트웨어 및 네트워크 등 IT와 관련된 수많은 요소를 결합하고, 컨설턴트, 개발자, 인프라 담당자 등 전문가 집단이 참여하는 대규모 프로젝트로 이어지는 경우가 많다. 최근에 오바마케어라 불리는 건강보험 프로젝트가 웹사이트 오류로 낭패를 보고 있는 것을 봐도 이 업종에 종사하는 사람의 노력과 고충은 대단하다. 뒤에서 좀 더 세밀하게 살펴볼 예정이다.

대표적인 시스템 통합과 관련된 업체로는 PWC, KPMG, SAP, Oracle 등이 있고, 우리나라 SI 업체로는 삼성SDS, LG CNS, SK C&C 등이 있다.

5) IT 인프라(소프트웨어 및 하드웨어)

소프트웨어Software는 크게 시스템 소프트웨어와 응용 소프트웨어로 나눈다. 시스템 소프트웨어는 컴퓨터 사용을 위해 기본적으로 필요한 프로그램으로서 운영체제Unix, Linux, Dos 등, 컴파일러C++, Fortran, Cobol, 입출력 제어 프로그램 등을 말하며, 응용 소프트웨어란 어떤 특정한 작업을 보다 편리하게 처리할 목적으로 만들어진 프로그램으로 MS Office, 포토샵 등 우리가 흔히 사용하는 사무처리, 그래픽, 멀티미디어, 통신, 게임에 사용되는 프로그램이다.

하드웨어Hardware는 컴퓨터를 구성하는 기계적, 전기적, 전자적 기능을 대상으로 하는 장치 그 자체를 말한다. 데이터를 저장하는 주기억 장치 Main storage, 연산 제어 장치Arithmetic and control unit 및 입출력 장치Input/out unit 로 구성되어 있다.

1960년대는 하드웨어만을 중요시하고 소프트웨어는 무료로 공급했으나, 이제는 소프트웨어의 중요성과 독립성이 널리 인식되어 소프트웨어의 가격이 하드웨어와 별도로 책정되는 경향이 뚜렷해졌고, 오히려 소프트웨어 가격이 하드웨어 가격보다 높은 경우도 많아졌다.

대표적인 IT 인프라 개발업체로는 마이크로소프트, HP, IBM, EMC 등이 있으며, 우리나라는 티맥스소프트, 한글과컴퓨터 등이 있다.

6) 인터넷 서비스

1969년 APPANET으로 시작된 인터넷은 'TCP/IPTransmission Control Protocol/Internet Protocol'라는 고유한 프로토콜을 기반으로 구축된 전 세계적인 네트워크 또는 이를 통해 구성되는 전 세계적인, 사람과 자원의 집합체라 정의된다.

일반적으로 인터넷은 전자우편, 메신저, SNS 등을 통한 커뮤니케이션 기능과 전자상거래, 온라인 게임 등 상호작용 및 포탈, 인터넷 뉴스 등 정보 기능 서비스를 하고 있다. 하지만 인터넷이 스마트폰, 태블릿 등 무선 서비스와 연계되고, 타 산업과 융합하면서 사물인터넷Internet of things 등 시공간을 초월한 무한대의 가능성에 비춰볼 때 미래에도 혁신적인 발전이 예상된다.

대표적인 인터넷 서비스업체로는 구글Google, 야후Yahoh, 아마존Amazon, 페이스북Facebook 등이 있으며, 우리나라는 네이버, 옥션, 엔씨소프트 등이 있다.

Google   YAHOO!   amazon.com   facebook   NAVER   AUCTION   ncsoft

7) 전자기기 및 반도체

컴퓨터, 휴대전화, TV, MP3 등 일상에서 매일 사용하는 전자제품과 부품 그리고 첨단 전자산업 부문에 폭넓게 응용되어 디지털 시대를 이끌고 있는 반도체이다. 우리나라를 IT 강국으로 만든 핵심 제품군이라 할 수 있다.

앞에서 잠깐 언급한 우리나라 IT 역사에서도 본 바와 같이 삼성과 LG가 주축이 되어 전자제품에서 두각을 나타내며 우리나라 IT를 선진국 대열로 올려놓은 것이다. 사실 70년대만 해도 전자제품은 글로벌 회사인 GEGeneral Electronics 천하였다. 하지만 그 당시 GE 경영진은 가전제품의 미래를 어둡게 보고 투자를 줄이고 있던 참이었다. 그 기회를 우리의 삼성과 LG가 비집고 들어가 세계적인 전자회사로 우뚝 선 것이다.

반도체는 대부분 전자제품에 들어있어 디지털 시대에 반드시 필요한 부품으로 '마법의 돌'이라 부른다. 1983년 삼성이 64K D램 개발에 성공한 이후 2013년 현재 세계 메모리반도체 분야의 정상은 명실상부한 한국이다. 세계 시장점유율 1, 2위 모두 국내 기업으로 52%에 달하는 점유율로 20년째 다른 나라가 넘볼 수 없는 위치를 지키고 있다.

대표적인 전자기기 및 반도체업체로는 GE, Sony, Intel, 도시바 등이 있으며, 우리나라는 삼성과 LG전자가 있다.

IT 하는 사람들

1970년대 본격적으로 시작한 우리나라의 IT는 괄목할 만한 성장을 거듭하며 이제 세상의 중심에 서 있다. 우리의 실생활에서 수많은 변화를 주도하고 있고, 미래의 혁신을 이끌어 갈 것이 자명하다. 하지만 정작 IT에 종사하는 사람들의 현실은 그리 녹록하지 않은 것 같다. 70~80년대만 해도 대학에서 전산계열과 전자공학계열은 법대와 의대를 앞서는 최고의 인기학과였다. 잘 나가는 IT 산업을 위해 다양한 분야에서 오늘도 역경을 극복하고 희망을 현실로 바꾸고 있는 사람들의 이야기를 하고자 한다.

IT 종사자들, 잦은 야근·스트레스로 시든다?

정보기술IT 분야 종사자들이 잦은 초과근무와 야근으로 심각한 정신적 스트레스에 시달리고 있다는 조사결과가 나왔다. 대기업 등에서 의뢰받은 '일감' 수행이 주된 수입원인데 업계 특성상 대부분 촉박하게 일이 진행되기 때문이다. 민주당 장하나 의원실은 2013년 10월 4일부터 11일까지 IT 업계 종사자 가운데 주당 근무시간이 40시간 이상인 근로자 629명을 대상으로 시행한 건강실태조사 결과, 54.1%가 우울증 추가 검사가 필요한 것으로 나타났다고 밝혔다.

IT에 종사하는 대부분 사람이 이렇다는 얘기는 아니다. 일정 기간에 목표로 한 프로젝트를 완료해야 하는 SISystem Integration 업무에 종사하는 일부일 거로 생각한다. 경험상 불과 몇 년 전만 해도 IT 하는 사람은 의례 야근과 잔업이 일상생활화되었다. 하지만 현재는 업무에 따라 그 정도가 다르다.

잦은 야근보다는 여전히 기술을 경시하는 풍조가 문제다. IT 전문가가 경영에 참여하는 기회도 어려울 뿐만 아니라, IT에 몸담은 이들에게 좌절을 주는 기술자 경시문화는 최고 경영자의 마인드 부족과 IT에 대한 이해 부족에서 나온다.

제조업도 마찬가지지만 내가 몸담은 금융에서는 IT의 역할이 절대적이다. 특별한 시설이 존재하지 않고 오직 사람과 상품으로 경쟁하는 금융회사는 IT 시스템이 제조업의 공장 역할을 한다. 공장이 멈춰 제품 생산에 차질을 빚으면 엄청난 손실이 발생하듯이, 시스템이 멈추면 그 손실은 상상할 수 없다. 특히, 금융거래를 실시간으로 하는 증권이나 카드의 경우는 잠깐의 시스템 중단이 손해배상청구라는 법적 조치로 이어지는 경우도 비일비재하다.

최근에는 인터넷 거래의 발달로 외부 해커에 의한 보안 사고도 빈번하여 이에 따른 피해사례도 속출하고 있으니, IT에 대한 중요도는 점점 커지면 커졌지 줄어들지는 않는다.

매년 기업마다 IT에 투자하는 비용도 만만치 않다. 특히 운영비용은 거의 고정비성으로 임대료, 전기료, 유지보수료 등 고가의 장비를 유지하는데 상당한 비용을 지급하고, 거대한 시스템을 유지, 개발하는데 적잖은 인력이 투입된다. 또한, 최근엔 날로 늘어나는 보안 이슈로 투자비용이 지속해서 증가하고 있다. 이와 더불어 '차세대 프로젝트'는 이름으로 정기적(5년~10년)으로 시스템 업그레이드에 천문학적인 투자가 들어간다.

이처럼 기업 운영에 있어 비중이 크고, 중요한 역할을 수행하지만 여전히 IT 종사자가 홀대를 받고 있는 것은 안타까운 일이기도 하고 시사하는 바도 크다.

사실 IT 종사자라 하면, 전산계열이나 전자계열 전공자로 프로그램을 개발하고 유지하는 엔지니어를 떠올리는 것이 일반적이다. 하지만 IT의 역할이 커지고 범위가 확대되면서 IT 관련 일을 하는 사람은 전공과 직무를 초월하여 일하고 있다. 그만큼 다양한 일을 하고 있다는 방증인데 그렇다면 그들이 하는 일이 무엇인지? 어떤 애로사항이 있고 어떤 희망이 있는지? 그리고 앞으로 IT 하는 사람이 해야 할 일은 무엇인지? 짚어 보기로 한다.

IT 조직에서는 무슨 일을 하나?

IT에 종사하는 사람은 도대체 무슨 일을 할까? 일반적으로 아는 것처럼 전산 관련 학과나 기술을 습득하여 프로그램을 개발하고 운영하는 일만 한다고 생각하는가? IT 조직이 몸담은 기업의 사업특성이나 기업에서의 IT 역할 정도에 따라 하는 일은 차이가 있겠지만, 일반적으로 수행하는 역할은 대동소이하다고 본다. 일반 기업의 IT 조직에서 하는 역할을 중심으로 설명하려 하고, IT 관련 제품을 만드는 제조부문과 통신 관련 업무에 종사하는 사람의 이야기는 생략하려 한다. 또한, SI, IT 벤더, 컨설팅 등 별도의 조직에서 IT 관련 일을 하는 사람에 대해서는 따로 설명하려 한다.

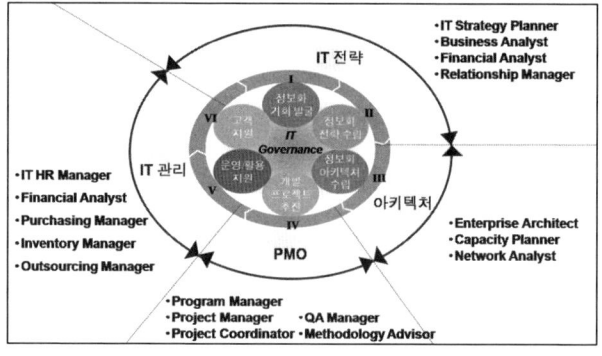

[IT Governance - IT 조직 - IT Value]

(출처 : 삼성SDS)

★IT 전략

IT의 역할이 커지면서 전통적인 업무 이상을 요구하기 시작했다. 단순히 비즈니스의 협력자이자 동반자를 넘어 혁신을 주도하기를 기대한다. IT를 이용하여 프로세스 개선을 혁신적으로 수행하기를 원하며, 신기술 구현, 기업 위험 최소화, 기업 운영 비용을 줄이기 위한 자동화 활용 등 전략적인 리더가 되기를 기대한다.

IT 전략을 수립하는 자는 통찰력 있는 비전Vision제시자이며 유능한 실용주의자이어야 하고, 혁신적인 가치창출자이며 집요한 비용절감자이어야 한다. 또한, 합리적인 비즈니스 리더이며 솔선수범하는 IT 관리자가 되어야 한다. 그리고 비즈니스에 능통한 자여야 한다. 설령 비즈니스에 능통하지 않으면 비즈니스를 담당하는 현업과 밀접한 관계를 유지하고 협력할 수 있어야 한다.

꾸준하게 정보화 기회를 발굴하고 발굴된 기회를 조직에 도움이 되도록 전략 수립도 해야 한다. 이처럼 말하면 IT 전략을 담당하는 사람은 도대체 만능이냐? 라는 볼멘소리를 하게 된다. 그런 역할을 해야 한다는 것이지, 반드시 그런 역량을 모두 갖추라는 뜻은 아니다. 조직의 역량에 따라 이 업무는 한 사람이 하기도 하고 여러 사람이 나눠서 하면 되는 것이다.

- IT Strategy Planner : 정보화 기회를 발굴하고, 최신 트렌드를 분석하여 비즈니스에 접목하는 중장기 IT 전략을 수립한다.
- Business Analyst : 비즈니스에 능통하여 현업과 IT 운영 및 개발자 간에 가교 구실을 한다. 보통 현업 출신 중 IT의 이해도가 높은 사람이 담당한다.
- Financial Analyst : IT 투자와 예산 편성에 간여하기 때문에 재무적 분석 능력은 필수항목이다.
- Relationship Manager : IT는 모든 현업부서와 이해관계가 있다. 관계의 유연성은 필수다.

★ IT Architecture

IT 자원의 복잡성 증가에 따른 효율적 관리가 필요하게 되었다. 비즈니스가 성장하면서 IT 인프라에 대한 투자가 급증하게 되었다. 장기적인 관점에서 기업의 주요 비즈니스, 정보, 시스템, 기술전략 등의 요소가 사업과 업무 프로세스에 미치는 영향을 총괄적으로 조망하며 IT 인프라를 구축해야 한다. 주요 서버Server, 디스크Disk, 네트워크Network 장비 등 하드웨어뿐만 아니라 시스템을 운영하는 데 필요한 운영체제, DBMS 등 소프트웨어의 최적화를 통해 낭비적인 요소를 없애 비용절감도 하면서 가까운 미래에 인프라 부족으로 비즈니스를 제때에 못하는 사태도 막아야 한다.

IT 인프라 담당자는 고도의 전문지식을 가지고 있는 엔지니어가 되어야 한다. 또한, 비즈니스를 읽는 능력도 겸비하여 효율적 지원이 가능해야 하고, 항상 최신 IT 트렌드에 촉각을 세우고 있어야 한다. 그리고 IT 인프라 담당자만이 겪는 고충 중에 하나는 업무 특성상 일상 비즈니스가 없는 주말 작업이 수시로 있다는 것이다. 이 또한, 조직에 따라 담당자의 수는 변화가 있겠다.

- Enterprise Architect : 맡은 분야에 따라 Business, Technical, Application 및 Data Architect로 구분한다. 모두 비즈니스를 지원하기 위한 자원의 최적화를 목표로 한다.
- Capacity Planner : IT 인프라는 고가이고 설치가 단순하지 않기 때문에 자원의 필요량을 비즈니스와 중장기적으로 예측할 수 있는 역량이 필요하다.
- Network Analyst : 일반적으로 비즈니스 현장과 IT 인프라는 원거리에 위치한다. 또한, 예기치 못한 중단에 대비해 백업 네트워크도 고려해야 하므로 역량 있는 엔지니어가 필요하다.

★ PMO

기업이 성장하면 성장한 대로 수익창출을 위해, 위기에 닥치면 리스크 관리 차원에서 IT 프로젝트는 지속해서 이루어졌다. 특히, 90년대와 2000년도에 제조업은 자원관리시스템인 ERPEnterprise Resource Planning의 도입을 경쟁적으로 수행하였고, 은행을 비롯한 금융기관은 차세대시스템이란 명목으로 대규모 IT 프로젝트를 진행하였다. 최근에 닥친 금융위기와 유럽경제의 급격한 침체로 IT 투자에 대한 수요가 줄어들긴 했지만, 여전히 크고 작은 프로젝트는 진행형이다. 트렌드는 계속 변하고 있고, 기업이 새로운 비즈니스를 하기 위해서는 IT의 힘이 절대적이기 때문이다.

프로젝트는 일정 기간 내에 원하는 목적을 달성해야 하고, 주어진 예산이 있기 때문에 어떤 면에서 보면 회사를 경영하는 것과 마찬가지다. 주어진 예산 내에서 목적과 기간을 맞추기 위해서 프로젝트 관리가 중요하고, 품질관리는 필수다. 크고 작은 프로젝트가 동시에 진행될 경우에는 PMO^{Project Management Office}를 통해 이해당사자 간의 이견을 조율하고 전체적인 프로젝트의 효율과 균형을 잡아 줄 뿐만 아니라 경영진의 주요한 의사결정도 받아 내야 한다. 그래서 보통 PMO는 전문 컨설팅 회사에서 수행한다.

- Project Manager : 프로젝트의 꽃이다. 실질적으로 프로젝트를 책임지고 이끌고 간다. IT의 기술적인 부문만 아니라 비즈니스에 대한 해박한 식견이 있어야 한다. 무엇보다 이해당사자간의 커뮤니케이션을 잘해야 한다.
- Program Manager : 프로젝트가 대규모로 진행하거나, 다양한 프로젝트가 동시에 진행할 경우 필요한 역할이다. 전체적인 프로젝트를 조율하며 PM를 견제하는 역할도 한다.
- Project Coordinator : 프로젝트에는 다양한 사람이 참여한다. 비즈니스 요구조건을 제시하는 현업부터 개발자, 엔지니어, 외주업체, 경영진까지 당연히 협업 능력은 필수다.
- QA Manager : 품질보증^{Quality Assurance}을 책임지는 역할이다. 보통 대형 프로젝트에서는 별도의 전문가 집단이 투입되어 개발자가 만들어 놓은 작품을 심사하게 된다.
- Methodology Advisor : 개발에 대한 방법론뿐만 아니라 소프트웨어나 하드웨어를 구성하는 데도 방법론이 다르다. 가장 최적의 솔루

션을 도출하기 위해 다양한 분야에 전문적 식견과 요소 전문가가 필요하다.

★ IT 관리

규모의 차이는 있지만, IT 조직은 다양한 업무를 수행한다. 전문가 집단이기도 하지만 비즈니스와 연계하지 않으면 존재의 의미도 없다. 자체 조직 관리에 공을 들이면서도 관련 현업부서 및 다양한 IT 관련업체와 지속적인 커뮤니케이션을 해야 한다. 구성원에 대한 경력관리CDP : Career Development Program는 물론 부족한 인력을 충원도 해야 한다.

인력관리뿐만 아니라 IT 자산관리도 필요하다. 자산의 사용 가능 햇수를 파악하여 교체시기를 저울질하는가 하면, 장애가 발생하지 않도록 유지보수 계약도 해야 한다. 각종 협력업체와의 정기적 혹은 비정기적 계약에 대응해야 하고, 수많은 IT 업무를 자체적으로 수행해야 할지 외부업체에 아웃소싱해야 할지도 판단해야 한다.

- IT HR Manager : IT 업무는 전문적인 일이 많다. 공백에 따른 영향도가 크기 때문에 사전에 대처해야하고, 신기술 습득을 위한 교육 등 구성원의 CDP 관리도 중요하다.
- Financial Analyst : IT 투자금액이 크고, 관련 계약 건이 많아서 재무적 분석 역량이 필요하다. 실제로 IT 자산에는 최적화할 만한 것이 많다.
- Purchasing Manager : IT 자산에는 인적 물적 요소가 많다. 최대한 강력한 구매력Buying Power을 활용하여 효율적으로 구매할 수 있는 역량이 필요하다.

- Inventory Manager : IT 인프라는 구성품도 많고 사용 가능 횟수 관리도 잘해야 한다. 따라서 재고관리를 효과적으로 하느냐에 따라 운영비에 대한 부담 여부가 결정되기도 한다.
- Outsourcing Manager : IT와 관련된 업무는 규모가 커지면서 모두 자체적으로 감당하기 힘들어졌다. 필요에 따라서는 외부업체를 통해 아웃소싱Outsourcing하는 것이 효과적이다. 특히, 데이터센터나 시스템 운영은 외부업체를 활용하는 경우가 많다.

IT 조직에서 하는 업무를 IT 거버넌스Governance 차원에서 가치 중심으로 설명해 봤다. 그런데 이상한 점을 느꼈을 것이다. 그렇다면 시스템 운영과 개발은 누가 한단 말인가? 어떻게 보면 IT 관련 전문지식을 갖추고 있는 사람이 대부분 하는 역할이 시스템 운영과 개발이 아니더냐? 맞다. 그 일이 중요치 않아서 언급 안 한 것이 아니고, IT 조직 역학적으로 설명하다 보니 그리되었다.

사실 IT 조직이 제대로 갖춰져 있는 조직은 위에서 언급한 업무와 시스템 운영 및 개발업무는 엄연히 분리되어 있다. 일반적으로 위에서 말한 업무는 IT 기획, IT 전략, IT 관리팀이라 명명하며 기업 자체 조직으로 꾸려가고, 시스템 운영 및 개발은 전산실, IT 운영, IT 시스템이란 이름으로 전문 SI 업체에 아웃소싱하는 경우가 많다.

예를 들어 삼성그룹은 삼성SDS라는 SI 전문업체가 전 계열사의 SM System Management : 시스템 운영을 도맡아 하고 있고, LG그룹도 LG CNS가 전 계열사의 IT 시스템 운영을 아웃소싱하여 책임지고 있다. 금융그룹도 마찬가지로 금융 자회사로 IT 전문 회사를 두고 은행, 증권, 보험 등 전 계열사의 운영, 개발 일을 하고 있다.

SI 업체와 개발자로 살아가기

SI^{System Integration}는 기업이 필요로 하는 정보시스템에 관한 기획에서부터 개발과 구축, 나아가서는 운영까지의 모든 서비스를 제공하는 일이다. 과거에는 정보시스템을 구축할 때 사용자는 자체적으로 시스템 구축을 기획하여 설계하고, 개별적으로 하드웨어를 조달하여, 소프트웨어를 주문하는 것이 일반적인 방법이었다. 그러나 최근에는 IT 인프라가 다양해지고, 필요로 하는 정보시스템이 거대하고 복잡해지고 있어 사용자는 어떤 기기를 선택해야 하고, 어떤 소프트웨어를 어떤 방법으로 만들어야 할 것인지를 알 수 없는 경우가 많아졌다.

시스템통합 즉, SI는 바로 그와 같은 필요성에서 생겨난 서비스로, 그 서비스에는 시스템의 설계, 최적의 하드웨어 선정에서 발주 및 조달, 사용자 필요에 맞춘 정보시스템의 개발, 시스템의 유지, 보수 등을 포함한다. 이와 같은 서비스를 제공하는 사업자를 SI 업체라고 한다. SI 업체는 무엇보다도 사용자의 요구를 정확하게 파악할 수 있는 인재의 확보와 다양한 요소 기술을 가지고 있는 전문가 및 협력업체의 확보가 성패를 좌우한다. SI 업체로는 삼성SDS, LG CNS, SK C&C 등 대기업 중심의 종합정보서비스회사, IBM, HP 등 전통적인 컴퓨터 제조회사 및 삼일 PWC, 삼정 KPMG 등 컨설팅 회사 등이 있다.

일반적으로 SI 업체는 피 말리는 수주 경쟁을 통해 프로젝트를 따내고, 목표한 일정 내에 고객이 원하는 제품을 만들어 내기 위해 밤낮없이 개발

에 매진한다. PM을 비롯해 개발에 참여하는 개발자의 고충은 이루 말할 수 없으며, 주어진 스트레스를 이기지 못하고 불의의 사고를 당하는 경우도 종종 볼 수 있다. 오죽하면 프로젝트 마감일이 코앞에 닥쳐 개발자의 노동 강도가 가혹할 정도로 가중된 상황을 표현하는 업계의 용어가 '죽음의 행진Death march'일까. 결국, IT 종사자들이 IT를 3D 업종이라 자조하며 불평하는 원인 제공자라 하겠다.

하지만 희망이 없는 것은 아니다. IT 근무 환경은 빠르게 변해가고 있다. 적은 예산으로 무리한 요구를 하는 고객의 의식도 높아지고 있다. 기술 흐름과 시장 상황이 급변하면서 개발자에게도 새로운 역할과 능력이 요구된다. 특히 개발자가 경쟁력을 유지하며 살아남으려면 냉철한 현실 분석과 구체적인 대안을 마련하는 것이 매우 중요하다.

SI 조직은 규모와 관계없이 새로운 컴퓨팅 환경과 새로 떠오르고 있는 기회를 최대한 활용하기 위해 기존에 제시한 방법론, 인재 풀 그리고 여러 프로세스를 조정하고, 새로운 솔루션과 새로운 패러다임을 채택하기 위해 신속하게 움직이고 있다. 이런 측면에서 개발자도 인식의 전환이 필요하다. 과거처럼 관리를 위한 관리자와 야근만 하면 성과를 내던 워커홀릭 Workholic이 통하는 시대는 지났다.

현재 개발되고 있는 수많은 소프트웨어는 모바일이나 서비스 지향적인 시장을 목표로 하고 있기 때문에 개발 기법도 그것에 맞게 발전하고 있다. 몇 년 동안 주요 개선작업을 여러 번 거친 데스크톱Desktop 프로그램은 몇 개월마다 신속하게 업데이트되는 모바일 앱이나 은밀하고 지속해서 개선되는 웹 서비스로 대체되고 있다.

점점 빨라지고 있는 개발 속도는 HTML5 같은 새로운 기술이 현장에서 테스트 되고 더 신속하게 흡수돼, 적용 시기를 크게 앞당기고 있다.

그렇지만 늘 그렇듯이 애플리케이션 개발의 가장 중요한 것은 특정 패러 다임이나 도구 혹은 방법론이 아니다. 지금 그리고 여기서 무엇이 효과가 있는가? 바로 이것이 가장 핵심적인 가치이다.

새로운 기술의 적용이나 새로운 패러다임의 변화에 두려워할 필요가 없다. 적극적으로 공부하고, 새롭게 터득하여 새로운 기회로 만들면 된다. 그것만이 이 땅의 개발자들이 진정으로 존재의 가치를 느끼며 살아가는 지름길이다.

기타 IT 관련업체

IT 업계가 최근에 등장하는 클라우드니 빅데이터니 신기술의 등장에 따라 변동의 여지는 있으나, 전통적으로 IT 업무와 밀접하게 관계하고 협력하는 대표적인 업체는 컨설팅사와 IT 벤더Vender 들이다.

컨설팅사는 IT의 흐름을 제일 먼저 읽고 기업에 방향을 제시하며 새로운 시스템으로 갈아타라고 조언하는 역할을 하고 있다. 컨설팅사가 일반 기업에 제일 먼저 제시하는 일은 IT 중장기전략계획인 ISPInformation Strategy Planning 수립이다. 보통 3개월에서 6개월에 걸쳐 비즈니스 현황분석과 IT 환경분석을 토대로 중장기적인 전략계획을 수립함과 동시에 도출된 문제점을 해결하고 신규 비즈니스를 성공적으로 달성하기 위해 새로운 시스템 구축이 반드시 필요하다고 역설한다.

두 번째로 컨설팅사에서 공을 들이는 일은 거대한 IT 프로젝트의 PMO Project Management Office 역할과 PIProcess Innovation 업무이다. PMO는 앞에서도 잠깐 언급했듯이 차세대 정보시스템 구축 프로젝트처럼 대규모 프로젝트나 몇 가지 프로젝트가 동시에 수행될 경우 필요한 업무이다. PMO는 범위관리, 일정관리, 비용관리 등 프로젝트 전 분야를 총괄하며 체계적인 관리체계 구축과 프로젝트 수행 중 발생 가능한 위험을 최소화하여 성공적인 프로젝트 수행을 지원하는 조직이다.

PIProcess Innovation는 말 그대로 프로세스 혁신을 말한다. 하지만 IT가 주도하는 프로젝트에서는 시스템 구축을 위한 사전단계 정도로 해석되며, 한 때는 BPRBusiness Process Reengineering이라 명하기도 했다. 즉 차세대 정보시스템 구축처럼 회사의 근간이 되는 주요 시스템을 만들다 보니 기존의 프로세스를 새롭게 정비할 필요성이 생겼고, 분석과 재설계를 하는 과정에서 선진업체의 BPBest Practice 사례를 집중적으로 연구하게 되고, 심지어는 글로벌 표준을 준용하는 경우가 많이 생기게 되었다. BPR은 모든 부분에 걸쳐 개혁하는 것이 아니라 중요한 비즈니스 프로세스, 즉 핵심 프로세스를 선택하여 중점적으로 개선한다.

컨설팅사를 활용하는 경우는 회사의 비전과 추구하는 방향성에 따라 국내에 진출한 PWC, KPMG, IBM, Deloitte, AT kearney 등 글로벌 컨설팅사를 선호하거나, 오픈타이드, 2e컨설팅 등 국내 토종 컨설팅사를 택하기도 한다. 개인적인 경험으로는 특별한 글로벌 지식Knowledge을 활용해야 할 필요성이 없다면, 특정업체를 선정하는 것보다 특정 프로젝트에 맞는 풍부한 경험과 역량이 있는 컨설턴트가 투입될 수 있는가에 중점을 둬야 할 것이다. 컨설팅사에 속해 있는 컨설턴트의 이직이 높고, 결국, 사람이 하는 일이기 때문이다.

pwc KPMG IBM. Deloitte. ATKearney OpenTide 2econsulting

IT 업계의 또 하나의 중요한 축을 이루고 있는 것은 하드웨어와 소프트웨어를 공급하는 IT 벤더이다. IBM, HP, Microsoft, Oracle 등 글로벌 IT 벤더가 직접 영업과 공급을 하지만, 국내의 다양한 총판 및 리셀러 Reseller가 영업과 공급을 대행하기도 한다. 또한, 유지보수는 대부분 이런 파트사들의 몫으로 IT와 관련된 파트너 영업은 IT 산업 전반적으로 매우 중요한 역할을 하고 있다.

IT 벤더가 맡은 분야를 크게 두 분류도 나눌 수 있는데, 첫째는 서버, 스토리지, 네트워크 등 하드웨어Hardware 분야이다. IBM, HP, EMC, 선 마이크로시스템TM, 효성히다찌, CISCO 등 외산 제품이 대부분으로 관련 제품을 고객사로부터 계약을 성사시켜, 본사로 주문하고, 설치, 문제 해결 및 유지보수 등의 일을 하게 된다.

두 번째는 DBMS, OS, WAS 등 솔루션을 기술 지원하는 소프트웨어 Software 분야이다. DBMS 시장은 전 세계 시장의 50% 이상을 차지하고 있는 Oracle을 위시하여 IBM, Sybase 등이 대표업체이다. 우리나라의 경우 60% 이상을 점유하고 있는 오라클이 독점하다시피 하여 그들의 독단적인 가격정책에 국내 기업들이 끌려가는 형국이며, 이를 극복하기 위해 국내의 티맥스소프트의 티베로와 알티베이스의 DBMS가 총력을 기울이고 있다. 또한, 마이크로소프트가 독점하고 있는 OS 시장도 그들의 횡포에 맞서 티맥스소프트가 국산 OS 개발을 야심차게 추진하다, 안타깝게도 분사와 함께 워크아웃이라는 혹독한 고초를 당하기도 하였다. 이처럼 삼성과 LG전자를 중심으로 한 스마트폰, 반도체 등 전자제품을 제외한 IT 인프라 부문은 글로벌 벤더의 벽이 여전히 높다는 것을 알 수 있다.

IT 하는 사람이 나아가야 할 방향

IT가 전통 영역인 운영업무(회계, 인사, 영업, 자원관리 등 내부 업무)에 집중하던 시절은 지났다. 기업은 공장 시설 같아 보이는 분야에 돈을 쓰는데 질려 버렸다. CEO를 비롯한 경영진은 IT 운영과 인프라에 대해서라면 오로지 그럭저럭 해 나가면서 비용을 절감하자는 생각밖에 하지 않는다. 최근에 주목받는 가상화나 클라우드에 투자하는 것도 비용을 줄이기 위해서다. 이들은 IT의 중요성을 부각해주는 금광이 아니다.

회사의 운영시스템이나 IT 인프라가 지금 작동하고 있지 않다면 게임은 이미 끝났다. 설령 작동하고 있다 해도 회사에 어떤 의의가 있는 것은 아니다. 단지 장애로 인한 것이든 외부의 침임에 의하든 시스템 중단이 발생하면, 세상이 뒤집혀지는 것처럼 난리를 치는 경우가 생기더라도, 운영과 인프라는 단지 IT 설비가 가진 하나의 기능 정도로 전락하고 말았다는 게 새로운 현실이다.

보안도 마찬가지다. 보안 이슈가 발생하여 CEO에게 경고를 내린다고 엄포를 놓아도 최소한 만 하면 되는 일이다. 경기 침체는 기업으로 하여금 보안비용을 절감하지 않을 수 없게 만들었다. 그렇다고 전반적으로 리스크가 눈에 띄게 커진 것은 아니었다. 그래서 어지간한 위험에는 미동도 하지 않는다.

IT는 새로운 현실에 적응해야 한다. 다가올 난제에 대처하는데 IT 하는 사람들에게 기대할 수 있는 게 무엇이고, IT 조직을 어떤 방향으로 발전시켜 나가야 할 것인지에 대해 심도 있게 고민할 때이다.

★ 모바일 혁명 : 새로운 IT 현실의 상징

스마트폰과 태블릿을 중심으로 모바일 바람이 무섭다. 최근에 주목받고 있는 BYOD^{Bring your of own device}는 회사 내에 개인이 소지하고 있는 어떤 기기든 수용할 수 있는 모델로 업무의 효율성과 보안에 대한 위험을 동시에 가지고 있다.

기업이 바라는 IT의 방향은 무엇일까? 으레 그렇듯이, 양립하기 어려운 것이 대부분이다. 개방적이면서 안전해야 하고, 유별나지 않으면서 신기술 경향에도 뒤처지지 말아야 하고, 비즈니스에 주안점을 두되 기술적으로 뛰어나야 하며, 채택되는 기술이 많아야 하지만, 이들이 모두 효과적이어야 하고, 위험을 감수하되 핵심에는 위험이 되어서는 안 되고, 자원이나 비용은 더 적게 쓰면서 효율은 더 높아야 하는, 뭐 이런 식의 극명한 모순들이다.

모바일 분야는 기회로 충만한 또 하나의 땅이다. 통제의 문제에만 집착하지 말고 어떻게 하면 모바일기기와 앱으로 업무 성과를 높일 수 있을 것인지? 어떻게 하면 갈수록 모바일 지향적이 되는 고객에게 인프라를 활용하며 최고의 서비스를 제공할 것인지 생각해 보라. 소셜 네트워킹, HTML5, 그리고 연관 기술이라 할 수 있는 클라우드 서비스에 대해서도 마찬가지다. 그런 측면에서 새롭게 불고 있는 모바일 혁명을 어떻게 비즈니스에 적용할 것인가에 대한 끝없는 고민은 IT 사람들이 가지고 가야 할 짐이자 기회이다.

★ 데이터 분석 : 새로운 기회 영역

비관적으로 되기 전에 변화는 기회를 의미한다. 새로운 IT 투자의 주요 분야 중 하나인 데이터 분석을 보자. 현재까지 IT는 비즈니스나 공급체인이 어떻게 작동하는지 등 내부적인 것에 치우쳐 왔다. 이게 핵심적인 과제이기는 하다. 그렇지만 ERPEnterprise Resource Planning와 SCMSupply Chain Management이 도입된 지 10년이 넘었으니 이제 기업 외부로 시선을 돌려야 한다.

외부 세계, 즉 시장, 고객 경향을 이해하게 되면 경쟁 우위를 얻을 수 있다. 특히, 의사결정이 일정 역할을 하는 데이터 분석, 빅데이터Big Data, 예측모형 등 이른바 BIBusiness Intelligence가 핵심이다.

이들 영역에 쏟아 부은 돈이 적지 않지만, 이해는 시원찮은 수준에 머물러 있다. 바로 이곳이 비즈니스와 기술에 밝은 IT가 남다른 기량을 발휘할 수 있는 곳이다. 거대한 정보 풀, 복잡한 관계, 그리고 이러한 문제의 중심에 놓인 격심한 변화를 탐색하는 데는 데이터 관리, 거대한 정보시스템이 필수적인데, 이는 IT가 지난 20년간 데이터를 다루면서 쌓아 온 전문 분야다.

★ IT 외부에 있는 기술에 밝은 인재를 포용

언급하고 싶은 점 중 하나는 다른 부서에서 일하는 IT에 해박한 동료를 IT 조직의 일부로 끌어들여 서로 협력한다면 작업 부담을 줄이고 업무 영역을 확대할 수 있다는 것이다.

비즈니스 전문가뿐만 아니라 제품 설계자, 재무 전문가, 리스크 전문가 등이 이 범주에 속한다. 이들이 비합리적이라 보는 제한 속에서 일하게 하지 말고 이들을 포용하고 이들이 해결하지 못한 제한사항을 적극적으로 해결해 주도록 하자.

오늘날 제품 설계자는 IT가 이용하는 것과 같은 기술을 점점 더 사용하고 있다. IT가 이용하지 않는 고유한 전문 기술은 말할 것도 없이 말이다.

이들 기술은 더욱 강력해졌고, 따라서 고객지원, 판매관리, CRM^{Customer Relationship Management}, SCM 등의 시스템과 상호작용할 가능성도 높아졌다.

현대의 웹사이트는 이러한 결합의 좋은 본보기다. 여기에는 IT가 최소한으로 관여하는 것이 보통이다. 심지어 서버를 외주업체에 맡기는 경우도 흔하다.

예를 들어 제품 설계자가 혁신적인 프런트 오피스 IT 작업, 그러니까 소셜 네트워킹에서 모바일 앱에 이르기까지, 멋진 부분을 설계하고 전개하는 일을 떠맡을 것이다. 그러면서 ERP, 백업, 네트워킹의 백 앤드 부분만 인기 없는 IT 부서에 넘기거나, 아니라면 더 나쁜 경우 외주업체에서 관리하도록 하지는 않을까? 이에 대한 사전 고려가 필요하다.

★ IT의 새로운 슬로건 : 'Think difference'

애플의 '다르게 생각하자^{Think difference}'라는 오래된 슬로건은 IT에 주어진 새로운 명령의 모순을 바로잡는데 탁월한 슬로건이다.

IT에는 넘어서야 할 통념이 있다. 그렇지만 판매, 마케팅 등 조직 내의 다른 부서에 대해 IT 자신이 가진 통념부터 버리는 게 먼저 아닐까? IT가 비즈니스와 동반자 역할을 해야 한다는 말에는 사실 진저리가 난다. IT는 애당초 비즈니스의 일부가 아니라는 말인가? 사실 IT는 비즈니스에 필수적이고 전략, 개발, 실행 팀의 일부여야 한다. 이렇게 생각하면 된다. 즉 IT가 '비즈니스'를 'IT가 무슨...'이라고 생각하는 한, IT의 진정한 가치는 제대로 평가받지 못할 것이다.

오늘날 IT 일자리는 기획, 설계, 엔지니어, 혁신, 프로젝트 영역과 신흥기술 영역 등 다양한 분야에 존재한다. 기업은 무엇이 우선순위에 있는지 명확히 안다. 이에 적응할 생각인가? 아니라면 기존의 틀(전통적 IT 영역)에 안주할 생각인가?

오해는 하지 말자. 기존의 틀이 중요하지 않다는 건 아니다. 그러나 이를 운영하는 데는 과거보다 적은 수의 사람이면 되고 또 그게 당연하다. IT 사람들이 온통 이 기존의 틀에 쏠려 있다면 그는 누구도 대체할 수 없는 유능한 엔지니어가 되어야 한다. 단순히 상징적 역할로 남아서는 곤란하다.

그렇지 않다면 컨설턴트라든지, 아니라면 제품 디자인 등 다른 사업부서의 일원이 되든가 해서 영역을 넓혀 가야 한다. IT의 미래는 사업의 성공에 실제로 얼마나 기여하느냐에 있다. 혁신적으로 사고하고 이러한 미래에 동참하자.

IT와 비즈니스의 융합, 그 이상을 추구하는 CIO

지난 1990년대만 해도 "CIO는 Carrier Is Over의 약자이다."라는 짓궂은 농담이 회자된 바 있다. 그 당시만 해도 CIO^{Chief of Information Officer}들에게는 일상으로 여겨졌던 짧은 재임 기간과 IT 전문가들의 최고위 자리로 그 이상의 미래가 없다는 것을 지적한 말이다.

그러나 이제는 누구도 이런 농담을 하지 않는다. 지난 20년간의 기술적이고 경제적인 변화의 인고 끝에, 이제 CIO는 비즈니스 혁신의 주체로서 존경의 대상이 되었다. 이제 누구도 CIO를 단순한 운영 시스템의 책임자로만 보지 않고 있으며, 기업의 성장을 주도하고, 혁신을 가능케 하며, 주요 전략적 계획안을 실행할 능력이 있는 경영진의 핵심 구성원으로 인정하고 있다.

CIO의 임무가 진화하고 있다. 지난 2009년 말에 발간된 IBM Global CIO Study를 보면 이 점이 더욱 명확하다. 기량이 뛰어난 IT 전문가로 만족하지 않고, 오늘날 대부분의 성공적인 CIO는 어엿한 비즈니스 리더로 성장해 있다. 이들은 건실한 IT 서비스를 제공하는 동시에 기업 내부의 비기술적인 문제를 해결하는데 주도적인 역할을 수행한다.

"시간이 감에 따라, CIO의 역할은 기술 부분은 줄고, 전략 부분이 늘어나고 있다."
— 데이브 와트, Altagas, Ltd. 서비스담당 임원 —

성공적인 IT 혁신을 인정받기 위해서는 비즈니스 전반에 깊이 간여해야 하므로 CIO는 점점 더 사업 전략 수립에 도움을 주고, 기업에 유연성을 불어넣기 위해 IT를 활용하며, 조직의 경쟁력을 개선하기 위해 혁신적으로 기술을 배포하고, 기업이 전사적 목표를 달성하고 전사적 문제를 해결하는 데 도움을 준다.

미국의 자포스닷컴Zappos.com과 프록터 앤드 갬블Procter & Gamble은 비즈니스와 IT의 구별이 사실상 무의미한 대표적인 기업에 속한다. 이 기업들의 공통점은 IT가 단순히 비즈니스 지원 역할에 그치지 않는다. IT는 비즈니스 자체를 이끌고 지속해서 변형시키며 많은 경우 새로운 매출원과 수익을 창출한다. 또한, 이들 기업에서는 CIO를 비롯한 모든 IT 직원이 비즈니스의 수익과 손실 구조를 정확히 이해하고 있다. 직원들이 IT와 비즈니스를 오가며 여러 직책에서 순환 근무하는 형태도 비교적 흔히 볼 수 있다.

IT와 비즈니스가 온전히 융합되는 회사는 공통점이 몇 가지 있다. 첫째는 IT를 끊임없이 비즈니스를 변화시키고 새로운 수익을 창출하기도 하는 혁신 엔진으로 생각한다. 둘째는 비즈니스 직원과 IT 직원을 여러 부서와 직무로 순환시킨다. 셋째는 모든 IT 및 비즈니스 직원이 명확하게 인식할 수 있는 최상위 목표를 제공하고, 정보의 투명성을 보장한다는 것이다.

기업에서 IT의 위상과 역할에 관해 이야기할 때 CIO의 포지션은 중요하다. 과거처럼 안정적인 운영에 초점을 맞추고 비용절감만 강조한다면, 더 이상의 발전과 미래를 보장할 수 없다. 현업과 적극적인 대화를 통해 동반자Enabler의 역할을 충실히 해야 하고, 필요에 따라 현업과 IT 직원 간의 활발한 직무교류도 고려해야 한다. 또한, 직원의 생산성을 개선하고, 각종 프로세스를 더 효율적으로 만들고 혁신을 불러일으키는데 주저함이 없이 앞장서야 한다.

미래의 IT 조직은 어떤 모습일까? 기술이 빠르게 변화한다 해도 그 변화는 점진적이며 동기화되지 않는다. 당신이 비즈니스 변화에 대해 논할 때, 다른 회사는 다른 방식으로 변화하고 있을 것이다. 더불어 CIO에게 어떤 일이 일어날까? 어쩌면 일부 기업에서는 CIO라는 말이 사라질지도 모른다. 또한, 나머지 회사는 현업 임원들과 협력할 임원으로 IT 사람이 아닌 사람으로 CIO를 임명하고 혁신을 리드하게 할지도 모른다.

급변하는 IT의 변화는 위기이자 또 다른 기회를 줄 것이다. CIO를 비롯한 IT 사람들은 과감하게 자신의 틀을 깨고 혁신의 주인공이 되어야 한다. 그래야 기업도 살고 자신도 살 수 있다.

정보보호의 중요성과 CISO의 역할

최근 금융권을 중심으로 대량의 고객정보가 유출되고, 침해되는 사고가 빈번하게 발생하고 있으며, 이에 대한 관심이 매우 커지고 있다. 기업은 고객정보가 유출되지 않도록 하는 것은 물론, 수시로 변화하는 정보보호규정 등에 신속하게 대응해야 한다. 잊을만하면 심심찮게 뉴스의 중심이 되고 있는 개인정보 유출 사고는 사회적인 파장이 클 뿐만 아니라 기업에는 막대한 손실을 입히게 된다. 따라서 정보가 늘어나고, 모바일 및 인터넷 거래 등 다양한 채널을 통한 거래가 활발하게 이루어지면서 보안사고에 대한 위험도 커지고 있다.

개인정보 유출에 매우 민감한 금융업계는 보안 인프라에 많은 투자를 하지만 여전히 불안해하고 있다. 보안 솔루션 도입에만 공을 들였지 관리, 감독은 소홀히 했기 때문이다. 안정적이고 확실한 업무처리를 지향하는 외국 금융사에 비해 국내는 고객정보의 활용에 초점이 맞춰져 다양한 기능이 많다 보니 관리해야 할 분야도 많아지고, 선행적인 보안 대응보다는 후행적 보안 대응이 주가 되고 있는 실정이다. 따라서 보안 솔루션의 도입에만 힘쓰지 말고, 최고정보보호책임자CISO를 중심으로 보안을 관리하는 인력과 절차, 솔루션이 한데 맞물려 적절히 대응할 수 있어야 한다.

최고정보보호책임자CISO는 2012년 법제화를 통해 신설된 직책으로 기업에서 정보보안 업무에 관련된 총괄책임을 지는 임원급으로 정보보안에 대한 전략과 기획은 물론 교육, 감리, 감독까지 해야 하는 막중한 임무를 띠고 있다. 하지만 현실은 여전히 기존의 CIO들이 겸직하는 경우가 많고, 권한보다는 책임이 더 많아 제대로 역할을 못 하고 있는 것이 사실이다.

CIO와 CISO를 겸직하는 대다수 임원은 기업의 업무 효율성과 보안에서 상충하는 접점을 찾아내 조율하는 과정이 가장 힘들다고 말한다. 정보보안의 범위가 어디까지이고 IT뿐 아니라 물리적 보안을 감안했을 때 이들의 역학적 관계도 애매할뿐더러, 전산담당 임원과 보안담당 임원의 관계를 어떻게 정립해야 할지도 잘 생각해 봐야 한다.

CIO와 CISO를 겸직하게 된 가장 큰 이유는 기업 차원에서의 비용부담과 인력 부족이 원인이다. 또한, 앞에서 언급했듯이 IT와 보안은 견제의 논리가 기본적으로 작용하지만 협조 역시 중요하다는 의견이다. 아직 보안은 IT를 감안하지 않으면 정책을 시행하기에 무리가 있다. 정책과 기준을 마련하고, 필요한 교육이 시행되어야 하지만, 대부분 보안 정책의 실행은 IT 솔루션에 의지할 수밖에 없다.

하지만 궁극적으로는 보안업무를 담당하는 부서가 독립되어야 하고, 위상도 대등한 위치에 서야 한다. 그만큼 IT의 발전과 더불어 보안에 따른 위험은 더욱더 커지고 있는 실정이다. 또한, 최근 보안사고를 살펴보면 공격 패턴이 과거와는 확연히 다른 양상이기 때문에 모든 패턴을 막기에는 힘에 부치고, 책임도 기업에만 전가해서는 안 된다. 오히려 금융권이나 사회 기간망에 대한 공격은 사회 전반의 인프라를 뒤흔드는 상황이기 때문에 공격자에 대한 제재 수준을 강화하고, 국가적인 차원에서 대응책을 마련해야 한다.

03

IT 전문가 되기

IT와 관련된 사업과 업무에 대해 알아보는 과정에서 진정으로 IT 전문가가 되기 위해서는 어떻게 해야 하는지? 궁금하기 시작했다. 분야별로 전공을 따로 해야 하는지? 필요한 자격증 같은 것을 따야 하는지? 아니면 어떠한 교육을 받고, 어떤 경험을 해야 하는지? 실로 전광석화같이 변하는 IT 분야에서 전문 지식을 시기적절하게 익히기는 쉽지 않다. 한편으론 어렵게 익힌 기술이나 지식을 제대로 사용도 못 해보고 사장되고 새로운 지식을 습득해야 하는 경우가 비일비재하니 말이다. 그래도 기본적으로 익혀야 하는 지식과 기술은 있다.

IT는 어떤 지식을 원하는가?

지금까지 정보기술IT 분야의 역사를 뒤돌아 볼 때, 현재의 컴퓨터 혹은 인터넷에 의한 문명의 발전은 문자의 발명, 인쇄술의 발명과 함께 인류의 혁명적인 기술에 비견되는 사건이다. 컴퓨터는 개인적, 개별 기업적 지식 혁신을 선도하였고, 인터넷은 집단적, 사회적, 세계적 수준에서 지적 혁신을 보편화시킨 것으로 평가할 수 있다.

IT에 대한 전문 지식도 이런 기술적, 환경적 영향으로 소수 특정 층에만 한정되는 지식 혹은 기술에서 벗어나 보편화하고 일반화되고 있는 것이 사실이다. 대학이나 학원에서 전문지식을 학습하지 않아도 열린 공간에서 얼마든지 얻을 수 있게 되었고, 마음만 먹으면 스스로 공부해서 관련 자격증을 획득하여 전문가의 길로 들어설 수도 있다.

또한, 이미 학습한 지식이라 해도, 빛과 같이 변화해 가는 IT 환경에서는 끊임없이 새로운 지식을 읽히고, 변화하는 트렌드에 신속하게 대응해야 한다. 일례로 10여 년 전만 해도 IBM 메인프레임이 대부분의 기업체 기간계 시스템을 점령할 때에는, 운영 및 개발자 세계에서는 코볼Cobol을 모르고는 IT를 할 수 없었던 시절이 있었다. 하지만 이제는 코볼을 프로그래밍으로 배우는 사람은 없다.

사무용 프로그램도 마찬가지로. 저자가 처음 직장생활을 시작하던 90년대 초만 해도 '아래아한글'로 문서 편집하고, '로터스123'으로 스프레드시트를 활용했지만, 지금은 'MS Word', 'Excel', 'Powerpoint', 'Photoshop', 'Auto Cad' 등 다양한 프로그램과 전문 프로그램이 넘쳐 나고 있다.

따라서 이 책에 이 모든 IT 지식을 담을 수는 없다. 하지만 앞에서 언급한 것처럼 IT Value 관점에서 정리한 업무를 중심으로 부문별 직무에 필요한 전문지식과 자격증에 관하여 간략하게 정리해 보기로 한다.

IT 전략/기획 업무에 필요한 지식

IT의 역할은 업종과 각 회사의 업무 특성에 따라 천차만별이다. 같은 금융업종이라도 증권이나 카드, 은행처럼 실시간 거래가 빈번한 분야에서는 시스템의 안정성과 보안 측면에서 매우 중요하지만, 거래의 빈도나 개인고객이 아닌 기업고객 중심의 비즈니스가 이루어지는 분야에서는 상대적으로 덜 중요할 수도 있다. 하지만 경중의 차이는 있으나, 역할과 필요한 전문지식에는 대동소이하지 않을까 싶다.

어쨌든, 작금의 IT 하는 사람들은 과거처럼 특정 전문지식만 알아서는 조직 내에서 존속할 수가 없다. 현업의 IT 지식이 올라간 만큼, 현업이 가지고 있는 비즈니스 지식도 알아야 하기 때문이다. 따라서 지속해서 IT 트렌드뿐만 아니라 비즈니스 흐름도 파악하고, 선제적으로 정보화 기회를 발굴하고, 찾아낸 기회를 조직에 도움이 되도록 전략 수립도 해야 하는 만능맨으로서 IT 전략, 기획 종사자는 습득해야 할 지식도 많다.

★ 의사결정 방법론

우선 전략과 기획에 필요한 지식으로 '의사결정 방법론'이 있다. IT가 투자하고 쓰는 비용은 업종과 기업의 특성에 따라 다르지만, 가장 많은 비중을 차지하고 있는 것이 사실이다. 물론 놀라운 기술적 발전으로 과거와 같이 서버와 디스크처럼 하드웨어에 엄청난 돈이 투자되는 것은 아니지만, 대신 모바일이나 보안 등 또 다른 분야의 수요가 증가하고 있으니, 만만치 않은 돈은 지속적으로 들어간다.

따라서 크고 작은 의사결정이 필요하다. 특히 이 분야는 전문적인 요소가 많아서 IT 자체 조직 스스로 결정하는 경우도 있지만, 단위가 큰 경우 CEO나 CFO 등 일반 전문 경영진에게 제대로 의사결정을 할 수 있도록 가이드도 해야 한다. 그렇게 하기 위해서는 체계화된 전문 의사결정 방법론을 익혀야 한다.

의사결정Decision Making은 여러 가지 대안 중에서 하나의 행동을 고르는 과정이다. 모든 의사결정의 과정은 하나의 최종적 선택을 가리게 되며, 이 선택의 결과로 어떤 행동 또는 선택에 대한 의견이 나오게 된다. 결국 의사결정 대상과 목적에 따라 적절한 이론과 모델이 적용되어야 하고, 그보다 더 중요한 것은 정보와 지식이 충분히 제공되는 것이다.

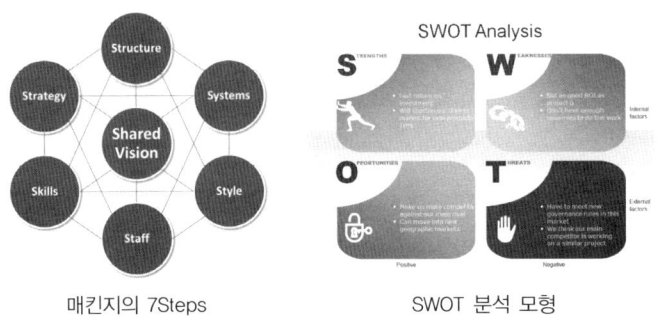

매킨지의 7Steps   SWOT 분석 모형

- 매킨지의 7Steps

경영컨설팅으로 유명한 매킨지가 자랑하는 의사결정 방법론이다. 전
략적 의사결정을 하기 위해 고려해야 할 7가지를 언급하는데, 전략
Strategy, 구조Structure, 시스템System, 공유가치Shared Values, 기술Skill, 스
타일Style, 직원Staff이다.

7Steps는 회사의 성과를 높이거나, 미래 변화에 예상되는 효과를
조사하거나, 합병이나 인수 때 부서와 절차를 조정하거나, 제안된 전
략을 시행하는 최선의 방법을 정하기 위해서 사용된다.

- SWOT 분석

SWOT 분석은 가장 많이 사용되는 전략 기획 툴이다. 이 분석은 강
점Strengths, 약점Weaknesses, 기회Opportunities, 위험Threats 등 4분면으로
나눠 살펴봄으로써 비즈니스나 프로젝트, 모험적 사업이 현재 상황
을 검토하는 데 명확한 근거를 제공한다. 일반적으로 강점과 약점은
내부에서 찾고, 기회와 위협은 조직의 외부에서 찾는다.

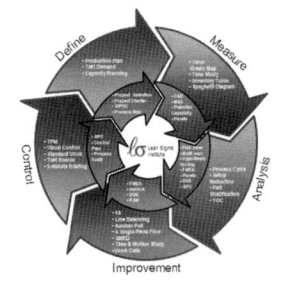

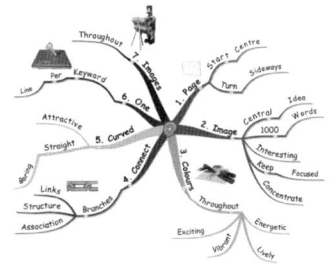

| 6시스마 Workflow | 비즈니스 마인드맵 |

- 6시스마

시그마sigma : σ라는 통계척도를 사용하여 모든 품질수준을 정량적으로 평가하고, 문제를 해결하는 품질개선 작업과정을 정의Define, 측정 measurement, 분석analysis, 개선improvement, 관리control 등 5단계로 나누어 실시하고 있는데, 첫 글자를 따서 'DMAIC'라고 부른다. 우선 측정과 분석을 통해 제품의 문제점을 찾아내고, 문제해결방법을 제시하여 실제로 개선작업을 실행한다. 마지막으로 이 과정을 제어, 감시하여 품질의 개선상태를 유지하는 것이다.

1980년대 말 미국의 모토로라Motorola에서 품질혁신 운동으로 시작된 이후 GEGeneral Electric, TITexas Instruments, 소니Sony 등 세계적인 초우량 기업이 채택함으로써 널리 알려지게 되었다. 국내에서도 삼성그룹, LG그룹, 한국중공업 등에서 도입하여 품질혁신에 활용하였다.

- 토니부잔의 비즈니스 마인드맵

마인드맵은 전략적 수준의 아이디어와 정보를 모으고, 분류하고, 개선하고, 보여주고, 공유하는 데 있어서 이보다 더 좋은 방법이 없다. 그래서 전략적 사고를 위한 이상적인 촉진자Facilitator이다. 마인드맵은 미래의 위기를 발견하거나, 숨겨진 기회를 알아내기 위해 문제를 철저히 조사할 수 있도록 시각적으로 정리하는 것을 가능하게 한다.

★ 재무적 분석방법론

IT 전략과 기획업무에서 빠질 수 없는 역량이 재무적 분석 능력이다. 아무리 좋은 의사결정이라도 경제적으로 효과가 없다면 결정하기가 쉽지 않다. 특히 대규모의 투자가 들어가는 차세대 프로젝트 같은 경우는 좀 더 철저하고 면밀한 재무적 타당성 분석이 필요하다.

신규 투자안에 대한 경제성 평가 방법은 순현재가치법NPV : Net Present Value, 내부수익율법IRR : Internal rate of return, 수익성지표법PI : Profitability Index, 회수기간법PP : Payback Period, 회계적이익율법 등 크게 5가지가 있다. 이 중 순현재가치법과 내부수익률법, 수익성지표법은 화폐의 시간적 가치를 고려한 방법이며, 나머지 두 가지는 화폐의 시간적 가치를 고려하지 않는 방법이다.

상세한 내용에 대해서는 이 책에서는 언급하지 않겠으나, 재무적 분석에는 투자에 따른 매몰 비용, 감가상각, 각종 세금관계 등 고려해야 할 사항이 많고, 미래의 수익 예측에도 다양한 가설이 포함되기 때문에 재무부서에서 실시하는 전문적인 과정을 경험해 보기를 권고한다.

★ PI 과정

과거엔 마땅한 PIProcess Innovation 과정이 없었으나, 최근엔 컨설팅 펌이나 전문 IT 관련 기관에서 과정을 개설하고 있다. 특히 프로세스를 개선하기 위해서는 무엇보다 해당하는 업무에 대해 아는 것이 급선무이므로, 이론적인 방법론에 접근하는 것도 중요하지만, 실제로 현업 비즈니스에 참여하여 업무를 수행하며 문제점을 찾아내고, 개선방향을 제시하는 것이 중요하다.

따라서 이 업무는 오히려 현업 비즈니스를 경험한 사람들이 다양한 프로세스 개선방법론을 익혀, 전문 컨설턴트의 도움을 받아 직접 실행하는 것이 더 효과가 있다.

★ CIO/CISO 과정

팀장 등 부서장급은 IT 분야의 임원급인 C 레벨로 도약하기 위해서 IT 전 분야에 대해 새롭게 정립해보는 전문 과정을 거치는 것이 좋다. 한국정보산업연합회FKII나 CIOCISO 매거진 등 전문기관에서 상시적인 과정이 열려 있고, 생산성본부, 대학 등 교육기관에서도 과정을 진행한다. 최근에는 보안 이슈가 주목받으면서 CISO 전문과정도 높은 관심 속에 개설되고 있다.

PM/PMO에 필요한 지식

PMProject Manager은 프로젝트의 꽃이다. PM이 차지하는 프로젝트의 역할은 거의 절대적이라 할 수 있다. 특히, 규모가 큰 프로젝트보다는 중소 규모의 크기에서 영향은 더 크다. 따라서 프로젝트를 추진할 업체를 선정할 때 PM에 대해서는 따로 면접과 역량 평가를 시행한다. 때에 따라서는 업체가 투입한 PM을 교체해 달라고 요구하기도 하고, 프로젝트 도중에도 바뀌는 경우가 비일비재하다.

그만큼 PM의 역할은 큰데, 그렇다면 PM의 역량은 어떻게 배운단 말인가? 애석하게도 PM 양성을 위한 정규적인 과정은 특별히 정의되지 않는 듯하다. 프로젝트를 전문적으로 하는 대기업군의 SI 업체, 즉 삼성SDS, LG CNS, SK C&C 등은 자체적인 프로그램을 통해 따로 양성하는 과정이 있는 것으로 안다. 하지만 일반에게 공개된 과정은 흔하지 않다.

반면에 PMP[Project Management Professional]라는 전문가 자격증을 취득하는 과정은 비교적 많이 개설되어 있다. 그뿐 아니라 관련된 책도 많은 편이다. PM이 되든 PMP가 되든 일정 기간의 실무경험은 필수사항이다.

PMO[Project Management Office]는 PM을 지원하거나 견제하는 역할을 수행하는 한편, 프로젝트를 추진하는 Owner와 수행사 및 현업 등 모든 이해당사자의 입장에 서기 때문에, 비교적 객관적인 전문 컨설팅 펌에서 담당하는 것이 일반적이다. 따라서 이 과정 또한 일반인이 수강할 수 있는 공식적인 과정은 거의 없다. 다만 전문 컨설팅업체에서 자체적으로 교육을 수행하거나, 각자의 경험에 의존한다고 본다.

★ PMP

PMP는 미국의 비영리단체인 PMI[Project Management Institute]에서 일정 자격이 있는 사람을 대상으로 시험을 치르게 하고, 일정 점수 이상이 되면 수여하는 일종의 공인된 자격증이다. 저자도 2005년도 약 6개월간의 피나는(?) 준비과정을 거쳐 획득한 경험이 있다.

PMI가 PMBOK[Project Management Body of Knowledge]로 정리한 지식체계에 준거한 시험이 이루어지며, 수험자에게 프로젝트 매니지먼트에 대한 체계화 된 접근, 방법론, 사례에 관한 지식을 묻는다. 체계적인 지식을 갖추고 있다고 판단되는 수험자에게는 PMP 인증이 주어진다.

PMP 자격은 Category1과 Category2로 분리된다. Category1은 수험 자격으로 대졸 이상, 프로젝트 매니지먼트 업무 4,500시간, 3년 이상의 경험이 요구된다. Category2는 고졸(정도), 프로젝트 매니지먼트 업무 7,500시간, 5년 이상의 경험이 필요하다. 양쪽 모두 PMI가 인정한

교육기관의 프로그램을 35시간 이상 수강해야만 수험 자격을 준다. PMP
는 PMBOK와 함께 사실상 전 세계 표준이며, 국가나 문화를 넘어 프로
젝트 매니지먼트에 대한 능력을 평가하는 수단으로 주목을 받고 있다.

자격증을 획득하기 위한 과정은 다양한 기관에서 진행되고 있고, 자격
증을 취득하기 위해서는 상당한 비용도 투자해야 한다. 자격증 취득에 따
른 일정 수당을 지급해 주는 기업도 있다.

  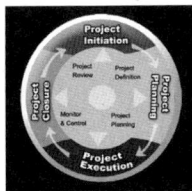 

★ 컨설턴트

사실 컨설턴트 역량을 굳이 여기에 넣어야 할 이유를 찾기가 쉽지 않았
다. 하지만 이 역량과 업무 또한 IT 일을 하는 데 있어 매우 중요하기
때문에 기술한다. 컨설턴트는 분야별 석사나 박사 출신이 대부분으로 전
문 컨설팅 펌에 속해 있다. 그들은 다양한 분야에서 고객을 가이드하고
실행 계획을 수립해준다거나, 선진 사례 분석을 통해 고객에게 문제점 도
출 및 개선방향을 컨설팅해 준다.

그래서 주로 ISPInformation Strategy Planning, BPRBusiness Process Reengineering,
PIProcess Innovation, PMOProject Management Office 등 다양한 주제에 대하여 컨
설팅을 한다. 중요한 것은 문제를 도출하고 해결하는 과정에서 컨설턴트
는 가이드를 하고 방향만 제시할 뿐 개선책을 수립하고 해결하는 것은 현
업 참여자가 해야 한다.

IT Infra에 필요한 지식

IT 인프라는 크게 서버, 디스크를 중심으로 한 하드웨어와 운영체제, DBMS로 대표되는 소프트웨어로 구분할 수 있다. 사실상 IT Infra와 관련된 기술은 전문적인 지식과 사용하는 기계나 제품에 종속되는 경향이 있어, 구매한 업체와 파트너십을 가지고 있는 유지보수 업체를 통해 계약과 함께 서비스 받는 것이 통상적이다. 예를 들면 IBM 장비나 HP 장비는 각각 별도의 전문 지식을 보유하고 있는 유지보수업체를 활용하고, 오라클 같은 DBMS는 전문 유지보수업체 외에도 워낙 보편적인 지식교육이 수시로 있기 때문에 기업별로 자체 DBA를 통해 지식을 함양 및 보유할 수 있다.

IT 인프라 측면에서 IT 부서에서 보유해야 할 필수 인력은 사실 IT Architect와 DBA이다. IT 아키텍트는 시스템 개발의 모든 공정에서 복잡한 것을 단순한 작업으로 만드는 역할을 담당하는 사람으로, 시스템 개발의 모든 작업에 관여하여, 표준을 정하고 애플리케이션 개발자가 애초 설계한 사상대로 반영될 수 있도록 수시로 점검하고 조율해야 한다. 개발 이후의 성능문제나 오류 발생을 최소한으로 유지하는데 IT 아키텍트의 역할은 매우 중요하다.

DBA 또한 소프트웨어의 핵심인 DBMS를 다루는 사람으로서 시스템 성능과 개발 내용이 제대로 반영되도록, 튜닝과 구조적 관계를 조율하는 역할을 담당한다. 따라서 애플리케이션 개발자가 개발 내용을 최종적으로 시스템에 반영하기 위해서는 IT 아키텍트와 DBA의 사전 심사와 승인이 필요하다.

★ IT Architect

보통 TA^Technical Architect라고 한다. 주로 각 제조사 및 벤더의 자료를 받아 전체 시스템에 적정한 규모의 H/W, S/W를 구성하는 일을 하며, 지속적인 운영 경과를 반영하여 향후 리소스를 고려한 중장기 계획도 수립해야 한다. 시스템 구성이나 구조변화가 있을 때 관련업체를 리드하여 작업을 해야 하며, 이 경우 업무가 끝나는 야간에 하거나 휴일에 해야 하는 고충이 있다.

TA는 IT 인프라에 대한 다양한 실무경험과 지식을 가지고 있어야 하고, 새로운 기술도 적극적으로 습득해야 하지만, 수시로 바뀌는 개발 언어나 개발 툴 등에 의해 힘겨워 하는 개발자들에 비해 진입 장벽이 높고, 경험과 실력을 무기로 스스로 역량을 키워 간다면, 다양한 직종을 선택하여 좋은 대우를 받을 수 있다.

★ DBA Data Base Administrator

DB를 관리하고 오류나 문제가 생기면 이를 해결하고, DB 튜닝을 통해 성능관리를 주로 한다. DBA가 되기 위해서는 기본적으로 프로그래밍 언어나 Java 등를 알아야 하고, DBMS의 공급업체에 따라 별도의 자격증을 획득해야 한다. 예를 들어 전 세계 DB 시장의 반 이상을 차지하고 있는 오라클의 DBA가 되기 위해서는 오라클공인시험센터가 수여하는 OCA, OCP 등 국제자격증을 획득해야 한다.

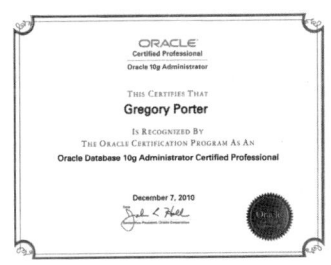

이 자격증은 오라클공인시험센터에서만 학습이 되고 이곳에서만 수여하기 때문에 제한된 학습이 이루어지고, 비용도 만만치 않다. 하지만 DBA에 대한 몸값은 인프라 운영자로서 최고의 대우를 받는다.

★ 기술사

기술사는 수립된 계획안을 검증하거나 발생한 문제에 대한 기술적인 해결책을 제시하고 향후 재발 방지 등 보다 실무적인 입장에서 가이드를 한다. 다시 말해 장애가 발생하거나 특정 요구 사항에 대한 기술적 검토 시 IT 분야에 대하여 전반적인 Insight가 있는 기술사가 다양한 방법으로 문제에 접근하여 기술적인 가이드를 한다. 특히, 프로젝트에 참여하는 경우 컨설턴트와 함께 비즈니스와 기술적인 부문을 나눠 각각 다른 시각으로 가이드한다.

기술사가 되기 위해서는 전문 분야에서 일정 기간 실무경험이 있는 사람이 국가가 시행하는 공인된 시험에 합격해야 한다. IT와 연관된 기술사로는 정보관리기술사, 전자계산조직응용기술사, 정보통신기술사가 있는데, 정보관리기술사와 전자계산조직응용기술사는 총칭해서 '정보처리기술사'라 하고, '정보통신기술사'는 유선 및 무선을 포함하는 전기, 전자통신 분야에서 전문적인 기술, 오랜 실무경험을 바탕으로 통신업무의 합리화와 전문화를 위한 연구개발 업무에 종사하는 최고의 전문가를 말한다.

IT 운영/개발에 필요한 지식

IT 운영과 개발을 하기 위해서는 프로그램 언어에 능통해야 한다. 특히, IT 환경이 급격하게 바뀌면서 신규 프로그램 학습에 대한 요구가 빨라지는 추세로 지속적인 언어 학습은 개발자의 숙제이며 숙명이다. 현재는 웹 기반이 대세임에 따라 JAVA에 대한 학습은 필수다. 프로그램 언어에 대한 학습은 대학이나 학원 등 전문 교육기관을 통해 할 수 있다. 또한, 삼성SDS 멀티캠퍼스 등 주요 SI 업체에서 운영하는 프로그램은 매우 다양하고 빈도가 높다.

IT 운영, 개발에 있어 필연적으로 숙지해야 역량은 SA System Architect와 ITIL Information Technology Infrastructure Library이다. SA는 별도의 전문인력이 담당하기도 하나, 중소 규모의 조직에서는 개발, 운영 담당자가 겸직하는 경우가 많다. 즉 자기 맡은 분야의 시스템에서 운영되고 있는 소프트웨어에 대한 운영지식도 겸비해야 한다는 것이다. 또한, ITIL은 국제적인 IT 서비스 관리 기준을 정의한 것으로, 운영/개발 업무는 일종의 서비스 업무이기 때문이다.

★ 프로그램 언어

Delphi, C, C++ 등 전통적인 프로그램 언어 외에 웹 기반에 필요한 JAVA를 비롯해 차세대 언어라는 HTML5까지 프로그래머로서 익혀야 할 언어는 고정적으로 머무를 수 없다. 기술과 환경의 변화에 따라 스스로 학습하고, 선제적으로 대응할 필요가 있다. 프로그램 언어에 대한 교육은 대학교, 학원 등 전문 교육기관에서 수행하고 있고, 관련 서적도 비교적 풍부해서 마음만 먹으면 얼마든지 배울 수 있다.

★ ABAP, BC

ABAP는 ERP 특히 SAP라는 독일업체가 개발한 ERP 솔루션에서만 사용하는 언어로 운영, 개발자 부문에서 특수한 영역이라 볼 수 있다. 전 세계 ERP 시장의 30% 이상을 차지하고 있는 SAP의 프로그램 언어를 학습하는 것은 매우 유용하게 활용될 수 있다. 또한, BC^{Basis Component}는 SAP 시스템의 아키텍처 구성 업무를 담당하고, 장애 및 에러 발생에 대해 원인 분석을 통해 담당자가 해결할 수 있도록 조언해 주는 역할을 한다. 둘 다 SAP라는 특수한 솔루션에 종속되는 특수한 기술로 진입 장벽이 높다는 특성이 있다.

★ BI/DW 전문가

BI^{Business Intelligence}는 데이터를 수집, 관리, 구조화할 수 있는 조직의 능력으로 정의된다. 최근 IT의 눈부신 발전으로 다양한 채널을 통해 획득할 수 있는 데이터가 무궁무진해졌고, 이를 분석하여 경영 의사결정 혹은 마케팅에 활용하려는 움직임이 높아지고 있다. 즉, 빅데이터란 이름으로 다시 한 번 조명되고 있는 비즈니스 영역이 BI다.

데이터 중요성이 주목받으면서 엄청나게 쌓이고 있는 데이터 속에서 의미 있는 정보를 뽑아내고, 이를 경영에 활용하려는 움직임 속에서 데이터를 제대로 분석하려는 역량이 중요해지고 있다. 따라서 경영진에게 의사결정에 필요한 정보 제공을 중점으로 둔 시스템인 EIS^{Executive Information System}와 기업 내 필요한 지식을 생성 및 축적하여 현황 및 의사결정 등 다양하게 활용하도록 구축된 MIS^{Management Information System} 등이 새롭게 주목받고, 이를 뒷받침 해주는 DW^{Data Warehouse}가 재조명되고 있다.

이런 가운데 필요한 인재가 데이터를 제대로 분석하여 꼭 필요한 정보만 추출해 낼 수 있는 역량을 가진 데이터 분석가DA : Data Analysis다. 데이터의 속성을 제대로 파악하기 위해서는 비즈니스에 능통해야 하고, 필요한 데이터를 추출해 낼 수 있는 OLAPOnline Analytical Processing 같은 IT 기술이 필요하다.

★ SASystem Architect

시스템 구성에 따라 다양한 솔루션 및 소프트웨어가 존재한다. 예를 들어 BPMBusiness Process Management 솔루션이 적용되어 있다면, 솔루션 제공업체 및 유지보수업체를 통해 운영에 필요한 기본지식을 전수받아야 한다. 기타 이종 시스템 간 변환이 순조롭게 될 수 있도록 관리해 주는 EAIEnterprise Application Integration, 외부 기관과 네트워크 연결에 필요한 MCM Multi Channel Management 솔루션 등 운영 시스템에 활용되는 솔루션에 따라 학습해야 할 기술 범위가 정해진다.

중요한 것은 대부분 솔루션 및 소프트웨어의 학습은 제공업체를 통해 이루어지기 때문에 도입 시점에 철저한 기술 이전 및 지속적인 학습이 될 수 있어야 한다.

Audit & 보안에 필요한 지식

일반적으로 감리는 건설, 토목 분야에서 시작했는데, 현재는 대부분 업종에서 설계 감리, 시공 감리 등이 시행되고 있다. 정보통신 분야 감리는 발주자를 대신하여 사업이 성공적으로 종료될 수 있도록 해당 사업을 감독하고 관리하여 사업 수행 결과에 대하여 일정 부분 책임을 진다. 우리나라는 2005년 말, '정보 시스템 도입 및 운영에 관한 법률'을 제정하여 모든 공공 분야 정보화 사업에 감리를 확대 적용하는 정보 시스템 감리 의무화

제도를 시행하였다. 또한, 수석 감리원이 되는 데 필요한 전문 자격증으로는 '정보처리기술사'와 '정보시스템감리사' 등이 있다.

보안은 최근 개인정보유출과 전 방위적인 외부 침입자에 의한 공격으로 최고조에 달한 분야이다. 이 분야 또한 다양한 관점에서 전문적인 지식을 필요로 하기 때문에 IT 하는 사람들이 모든 역량을 확보하기엔 한계가 있다. 따라서 전문 보안업체를 통한 서비스를 받거나, 각 종 다양한 보안 솔루션을 제공하는 업체를 통해 체계적인 구축과 운영에 대한 노하우를 쌓아야 한다.

★ CISA

CISA^{Certified Information Systems Auditor}는 국제공인정보시스템 감사사로서 전산화된 정보를 감사할 수 있는 전문가를 말한다. 가장 효과적인 정보시스템 감사, 통제 및 보안 실무를 적용할 수 있고, 정보기술 환경에서 특수한 요구를 인식하고 있는 공인된 전문가이다.

CISA는 ISACA^{Information Systems Audit and Association}란 정보시스템 감사통제협회에서 부여하는 자격증으로 일정 학력 및 경력이 있는 사람이 시험에 응시하여 일정 점수 이상 획득하면 얻을 수 있다. 정부부처, 공공기관, 컨설팅 전문업체, IT 전문업체 등 다양한 분야에서 수많은 자격증 보유자들이 전문가로 활동하고 있다.

관련 교육은 다양한 교육기관에서 실시하고 있으며, 수강비용 및 교재와 응시비용이 만만치 않다. 따라서 준비하는 사람은 철저하게 준비하여 한 번에 합격하는 것이 좋다. 일부 기업체나 공공기관에서는 자격증 수당을 주는 곳도 있다.

★ CISSP

CISSP Certified Information System Security Professional은 (ISC)2에서 주관하며, 많은 보안 전문가가 추천하는 자격증이다. 이 또한 일정 기간의 실무경험과 학력을 요구하고, 접근제어, 애플리케이션 보안, 암호화, 물리적 보안, 통신 및 네트워크 보안 등 10개 분야에 대해 시험을 치른다. CISA가 시험본 후 10주 후에 우편으로 합격 여부를 개별 통지하는 것과 대조적으로 시험 응시 즉시 합격 여부가 확인된다.

최근 보안 전문가에 대한 수요가 증가하면서 IT 하는 사람 특히, 자기만의 주특기를 개발하고 싶은 사람은 도전해 볼 만한 자격증이다. 이 또한 CISA와 함께 매우 인기 있는 자격증으로 IT 교육 전문학원 등 다양한 채널을 통해 과정이 열려 있다.

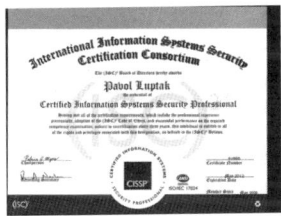

PART 03

세상에 없던 제품을 만드는
IT 기업 이야기

당신은 평생 설탕물이나 팔면서 보낼 겁니까? 세상을 바꾸고 싶지 않나요?
그런 기회를 잡고 싶지 않나요?

- 펩시콜라 CEO인 스컬리를 영입하며 잡스가 한 말 -

01

애플, 혁신의 중심에 서다

미국 실리콘 밸리에 위치한 애플은 최근 2015년 완공 예정인 애플 캠퍼스2의 상세한 모습을 공개했다. 흡사 우주선의 모습을 한 캠퍼스2는 애플의 영원한 비상을 예견하는 듯하다. IT 역사상 가장 혁신적인 사건으로 기록된 아이폰이 이 세상에 공개된 이후 애플은 세계적인 석유재벌 액손 모빌을 제치고 여전히 시가 총액 세계 1위 자리를 굳건히 지키고 있다. 애플의 혁신을 이끈 원동력은 무엇이며, 애플의 성공신화는 미래에도 계속될 것인가? 그리고 애플은 어떤 제품으로 세상을 놀라게 할 것인가?

- 사업 종류 : 컴퓨터 하드웨어
- 대표 제품 : 매킨토시, 아이맥, 아이팟, 아이폰, 아이패드
- 국적/소재 : 미국/실리콘 밸리 쿠퍼티노
- 설립자 : 스티브 잡스, 스티브 워즈니악, 로널드 웨인
- 설립 시기 : 1976년 4월
- CEO : 팀 쿡(Timothy Cook)

그래서 우리가 직접 만들기로 한 겁니다!

애플이 제품을 만드는 계기는 단순하다. 애플이 그런 제품을 만들기를 원했기 때문이다. 고객을 대상으로 조사한 결과를 따른 것도 아니다. 경쟁자를 분석한 결과도 아니다. 고객이 원하는 것을 맹목적으로 따르기를 거부하는 것은 애플의 정책, 아니 잡스가 오랫동안 지켜온 태도다.

"처음 애플을 설립해 컴퓨터를 만들게 된 계기는 우리가 직접 사용할 물건을 만들고 싶었기 때문입니다." "우리는 우리 자신을 위한 제품을 만든다는 강한 신념을 가지고 있습니다."

이미 고인이 된 스티브 잡스가 애플을 창립한 이래 줄곧 고수한 신념이자 철학이다.

아이폰이 그 대표적인 예이다. 이 제품이 나오기 전에 잡스를 비롯한 애플의 경영진은 대체로 자신이 갖고 있던 스마트폰을 그다지 마음에 들어 하지 않았다.

"그래서 우리가 직접 만들기로 한 겁니다."라고 잡스는 말했다. 잡스의 이 말은 고객에게 강력한 메시지로 전달되었다.
즉 "우리는 우리가 만든 제품을 정말 좋아합니다. 당신도 절대 실망하지 않을 겁니다."라는 메시지이다.

애플은 다르다. 애플을 차별화하는 것은 언제나 제품에 접근하는 방법이다. 초창기 잡스는 그가 참여한 매킨토시팀이 일하는 빌딩에 해적의 해골기를 내건 것으로 유명했다. 시작부터 애플은 다른 회사와 거리를 두었다. 애플의 문화에는 언제나 그들만의 독특함이 있었다.
일반적인 기업에서 접근하듯이 애플은 제품을 만들 때 시장조사를 통해 고객의 의견을 듣지 않는다. 애플이 만들려고 하는 이 세상에 없는 제품, 차별화되고 혁신적인 제품은 고객의 생각에서 나올 수 없다고 믿기 때문이다.

또한, 애플은 제품을 단순한 전자기기가 아닌 하나의 예술 작품으로 간주했다. 제품의 디자인에 공을 들린 것은 말할 필요도 없고, 하찮은 제품 상자에도 값비싼 전자기기 내부에 기울이는 만큼의 정성을 들이는 것으로 유명하다. 고객이 고대해온 기기를 만나기 직전에 마지막으로 접하는 제품 포장은 엄청난 정성을 기울여 다듬은 값비싼 공정의 절정이라 할 수 있다.

세부적인 것까지 집착에 가깝게 챙기고 제품의 자잘한 기능 하나하나에까지 집중하는 것은 경쟁자와 애플을 차별화하는 핵심 요소다. 고객이 심플한 디자인의 하얀 상자를 집어들 때 어떤 느낌일지 예상하는 것은 애플이 집착하는 수천 가지 디테일 중 하나일 뿐이다.

기업은 훌륭하게 디자인된 제품을 통해 충성 고객을 확보하고, 기업의 브랜드 가치를 최고로 올린다. 훌륭한 디자인은 소비자에게 무의식적으로 기업이 자신을 배려한다는 느낌을 준다. 그리고 가격을 뛰어넘어 브랜드와 고객 간에 일체감을 형성해 준다. 이 점이 애플의 신제품이 나올 때마다 애플스토어에 밤샘하며 기다리는 충성 고객들을 열광시키는 이유이다. 또한, 세계 최고의 보석 브랜드인 티파니는 포장에 대한 고객 충성을 이끌어 세일즈에 성공한 대표 기업이다.

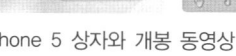

iPhone 5 상자와 개봉 동영상   Tiffany 상자와 할로윈 Costumn 동영상

애플의 문화는 '어떻게 하면 더 많은 돈을 벌 수 있는가?'에 대한 물음에서 시작하지 않는다. 애플은 정말로 좋은 제품, 정말로 위대한 제품을 만드는 것이 목표다.

애플의 디자인 총괄책임자인 조나단 아이브Jonathan Ive는 공개석상에서 말한 바 있다.

"우리가 좋은 제품을 만들게 되면 고객은 그 제품을 살 것이고 자연스럽게 우리는 돈을 벌게 됩니다."

이처럼 애플이 만든 제품이 '이 세상에 없던 제품'임을 증명하는 예는 수도 없이 많다. 중요한 것은 애플이 창립 이래 적자를 내거나 혹은 시가 총액 세계 1위 기업이 되어서도 여전히 고수하는 차별화된 DNA가 존재한다는 사실이다. 애플 제품 속에 담긴 메시지의 특징은 단순함과 간결함이다. 이런 메시지의 일관성은 고객 충성도를 언제나 최고로 유지해 왔다.

애플의 기막힌 역사

애플의 역사는 1976년 스티브 워즈니악Steve Wozniak이 애플Ⅰ 컴퓨터를 만들면서 시작됐다. 애플컴퓨터라는 이름으로 나온 최초의 애플 제품으로 워즈니악은 그 당시 참여한 컴퓨터 클럽 홈부르Home Brew 회원들을 놀라게 해줄 목적으로 만들었다. 하지만 잡스는 특유의 예리한 통찰력으로 이 기계의 더 큰 가능성을 보았고, 1977년에 발표해 날개 돋친 듯 팔려 나간 애플Ⅱ는 1980년, 애플이 나스닥에 상장할 수 있는 원동력이 되었다.

스티브 잡스의 직관과 추진력, 스티브 워즈니악이라는 걸출한 엔지니어 그리고 마이크 마큘라Mike Markkula라는 새로운 시대의 탄생을 볼 줄 알았던 젊은 엔젤 투자자와 경영 능력이 만들어 낸 애플Ⅱ는 세상을 바꾸기 시작했다. 또한, 애플Ⅱ의 성공에는 역사상 최초의 킬러 애플리케이션이자 최초의 스프레드시트인 '비지캘크'라는 소프트웨어의 탑재가 큰 영향을 끼쳤다.

Apple Ⅰ

Jobs & Wozniak

Apple Ⅱ

뒤이어 내놓은 애플Ⅲ는 하드웨어 설계에 결정적인 결함으로 초기 판매된 14,000대를 전량 리콜하는 등 실패하고, 최초의 '그래픽 유저 인터페이스 GUI'를 적용한 리사는 당대 최고 컴퓨터라는 찬사에도 불구하고 엄청난 가격으로 인해 실패한다.

이런 위기를 구해낸 것은 리사보다 저렴하고 GUI를 구현한 컴퓨터 '매킨토시Macintosh'였다. 매킨토시 프로젝트를 진두지휘하던 잡스는 애플에도 세계적인 산업 디자이너가 필요하다는 생각으로 유명잡지를 통해 디자인 대회를 개최하였고, 이 대회 우승자인 하르트무트 애슬링거Hartmut Esslinger는 당시로는 디자인 혁명을 일으켰던 매킨토시 SE를 디자인한 사람이다.

Apple Ⅲ   Apple Lisa   Mackintosh

1984년 드디어 매킨토시는 GUI로 무장하고 세상에 선을 보인다. 매킨토시는 기대만큼의 상업적 성공을 거두지는 못했지만, 세상은 새로운 인터페이스에 열광했고, 이후 마이크로소프트 윈도를 위시하여 모든 기계 장치에 기준을 제시하였다.

IBM이 PC 시장에 진출하자 위기를 맞은 애플은 리사와 매킨토시를 준비하면서 마케팅과 영업의 중요성을 인식하고 당대 최고의 마케터로 불렸던 펩시콜라 사장 출신의 존 스컬리John Scully를 영입한다. 존 스컬리가 애플에 합류하며, 스컬리의 마케팅 능력과 잡스의 창의력이 빛을 발하면서 애플은 한동안 승승장구하였다. 그 당시 스컬리와 잡스가 함께 만든 작품이 광고사에 길이 남을 역작인 '1984' 광고다.

광고 '1984'의 데모 화면과 동영상

그러나 잡스가 매킨토시의 판매를 과도하게 낙관적으로 예측한 나머지 수만 대의 컴퓨터를 미리 생산해서 재고로 남기고 경영상 심각한 위기에 봉착한다. 결국, 1985년 자신이 영입한 스컬리에 의해 애플에서 쫓겨나는 불운을 겪게 된다.

존 스컬리는 잡스가 떠난 뒤 과감한 구조조정을 단행하고, 전자출판DTP 이라는 새로운 틈새시장에 집중했다. 또한, 대표 제품인 매킨토시는 특정 시장에서 강력한 비교우위를 가지고 IBM에 이은 2위 자리를 공고히 하며 안정적인 성장을 이룬다. 하지만 애플이 한 단계 도약을 위해 시작한 여러 프로젝트는 실패를 거듭하며, 거대한 몸집만 유지한 체 깊은 불황의 늪에 빠지고 만다.

결국, 스컬리는 최초의 PDA 뉴턴 등 계속되는 프로젝트의 실패로 1993 년 애플을 떠나게 되고, 당시 유럽시장에서 큰 성과를 내고 있었던 마이클 스핀들러Michael Spindler가 그 뒤를 잇는다. 그러나 애플은 존 스컬리가 퇴장한 이후 마이클 스핀들러와 길 아멜리오Gil Amelio가 CEO를 맡으며 나름대로 노력했지만 추락하는 애플을 예전 위상으로 되돌려 놓을 수는 없었다. 오히려 그 사이에 자금줄에 막힌 애플이 여러 차례에 걸쳐 회사를 매각하려 했다는 사실은 흥미롭다.

몰락하는 애플이 스티브 잡스를 다시 받아들인 것은 운명이었다. 운영 체제 시장에서 줄곧 1위를 고수하던 애플의 맥OS는 마이크로소프트가 윈도95를 세상에 내놓으면서 커다란 위기에 봉착한다. 구원 투수로 등장한 것은 잡스였다. 애플을 떠난 이후 컴퓨터 회사인 넥스트를 만든 잡스는 1996년 애플이 넥스트를 인수하면서 자연스레 다시 애플에 복귀하게 된 것이다.

애플에 복귀한 잡스는 1997년 마이크로소프트의 빌 게이츠를 설득하여 1억 5,000만 달러의 투자를 유도하였고, 적자를 내고 있던 비핵심 제품인 PDA 뉴턴의 생산을 중지하고, 제품라인을 유지하는 것이 무의미했던 프린터 사업에서도 철수하는 등 과감한 의사결정으로 애플을 살리는 기초를 다졌다.

잡스가 애플의 중흥을 위해 중용한 인재가 있는데, 그가 바로 애플의 디자인 심장으로 불리는 조나단 아이브다. 그는 언제나 새로운 도구와 재질 그리고 제작 프로세스를 과감하게 시도하면서 혁신적인 디자인을 내놓았고, 성공했다. 1998년 컴퓨터 디자인계에 역사적인 의미를 안긴 아이맥을 내놓은 것을 시작으로 아이북과 아이팟, 아이폰, 아이패드로 이어지는 연속적인 히트작으로 전 세계 산업 디자인의 혁신을 이끌었다.

iMac   iBook

iPod   iPhone   iPad

아이맥의 대성공은 이후 애플의 제품 라인업 작명에도 큰 영향을 미쳤다. 아이북iBook, 아이팟iPod, 아이폰iPhone, 아이패드iPad에 이르기까지 많은 제품의 이름에 'i'가 붙기 시작했다. 애플은 이 'i'가 무엇을 의미하는지에 대해 알려주지 않았다. 하지만 아이맥을 소개할 때, 잡스는 인터넷internet, 개인individual, 가르치다instruct, 알리다inform, 영감을 주다inspire라는 단어가 담긴 슬라이드를 사용한 바 있다.

2001년 1월 애플은 1억 9,500만 달러 손실을 발표했다. 잡스가 애플 CEO로 복귀한 이후 가장 큰 손실이었다. 아이맥이 성공하며 애플이 다시 PC 시장에서 인기를 끌었지만, 전체적인 대세를 바꿀 수는 없었다. 이때 잡스가 선택한 것은 누구도 예측하지 못했던 MP3기기 산업으로 진출하는 것이었다.

애플은 아이팟을 2001년에 출시했지만, 실제로 전 세계적으로 히트한 것은 2003년 4월 아이튠즈 뮤직스토어가 문을 연 다음부터다. 애플은 단순한 MP3 플레이어 프로그램이었던 아이튠즈를 디지털 음악 구매창구로 발전시켰고, 전통적인 하드웨어 제조업체가 디지털 음악 판매라는 새로운 서비스업을 시작하였다. 애플의 이런 제품-서비스 융합방식은 이후 아이폰과 함께 등장한 앱스토어, 아이패드와 연계한 아이북스에 이르기까지 일종의 패턴으로 자리 잡았다.

애플스토어는 2001년 5월 19일 캘리포니아 주 글렌데일에 처음 오픈한 이래 소매업 역사상 가장 빠른 성장률을 기록한 성공 사례가 되었다. 3년 만에 연매출 10억 달러를 넘기더니 2006년부터는 분기별 매출이 10억 달러를 넘겼다. 2010년에 애플이 혁신적인 제품인 아이패드를 발표할 무렵, 애플스토어는 애플 제품과 다양한 관련업체의 액세서리 상품으로 가득 차 있었다.

사실상 오늘날의 애플을 있게 한 것은 디지털 허브의 표상인 아이튠즈 iTunes에서 시작했다. 2001년 아이팟의 개발, 2007년 아이폰의 출시 그리고 2010년 아이패드까지 이 모든 것은 디지털 허브인 아이튠즈로 하나가 된다. 결국은 미래의 IT를 이끌어 갈 클라우드 컴퓨팅의 초석을 다진 셈이다. 아이튠즈를 통해 음악과 오디오북, 뮤직비디오, 영화, 프로그램, 게임을 판매하고 팟캐스트를 배포한다. 또한, 기프트 카드를 구매하거나 타인에게 선물

도 할 수 있다. 전 세계의 애플 마니아는 애플의 제품들로 아이튠즈에 접속
하여 모든 것을 서비스 받고, 모든 것을 즐긴다. 그리고 나누고 배포한다.

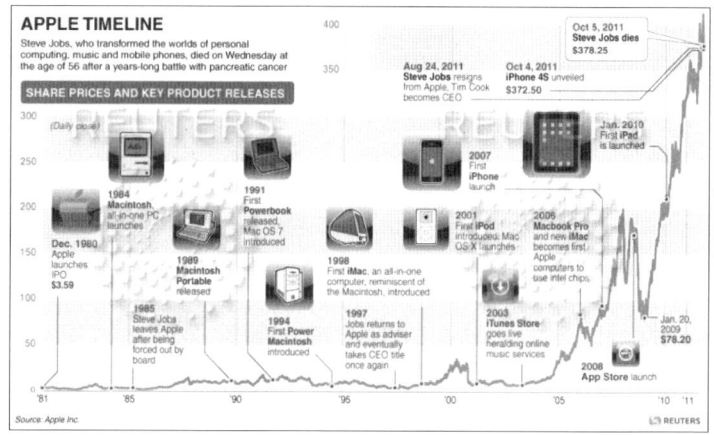

애플 제품의 역사와 주가 추이

애플은 세계에서 가장 뛰어난 개인용 컴퓨터인 맥을 디자인하고 OS X,
아이라이프, 아이워크 그리고 프로페셔널한 소프트웨어를 디자인하였다.
애플은 아이팟과 아이튠즈 뮤직스토어로 디지털 음악 혁명을 이끌었고,
혁명적인 아이폰과 앱스토어로 휴대전화를 재발명해왔으며, 최근에는 모
바일미디어와 컴퓨터기기의 미래를 정의하는 아이패드를 내놓았다.

애플은 왜 세계 1위 기업인가?

애플이 이룬 성공은 정말 애플에서만 가능한 특별한 일일까? 아니면
애플은 전 세계 기업가가 배워야 하는 뭔가를 가지고 있는 걸까? 애플이
아이폰을 처음 세상에 내놓은 2007년, 잡스는 그것을 창조하기 위해 애플
을 정신없이 흔들었다. 아이폰은 아이팟의 뮤직플레이어 기능과 스마트폰

의 편리함을 하나로 통합한 혁명적인 기기일 뿐만 아니라, 최고의 디자인에, 사용하기 편리한 인터페이스, 그리고 감탄사를 연발할 만큼 놀라운 뭔가를 갖고 있었다.

★ 철저한 비밀주의

몇 해 전에 벤치마킹Benchmarking 차원에서 실리콘밸리에 있는 애플캠퍼스를 찾은 적이 있었다. 겉으로 보기엔 애플 본사는 마치 대학 캠퍼스 같은 분위기다. 하지만 직원을 따라 잠깐 들어가 볼 수 있는 구글 본사 '구글플렉스Googleplex'와 달리 애플의 건물은 외부인의 출입을 철저하게 통제하였다.

모든 회사는 비밀을 가지고 있다. 하지만 다른 회사와 다른 점은 애플에서는 모든 것이 비밀이라는 사실이다. 애플의 '비밀주의'는 두 가지 형태를 띤다. 하나는 외부적인 것으로 경쟁자와 외부로부터 제품과 영업기밀을 지키기 위한 것으로 일반적인 회사가 취하는 방식과 대동소이하다. 다른 하나는 내부적인 것으로 특정한 프로젝트가 생기면 관련된 사람을 제외하고는 엄격하게 통제하는 공간을 만든다는 것이다. 일명 '꽉 잠긴 방 Lockdown rooms'이라 불린다. 이런 방에는 특별한 이유가 없는 한 정보가 유입되거나 유출되지 않는다.

애플에서 비밀 준수와 보안 유지가 매우 중요하다는 사실은 모두 잘 알고 있다. 애플은 제품을 출시할 때, 발표하기 전까지 비밀이 확실히 지켜진다면 언론의 관심과 입소문이 회사에 큰 도움이 된다는 사실을 알기 때문이다. 의도했든 의도하지 않았든 이 비밀을 지키지 못했을 경우, 해당 직원은 그 즉시 해고된다.

또한, 제품 발표 전에 홍보를 삼가는 것은 애플의 오랜 전통이다. 애플의 마케팅 담당자는 애플의 제품 발표를 할리우드의 블록버스터 영화발표회에 비유하곤 한다. 영화가 개봉되고 첫 주말에 홍보가 집중되는 것처럼 애플도 제품 발표 후 처음 며칠간 집중적으로 마케팅을 한다. 제품 발표 전에 지나치게 세부적인 내용까지 공개하면 사람들의 기대감이 줄어든다. 사실, 새로운 제품이 발표될 때, 애플 팬들이 애플스토어 앞에서 밤을 지새우는 것은 모두 애플의 마케팅 전략에 의한 것이다.

★ 디자인이다

애플 디자인 철학의 근간은, 디자인이 애플 제품의 시작이라는 것이다. 경쟁사들은 애플의 디자인 능력에 경탄해 마지않는다. 대부분 회사는 마케팅과 시장 포지셔닝 등 이미 결정된 내용을 가지고 디자인을 의뢰한다. 하지만 애플의 프로세스는 정반대다. 조직의 모든 구성원이 디자이너의 비전에 따라 움직인다. 디자이너는 보통 제조부문에 있는 사람에게 지시를 받지만, 애플에서는 그렇지 않다.

애플 디자인의 시작은 '스노 화이트 디자인' 개념을 처음 도입한 에슬링거이다. 그는 약간 어두운 하얀색에 모서리가 둥글고, 터치감이 좋은 키보드로 이루어진 매킨토시 SE를 디자인함으로써 세계 소비자에게 강한 인상을 남겼다. 이후로 스노 화이트 디자인 전략은 1984년에서 1990년까지 애플에서 만들어지는 모든 제품에 적용되면서 애플 디자인의 유전자가 된다.

1997년 애플에 복귀한 잡스는 조나단 아이브가 만든 견본 제품을 보고 한눈에 그에게 반한다. 아이브는 아이맥의 디자인을 맡게 됐고, 이 밝고 투명한 색깔의 컴퓨터는 애플을 구원하기 시작한다. 그 후 아이브는 애플의 디자인 심장이 되어 아이팟, 아이폰 그리고 아이패드까지 애플 제품의 모든 디자인을 책임지고 있으며, 애플의 미래도 이끌어 갈 것이다.

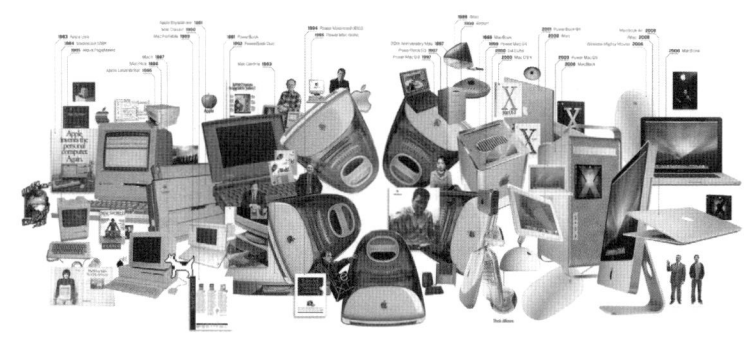

애플의 역사는 디자인의 역사이다

애플에서 잡스를 내 쫓았던 스컬리는 "애플 내의 모든 것은 디자인이라는 렌즈를 통해 보면 가장 잘 이해할 수 있습니다."라고 말한 바 있다. 디자이너는 회사에서 가장 존경받는 사람들이며, 일단 디자인이 시작되면 회사의 나머지 팀이 움직이기 시작한다. 그리고 애플 신제품 프로세스가 시작된다. 제품을 책임지는 것은 공급망팀과 엔지니어링팀이다.

★ Simplify, Simplify, Simplify

애플 제품 속에 담긴 메시지는 단순함과 간결함이다. 애플은 그들의 역사는 물론 이제까지 세상에 존재하지 않거나, 의미 있는 제품과 기능을 계속해서 선보여 왔다. 하지만 애플이 메시지를 전달하기 위해 사용하는 단어는 미리 정해져 있으며, 지독하게 많이 반복돼 내외부의 모든 사람이 줄줄 욀 정도다. 애플이 혁신적인 제품을 판매하는 비결은 소비자에게 전하고자 하는 메시지를 단순하고 간결하게 표현하는 것이다.

2007년 블랙베리Blackberry와 팜Palm이 지배하고 있던 스마트폰시장에 아이폰을 내놓으며, 애플은 수많은 기능과 여러 가지 특징을 설명하기보다 다음과 같이 세 가지로 요약했다.

"아이폰은 혁명적인 전화이다. 아이폰은 당신 주머니 속의 인터넷이다. 아이폰은 우리가 만들어낸 최고의 아이팟이다."

실제로 애플의 제품은 간결하고 단순하다. 디자인이 그렇고, 기능이 그랬으며, 인터페이스가 그렇다. 많은 사람이 잡스가 단순함을 추구하는 이유를 일본의 선불교나 독일의 '바우하우스' 디자인 철학에서만 찾으려 한다. 하지만 잡스는 단순하게 디자인한 제품일수록 소비자가 직관적으로 사용방법을 알 수 있어 이용하기 편리하다는 사실을 깨달았다.

복잡한 기능이 있는 제품을 복잡하게 디자인하기는 쉽다. 단순한 기능이 있는 제품을 직관적으로 단순하게 디자인하기도 쉽다. 하지만 복잡한 기능이 있는 제품을 직관적으로 쓰기 쉽게 단순하게 디자인하는 것은 어렵다. 잡스는 복잡한 것을 단순하게 만들기 위해서는 불필요한 요소를 하나씩 제거해야 한다고 생각했다.

사실 오늘날 최고의 디자인 제품이라고 평가받는 아이폰이나 아이패드에서 장식적 요소라고는 둥글게 처리된 모서리가 유일하다. 이렇게 간결하고 단순한데도 이 제품들은 우아하고 세련된 느낌을 준다. 또 이렇게 단순한데도 아이폰은 최고의 스마트폰으로 평가되고 아이패드는 최고의 태블릿 PC로 평가된다.

메시지의 일관성은 고객 충성도를 높여 준다. 명확한 메시지는 최종 결정에 큰 영향을 준다. 최고의 메시지는 명쾌하고 간결하며 반복된다는 것이다. 애플은 이 놀라운 전략을 신제품의 개발단계에서 상품 출시에 이르기까지 모든 제품 라인에 적용하고, 성공하였다.

02

MS, 소프트웨어의 왕국이 되다

최근까지 세계 최고의 부자는 단연 마이크로소프트를 창업한 빌 게이츠였다. 그 이후 자선사업으로 수십 조에 해당하는 주식을 처분해 세계 1위 자리는 내놓았지만, 그는 여전히 부자다. 전 세계 컴퓨터 운영체제의 90% 이상을 차지하고 있는 윈도 시리즈로 마이크로소프트는 소프트웨어 제왕이 되었지만, 현재는 급격하게 변화하는 시대의 흐름을 따라가지 못해 성장이 멈춘 상태이다. 최근 빌 게이츠를 이어 CEO로 있던 스티브 발머가 사퇴를 선언한 것도 빠른 변화를 따라잡지 못해 정체된 MS에 책임을 통감했기 때문이다. 과연 MS는 새로운 CEO와 함께 새로운 변화를 이끌어 옛 왕국을 재건할 수 있을 것인가?

Microsoft

• 사업 종류 : 컴퓨터 소프트웨어
• 대표 제품 : 윈도OS, Explore, MS Office, XBox, 윈도폰
• 국적/소재 : 미국/워싱턴주 레드먼드
• 설립자 : 빌 게이츠, 폴 앨런
• 설립 시기 : 1975년 4월
• CEO : 스티브 발머(Steve Balmer)

우리는 클라우드로 미래를 준비한다

최근의 마이크로소프트는 윈도 운영체제, Explorer, MS Office 등 소프트웨어를 중심으로 개인용 컴퓨터PC에 종속되어 느리게 횡보하는 IT

업계의 거인으로 인식되고 있다. 2007년 아이폰의 출시로 촉발된 모바일 시장의 급성장으로 PC의 매출은 전 세계적으로 지속적인 하락을 보이며, MS의 윈도를 비롯한 소프트웨어 매출도 덩달아 감소하고 있는 추세이다. 모바일 시대에 발맞춰 야심차게 시작한 윈도폰의 매출도 형편없는 수준으로 급기야 세계적인 휴대전화 생산업체인 노키아를 인수(2013년)하기에 이른다.

2010년 저자가 시애틀에서 멀지않은 레드먼드시에 있는 마이크로소프트 본사를 방문한 적이 있었다. 그 때만 해도 윈도폰에 대한 애정이 매우 높았던 시기라 많은 시간을 윈도폰 소개에 배려하였지만, 한편으론 클라우드와 사물의 인터넷에 대한 투자가 만만치 않음을 감지하였다. MS는 이미 미래를 위해 전략적인 투자를 하고 있었던 것이다. 대규모의 데이터센터가 지어지고 있었고, 본사 건물 내 한 쪽에 상시 전시공간으로 사물의 인터넷과 맞물려 유비쿼터스Ubiquitous 홈오토스테이션이 준비되어 있었다.

MS 클라우드 및 엔터프라이즈 사업부 부사장인 앤더슨은 "2012년에 아마 마이크로소프트가 전 세계에서 서버 구매 기업 1위를 기록했을 것으로 생각한다, 6개월마다 컴퓨팅과 스토리지 용량을 두 배로 늘려야 했다. 지난 3년 동안 150억 달러(약16조 원)를 썼다고 하면 어느 정도인지 감이 잡힐 것이다."라고 말했다.

그야말로 막대한 규모의 클라우드 기반이다. 또한, 앤더슨은 클라우드 용으로 만든 오피스 365가 MS 역사상 어떤 제품보다 가장 빠르게 연간 10억 달러의 실행률Run rate에 도달했다는 소식도 전했다. 아울러 윈도 애저Azure 총괄 매니저 스티븐 마틴은 애저 고객의 수가 2013년 6월 현재

25만 명으로 증가했으며, 하루 1,000명씩 늘고 있다고 밝혔다.

MS는 2010년 클라우드 컴퓨팅 플랫폼인 애저를 출시했다. 애저의 IaaS 시장 점유율은 아마존에 비하면 미미할지 모르지만, 부분적으로 이는 MS가 2012년 IaaS를 제공할 때까지 고집스럽게 애저를 PaaS로 밀었기 때문이다. 애저가 제공하는 윈도 서버 백업 및 재해 복구 서비스를 볼 때 MS 클라우드 고객의 수가 빠른 속도로 증가할 것으로 생각한다. 여기서 잠깐 클라우드 개념에 대해 다시 간략하게 정의하고 넘어가자.

- 클라우드 컴퓨팅Cloud Computing : 인터넷상의 서버에서 데이터 저장, 처리, 콘텐츠 사용 등 IT 관련 서비스를 제공하는 혁신적인 컴퓨팅 기술. 세부적으로 IaaS, PaaS, SaaS로 구분한다.

- IaaSInfrastructure as a Service : 인프라서버, 스토리지, 네트워크 등를 서비스로 제공하는 형태. 클라우드 환경으로 만든 인프라 자원을 필요에 따라 사용하게 하는 서비스.

- PaaSPlatform as a Service : 표준화된 플랫폼을 서비스로 제공. 대표적인 사례로는 구글앱스엔진, 세일즈포스닷컴이 제공하는 Foce.com이 있다.

- SaaSSoftware as a Service : 서비스로 소프트웨어 애플리케이션을 제공하는 것.

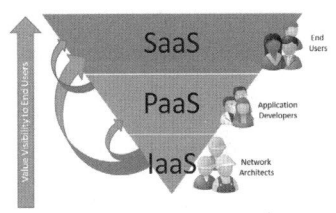

마이크로소프트가 원하는 것은 아마존 웹 서비스를 밀어내고 엔터프라이즈Enterprise 클라우드 제공업체가 되는 것이다. MS는 아웃룩닷컴이나 엑스박스 라이브, 빙 등을 통해 일반 사용자용 서비스 분야에서 입지를 다지는 한편, 오피스 365를 비롯한 비즈니스용 소프트웨어를 통해 기업 시장에서도 자신의 장점을 충분히 증명하고 있다.

퍼블릭 클라우드인 애저 역시 느리지만 꾸준한 성장을 보이고 있으며, 클라우드 시대가 구체화됨에 따라 시장에서의 지위와 비전의 명료성을 가진 거대기업 마이크로소프트가 보이고 있다.

PC 시장의 침체와 윈도폰의 저조한 성장세로 주춤하고 있는 마이크로소프트지만 장기적인 관점에서는 큰 문제가 될 것 같지가 않다. 어차피 컴퓨팅의 중심이 클라우드로 옮겨가고 있기 때문이다. 마이크로소프트의 '클라우드 우선Cloud First' 전략은 유망해 보인다. 세계 기업의 90% 이상이 사용하고 있는 기존의 애플리케이션 시장과 더불어 퍼블릭 클라우드 인프라를 뒷받침하는 자원 측면에서 마이크로소프트에 맞설 수 있는 기업은 극소수다. 마이크로소프트가 큰 실수만 피한다면, 다른 어떤 업체도 구축할 수 없는 종합적이고 포괄적인 클라우드 솔루션을 제공할 수 있을 것이다.

드라마 같은 MS의 역사

빌 게이츠가 폴 앨런을 만난 것은 시애틀의 명문 사립학교인 레이크사이드 스쿨에서다. 그 당시는 컴퓨터가 귀한 시절로 시애틀에서 컴퓨터 환경을 최초로 구현한 곳이기도 하다. 컴퓨터와 함께 단짝이 된 둘은 1975년 4월, 프로그램 언어를 한 줄씩 읽어 들여 실행하는 프로그램 번역기인 베이직 인터프리터Basic Interpreter를 개발하여 공동 창업을 하게 된다.

마이크로소프트가 만든 베이직은 이용하기 쉽고, 다양한 응용 프로그램을 만들어 내는데 최적의 환경을 제공했기 때문에 컴퓨터 마니아 사이에서 인기가 높았다. 그 후 세계 최초의 PC로 알려진 알테어Altair 8800에 베이직 인터프리터를 구현한 것을 시작으로, 애플II의 애플소프트 베이직 등 수많은 8bit 컴퓨터의 베이직을 구축하면서 전국적으로 인지도를 얻었다.

하지만 컴퓨터에서 가장 중요한 소프트웨어는 운영체제였다. MS의 오늘을 있게 만든 MS-DOS는 사실 MS가 만든 것이 아니었다. SCPSeattle Computer Products라는 중소업체에서 만든 86-DOS를 1980년 12월에 당시 25,000달러라는 헐값에 사들인 빌 게이츠가 거대 그룹인 IBM과 계약을 맺을 시점에는 SCP로부터 86-DOS와 관련된 모든 권리를 단돈 50,000 달러에 샀던 것이다. 훗날, IBM과의 계약을 숨긴 채 산 것을 안 SCP가 소송을 제기하기도 하였다.

MS Basic Interpreter for Apple   MS-DOS Box   Windows 1.01

MS는 86-DOS를 가지고 IBM과 라이센스 계약을 맺는다. 이렇게 해서 탄생한 것이 바로 PC-DOS 1.0이다. 또한, 빌 게이츠는 IBM과 계약 시 독점을 주지 않고 로열티 계약을 하는 놀라운 수완을 발휘한다. 그 당시엔 하드웨어에 비해 소프트웨어는 미약했기 때문에 IBM 입장에서는 대수롭지 않게 생각한 것이다. 결국, MS는 베이직 이외에 독보적인 기술이 없음에도 불구하고 뛰어난 정보력과 세상을 볼 줄 아는 통찰력으로 소프트웨어 왕국으로 설 수 있었다.

1985년 MS는 애플의 GUI를 모방한 윈도 1.0을 선보인다. 그 후 지속적인 개선을 통해 윈도 3.0이 탄생하였고, IBM PC 호환기종의 호황을 등에 업고 전 세계 컴퓨팅 환경을 지배하게 된다.

역대 최고의 킬러 소프트웨어로 알려진 MS Office는 1989년 처음으로 엑셀, 워드, 파워포인트 3종을 묶어 출시되었다. 동시에 윈도 3.0(1990년), 윈도 3.1(1992년)이 연속적으로 업그레이드되면서 MS Office는 날개 돋친 듯 팔려 나가게 된다.

그러나 MS 최고의 운영체제는 윈도 95이다. 윈도 3.1까지는 MS-DOS의 영향을 받았지만, 윈도 95는 독립된 운영체제로 컴퓨터와 수많은 하드웨어의 표준을 제시할 뿐만 아니라, MS Office와 인터넷 익스플로러 끼워팔기 등 소프트웨어 독점시대의 서막을 열었다.

1995년 웹은 대폭발을 일으키며 PC 통신 중심의 네트워크 세상을 완전히 장악하기 시작한다. 특히, 넷스케이프Netscape의 내비게이터Navigater는 웹의 상징이었고, 다른 브라우저Browser는 존재 의미조차 없었다. MS는 윈도 95에 인터넷 익스플로러Explorer를 끼어 팔기 시작하였고, 윈도 98 이후에는 자동으로 설치되게 하여 결국, 내비게이터를 밀어내고 인터넷 브라우저 시장을 독점하게 된다. 이는 1998년 미국정부로부터 반독점법 위반으로 기소되는 빌미를 제공하게 된다.

세상을 바꾼 넷스케이프, 공룡 같은 힘으로 넷스케이프를 굴복시킨

MS, 경쟁자가 없던 MS는 무소불위의 권력을 휘두르며 전 세계를 정복하기 시작한다.

핫메일Hot mail 서비스는 사비어 바티아와 잭 스미스가 1996년 7월 4일, 미국의 독립기념일에 시작한 최초의 웹메일 서비스로 1997년 12월 MS가 인수하게 된다. 또한, 1999년 7월 핫메일과 더불어 오늘날 MS가 시행한 인터넷 전략 중 가장 성공적인 서비스인 MSN 메신저를 시작한다.

MS는 윈도와 오피스로 전 세계 PC 시장의 90% 이상을 석권하며 엄청난 매출을 올렸다. 하지만 인터넷이 등장하며 MS의 미래가 어두워지기 시작했다. 인터넷 익스플로러 브라우저 전쟁에서는 승리했지만, 서비스 분야에서는 야후나 구글에 뒤처졌다. 결국, MS는 윈도에 집착해서는 혁신할 수 없다고 생각하고, 비디오 게임을 중심으로 PC 시대를 안방과 거실로 옮겨야 한다는 비전과 함께 2001년에 엑스박스를 내놓는다.

2001년 1월, 엑스박스는 깜짝 스타와 함께 세상에 그 존재를 알렸다. 엑스박스를 처음으로 소개한 사람은 당시 최고 인기 프로레슬러이자 '더 록The Rock'이라는 닉네임으로 유명한 배우 드웨인 존슨Dwayne Johnson이었다. 윈도가 들어가지 않은 완전히 새롭고 혁신적인 게임 콘솔인 엑스박스는 2006년 3월까지 2,400만 대라는 기록적인 판매고를 달성하며, MS가 단순히 PC 운영체제와 응용 소프트웨어만 만드는 회사가 아니라는 것을 세상에 알린 상징적인 제품이다.

2001년 10월, MS는 역사상 가장 성공한 운영체제로 평가받은 윈도 XP를 출시한다. 윈도 8.1이 출시된 지금까지도 사용자가 많은 걸 보면 어느 정도인지 알 수 있다. 하지만 그 이후 무려 6년에 가까운 시간의 공백을 딛고 2007년에 내놓은 윈도 비스타Windows Vista가 호환성과 속도의 문제로 단종하면서 위기를 맞는다.

XBOX와 드웨인 존슨이 등장하는 론칭 동영상

　윈도 비스타의 실패와 거듭된 인터넷 서비스로의 도전에도 불구하고 별다른 성과를 내지 못하던 MS, 당장은 수익을 내고 있었지만, 미래에 대한 불안감을 반영하듯 최고 수준이던 주가는 지속해서 하락하고 있었다. 이런 위기에서 MS를 구한 것은 2009년에 출시된 윈도 7과 오피스 2010이었다.

　야심차게 내놓은 스마트폰 시장에서 애플과 삼성의 위세에 눌려 고전을 면치 못하고 있는 MS는 극기야 노키아의 휴대폰 사업을 인수하였다. 최소한 스마트폰 시장에서만큼은 MS는 도전자 입장이다. 하지만 여전히 PC 운영체제와 비즈니스 오피스 시장에서 절대적 우위를 점유하고 있고, 회사의 미래를 클라우드 사업에 걸고 있기 때문에 새로운 왕국을 재건하는 것은 시간문제라고 본다.

마이크로소프트의 성공 DNA

　복제가 쉬운 소프트웨어 산업에서 중소기업이 대기업으로 성장하는 것은 매우 어려운 일이다. 마이크로소프트의 성장사를 보면 이런 어려운 일을 해내려면 시대의 흐름을 잘 타야 하며, 기술을 잘 알면서도 민첩한 사업 수완을 함께 갖춘 기업가가 필요하다는 생각을 하게 된다.

MS의 결정적인 성장 발판이 된 것은 IBM PC의 운영체제를 공급하게 된 것이었지만, MS는 운영체제를 직접 개발한 것도 아니었고, 수익 대부분을 IBM으로부터 얻은 것도 아니었다. MS는 인수를 통해 PC용 운영체제를 개발해냈고, 거대 기업 IBM과의 협상에서 밀리지 않고 현명한 계약 조건을 얻어냄으로써 운영체제 시장을 지배하게 됐다.

MS는 이후에도 뛰어난 기술보다는 사업 수완을 발휘해 응용 프로그램 및 서버용 운영체제 시장에서 주요한 위치에 올라섰다. 최근 MS의 발목을 잡고 있는 것은 모바일기기용 운영체제에서의 약점이다. 그러나 윈도 비스타의 실패 후 곧 윈도 7을 출시해 대성공을 이뤄낸 것은 MS의 잠재력이 여전히 대단함을 보여준다.

★ 시대의 흐름을 읽는 창업자들의 통찰력

1975년 1월, 파퓰러 일렉트로닉스라는 잡지에 소개된 마이크로프로세서에 기반을 둔 세계 최초의 개인용 컴퓨터 알테어 8800은 빌 게이츠의 인생을 바꿔 놓았다. 키보드도 화면도 없이 상자에 여러 개의 스위치와 전구가 달려 있던 알테어 8800은 오늘날의 컴퓨터와는 외양이 매우 달랐고, 완제품도 아닌 조립식 키트였지만, 인텔의 8080 마이크로프로세서를 채택했기 때문에 소프트웨어를 통해 마이크로프로세서를 활용하면 무궁무진한 기능을 수행할 수 있었다.

MITS의 Altair 8800

Altair 8800과 빌 게이츠

빌 게이츠와 폴 앨런

빌 게이츠와 폴 앨런은 이 기사를 본 즉시, 알테어 8800을 만든 뉴멕시코 주에 위치한 MITS라는 회사에 무작정 전화를 걸어 알테어 8800에서 동작하는 소프트웨어를 개발할 수 있도록 해주는 소프트웨어를 만들어 주겠다고 제안했다. 그 후 8주간을 밤낮으로 개발에 매달려 베이직BASIC이라는 언어로 작성된 프로그램을 알테어 8800이 해석할 수 있게 해주는 베이직 인터프리터라는 소프트웨어를 개발해 냈다.

게이츠와 앨런은 머지않은 장래에 모든 가정에 마이크로프로세서를 채용한 PC가 보급되는 날이 올 것이라 믿고 있었다. 모든 가정의 책상 위에 자신이 개발한 소프트웨어가 설치된 PC가 놓이게 하겠다는 야심 찬 비전을 가지고 게이츠와 엘렌은 둘 다 1975년 대학을 중퇴하고, 마이크로소프트를 창업했다.

MS가 폭발적인 성장을 하게 된 결정적 계기가 된 것은 1980년대 초반 IBM PC의 운영체제를 공급하게 된 것이었다. 앞에서도 언급했듯이 IBM PC에 사용된 PC-DOS라는 운영체제는 SCPSeattle Computer Products에서 만든 것을 헐값에 사서 공급한 것이며, IBM이 원하는 독점계약 대신 IBM 호환 PC를 제조하는 모든 업체가 MS에 로열티를 지급하고 운영체제를 사용하는 계약을 체결함으로써 오늘날의 MS가 만들어졌다.

IBM과 MS 간의 계약은 운영체제의 중요성과 호환 PC 제조업체들의 가능성을 파악한 빌 게이츠의 사업가적 안목, 협상 수완, IBM 경영진의 근시안적인 안목, 미국 정부가 IBM에 대해 제기한 반독점 소송이라는 시대적 행운 등이 복합적으로 작용한 결과였다.

★ 독점적 지위를 바탕으로 한 사업확장
MS-DOS의 성공 이후, 마이크로소프트는 다양한 응용 프로그램을 개발하면서 운영체제 이외의 소프트웨어에서도 성공을 노렸지만, 초기에는 이러한 시도가 대부분 실패했다. 하지만 MS는 1985년 윈도 1.0이라는 이름으로 DOS 운영체제에서 GUI를 활용한 운영체제가 나오며 양상이 바뀌기 시작했는데, 1990년에 출시한 윈도 3.0과 그 후속 버전으로 나온 윈도 3.1이 전 세계 PC 시장의 85%를 점유하며, 초기에 성과를 내지 못하던 응용 프로그램 부문에서도 성공작을 내기 시작했다.

프레젠테이션용 소프트웨어인 파워포인트와 워드 및 엑셀을 오피스라는 패키지로 묶어 판매하기 시작한 마이크로소프트는 기존에 시장을 선점한 로터스와 워드 퍼펙트에 밀려 고전하고 있었으나, 윈도 환경을 이용하는 사용자가 점차 늘어나고, MS의 공격적인 마케팅 전략이 효과를 거두면서 엑셀과 워드는 1995년 중반 무렵에는 워드 퍼펙트와 로터스 1-2-3을 완전히 제쳐 버렸다.

코렐의 워드 퍼펙트   로터스의 1-2-3   MS 워드   MS 엑셀

이처럼 PC에 필수적으로 사용되는 운영체제의 독점적 우위를 바탕으로 자사의 응용 프로그램을 성공적으로 정착시킨 사례의 백미는 바로 웹 브라우저인 인터넷 익스플로러이다. 1995년 8월 상장에 성공하며 닷컴 붐 시대의 막을 올렸던 넷스케이프의 웹 브라우저는 그 당시 70%의 점유율을 보이며 독보적인 위치에 있었다. 인터넷 이용이 점점 더 중요한 PC

의 사용 목적이 되면서 웹 브라우저는 PC 사용자의 주된 인터페이스가 됐다. 또한, 장차 웹 브라우저는 운영체제와 같이 중요한 비중을 차지할 것이고, 웹 브라우징만이 가능한 정보기기가 상당수의 PC를 대체할 것이라는 전망이 대두하기 시작했다.

이렇게 된다면 MS의 영향력과 운영체제에서 얻는 수익도 감소하게 될 것이 뻔했다. 위기를 느끼기 시작한 빌 게이츠는 MS가 초기에 인터넷의 중요성을 과소평가했다는 것을 재빨리 인정하고, 향후 MS의 모든 제품에서 인터넷을 최우선순위로 할 것임을 대내외에 선언했다.

마이크로소프트는 넷스케이프를 따라잡기 위해 1995년 8월 인터넷 익스플로러 1.0을 서둘러 출시하고, 불과 3개월 후 버전 2.0을 출시하며 발 빠르게 움직였다. 그 후 1997년 10월, MS는 인터넷 익스플로러 4.0을 출시하면서 윈도 95와 후속 버전인 윈도 98에 기본 패키지로 포함해 버린다. 이는 넷스케이프에 결정적 타격을 입히는 조치였다. 마이크로소프트는 이렇게 운영체제에 웹 브라우저를 끼워 파는 전략으로 넷스케이프에 비해 열세였던 판세를 급격히 뒤집어 버린다. 웹 브라우저 전쟁에서 참패한 넷스케이프는 결국, 1998년 11월 AOL에 매각되고 말았다. 2002년 후반 무렵, 마이크로소프트의 브라우저 점유율은 95%에 육박했다.

★ 지속적인 사업 다각화를 꾀하다

마이크로소프트의 핵심 전략은 기존 운영체제 및 응용 프로그램과 호환이 되면서도 성능은 향상된 소프트웨어를 출시해 판매함으로써 수익을 올리는 것이었다. 그러나 1990년대 후반 무렵, MS의 매출과 이익 대부분은 이미 성숙기에 접어든 윈도 운영체제와 오피스 프로그램과 같은 핵심 사업에서 나오고 있어서 성장은 정체되고 있었다.

이에 따라 2000년 1월, 빌 게이츠가 경영 일선에서 물러나고, 에너지가 넘치고 사교성이 좋은 스티브 발머가 CEO직을 맡으며 새로운 도약을 꿈꾸게 된다. 발머는 4대 신성장 사업으로 비즈니스 솔루션, 게임 및 홈 엔터테인먼트, 임베디드Embedded 운영체제, 인터넷 포털을 선정하였다.

새로운 성장 동력을 찾아 기업용 소프트웨어 솔루션인 ERP 시장에 진출하기로 결정한 MS는 2000년에 미국의 ERP 업체인 그레이트 플레인스Graat Plains를 11억 달러에 인수하면서 ERP 역량을 강화했다. 하지만 비즈니스 솔루션 시장에서의 경쟁은 쉽지 않았다. 규모가 큰 기업들은 대부분 이미 SAP의 ERP가 장악하고 있었고, 오라클도 기존의 피플소프트와 시벨시스템 등을 합병하며 시장 지배력을 강화해 나가고 있었다. MS는 이 분야에서 계속 적자를 면치 못했고, 야심차게 진행했던 SAP 인수도 실패하였다.

소니의 플레이스테이션 2가 큰 성공을 거두자 MS는 PC가 아닌 게임기가 가정의 디지털 허브가 될 수도 있다는 경각심을 갖게 됐고, 수십억 달러를 투자해 비디오 게임뿐만 아니라 인터넷 접속, DVD, MP3 등의 재생이 가능한 엑스박스를 개발해 원가 이하로 판매하는 등 공격적인 마케팅을 시행하였다. 그 결과 초기에는 많은 적자를 보았으나, 점진적으로 안정적인 매출 신장세를 보이고, MS가 꿈꾸는 디지털 허브의 역할을 충실히 할 발판을 마련하였다.

마이크로소프트는 1990년대 중반부터 TV 셋톱박스나 자동차 등에 내장 설치되는 소형 컴퓨터, PDA, 포켓 PC와 같은 휴대용 정보기기를 위한 운영체제, 즉 임베디드 운영체제 시장에도 뛰어들었다. 이미 널리 보급되어 많은 사용자에게 익숙해진 윈도 인터페이스 및 개발도구를 다양한 정보기기에 적용할 수 있다면 또 다른 큰 시장을 창출할 수 있다고 본 것이었다. 하지만 PC용 윈도의 사용자 인터페이스와 폴더 구조는 한정된 화면과 입력 장치를 가진 소형 기기에서는 사용이 복잡하고 본질적으로 잘 맞지 않아 점유율은 저조한 수준에 머물렀다.

윈도 임베디드 운영체제

윈도 라이브 메신저

MS 검색엔진 빙

마이크로소프트는 운영체제에서의 막강한 지위를 이용해 윈도 95의 출시와 동시에 전화선을 이용한 인터넷 접속 서비스인 MSN을 시작했고, 단기간 내에 당시 부동의 1위 인터넷 서비스업체인 AOL에 이어 2위가 되었다. 훗날 MS는 구글을 위협적인 경쟁자로 인식하고, MSN 브랜드 대신 윈도 라이브Windows Live라는 브랜드로 음악, 영화, 스포츠 등 더욱 다양한 서비스를 제공하는 한편, 구글의 핵심 사업인 검색 엔진도 정비하여 대대적인 마케팅과 함께 '빙Bing'이라는 이름의 검색 엔진 서비스를 제공하기 시작하면서 구글의 핵심 사업 영역을 공략해 들어가기 시작했다.

이처럼 마이크로소프트는 기존의 윈도 운영체제와 오피스 프로그램의 강력한 점유율을 기반으로 한 서비스 확대전략과 엑스박스와 빙 등 새로운 영역으로의 지속적인 진출을 시도함으로써 소프트웨어 왕국의 위상을 유지하고 있다. 비록 윈도 비스타처럼 실패도 있었고, 오피스 365처럼 아직 빛을 보지 못한 제품도 있지만 어떠한 외풍에도 흔들리지 않는 핵심 DNA는 IT 역사가 살아있는 한 지속될 것이다.

03

구글, 검색과 함께 인터넷을 정복하다

2013년 10월 최초로 주가가 1,000달러대를 넘어서며 1,000달러 클럽에 네 번째로 진입한 구글은 시가총액에서 마이크로소프트를 제치고 애플, 엑손모 빌에 이어 세 번째를 차지하였다. 강력한 인터넷 검색 엔진으로 1998년 창립 이래 15년 만에 세계 최대 IT 기업으로 성장한 원동력은 무엇일까? 전 세계의 뛰어난 인재들이 구글로 모여드는 이유는 무엇일까? 구글이 추구하는 궁극적 인 기업이념을 알아보고, 구글의 빠른 성장을 가능케 한 독특한 기업문화, 직원복지, 미래에 대한 비전 등을 확인해 보고 싶다.

Google

- 사업 종류 : 인터넷 검색엔진 서비스
- 대표 제품 : Google, Gmail, ADSense, Google glass
- 국적/소재 : 미국/캘리포니아 마운틴 뷰
- 설립자 : 래리 페이지, 세르게이 브린
- 설립 시기 : 1998년 9월
- CEO : 에릭 슈미트(Eric Schumidt)

구글 글래스, 웨어러블의 최강자를 꿈꾼다

구글은 인터넷의 정보를 분석, 분류하고 이를 바탕으로 광고를 실어서 막강한 힘을 갖게 됐다. 가히 세계 최고라 할 만하다. 그러나 많은 기업이 그렇듯 구글 역시 이에 만족하지 않고 영향력을 더 확장하려 애쓴다. 그 결과 구글은 디지털 세계처럼 현실 세계에서도 각종 정보에 번호를 매기고 위치를 파악하고, 분류하고, 지도화하고, 분석할 방법을 강화하고 있다.

구글이 오늘날의 위상을 갖게 된 것은 웹상의 정보를 검색해 편리하게 분류, 분석해 온 덕분이다. 과연 구글은 실제 세계의 사물도 검색할 수 있게 전환해 제2의 전성기를 맞이할 수 있을까?

구글은 그 답을 구글글래스에서 찾으려 한다. 일부 기업은 사물에 QR Quick response코드라는 것을 부착해 이를 사이버 공간에 연결하려고 시도하기도 했다. 그러나 QR코드는 부분적인 성공만을 거두었을 뿐 구글글래스라는 강력한 웹 연동 기술Web - enabling technology에 비하면 2인자에 불과하다.

프로젝트 글래스Project Glass라고 알려진 구글글래스는 작고 가벼운 안경에 내장 헤드업 디스플레이와 음성 인식 제어가 결합한 제품이다. 이것을 사용하면 영상 녹화와 사진 촬영은 물론 사용자가 현재 보고 있는 모든 것을 공유하고 친구들과 대화할 수 있다. 목적지까지의 경로 안내를 받거나 메시지를 듣거나 보내고 구글 검색을 통해 정보를 얻을 수도 있다. 구글글래스를 통해 알 수 있는 작업은 매우 다양하다.

구글의 공동 창업자 세르게이 브린은 지난 2012년 구글 I/O 콘퍼런스에서 구글글래스에 대해 "착용 가능하며 전원이 꺼지지 않고 항상 인터넷에 연결된 컴퓨팅 기술이 드디어 우리 곁에 도달했다."며 "실제로도 매우 잘 작동한다."라고 밝혔다.

구글글래스는 매끈한 독서 안경과 비슷한 모양이지만 한 쪽 눈 위에 얇은 렌즈가 붙어 있다는 점이 다르다. 이 렌즈는 일종의 투명한 컴퓨터 모니터인데 착용자의 시야 위에 데이터와 이미지를 보여주고 메시지 도착

알림을 띄우기도 하며, 비디오나 지도 등 웹 서버에서 무선으로 전송할 수 있는 모든 정보를 다 보여줄 수 있다.

구글글래스는 또한, 카메라, 마이크, 웹 브라우저, 음성 인식 기능 등이 포함된 소형 스마트폰의 역할도 한다. 예를 들어 사용자가 위치정보를 물어보면 구글글래스는 지정 장소까지 가는 길을 안내해 주고 목적지까지 가는 동안 주변에 있는 주요 지형물의 이름을 알려준다.

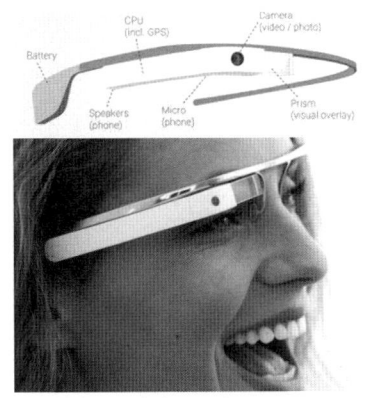

구글글래스와 사용방법을 알리는 동영상

구글글래스가 가진 잠재력은 이뿐만 아니다. 의학적으로 긴급 상황에서 어떻게 대처해야 하는지 정보를 얻을 수도 있다. 심장과 폐의 활동이 갑자기 멈추었을 때 실시하는 응급처치CPR의 시범 영상과 의사와의 실시간 비디오 채팅 같은 것도 가능해질 것이다.

사용자에게 이득을 주는 이러한 정보의 습득은 사실 걱정할 것이 없다. 하지만 우려가 되는 것은 구글글래스로부터 '빠져나가게 되는 사용자의 개인정보'다. 구글글래스가 초고속 무선 통신망으로 인터넷과 연결돼 있는 만큼 사용자가 무엇을 보고, 듣고 하는 중인지 손쉽게 인터넷으로 전송할 수 있기 때문이다. 웹 공간에서 구글은 쿠키 기록을 통해 사용자의 흔적을 추적하고 이를 통해 그들이 좋아하는 것, 관심사 그리고 구매 확률이 높은 품목에 대한 정보 등을 알아내는 데 상당한 노하우를 확보했다. 그렇다면 구글글래스는 실제 세계에서 사람의 행동을 추적하고 분석하는 기기가 되는 것은 아닐까?

역사적으로 보면 웨어러블 컴퓨팅기기가 성공한 적은 거의 없다.

그러나 구글글래스의 수석 디자이너 이사벨 올슨Isabelle Olsson은 "우리는 너무나 많은 시간을 아이폰, 안드로이드, 아이패드 같은 기기 화면에 집중하느라 주변에서 일어나는 일을 종종 놓치곤 한다."라며 "이제 시대가 변했고 바로 지금이 어쩌면 웨어러블 기기가 성공할 수 있는 그때인지도 모른다."라고 말했다.

거침없는 구글의 역사

구글은 1998년 스탠퍼드 대학교 대학원 컴퓨터공학 학도였던 래리 페이지Larry Page와 세르게이 브린Sergey Brin이 공동으로 설립했다. 그들은 초창기에는 비밀리에 백럽BackRub 검색엔진을 개발했다. 논문을 위한 프로젝트를 진행 중 특정 사이트가 다른 사이트로 연결되는 백 링크를 조사해 각각의 웹 페이지가 얼마나 많은 사이트에 링크되었는지를 알아내고, 이것을 기본으로 랭킹을 매기는 아이디어를 구현하는 과정에서 만든 것이 '백럽'이다. 페이지랭크로 명명한 이 알고리즘은 논문을 내기로 합의한 1998년 1월까지는 외부에 알리지 않았다.

백럽이란 촌스런 이름 대신에 새로운 이름을 찾던 중, 10의 100제곱을 뜻하는 '구골Googol'이란 이름으로 방대한 데이터 검색을 한다는 이미지를 주고자 하였으나, 아쉽게도 도메인이 선점된 상태였다. 그래서 대신 이용한 도메인이 '구글Google'이다. 구골보다 발음하기도 쉽고, 창조적인 느낌이 들어 매우 흡족해했으며, 검색 서비스는 날로 인기를 끌기 시작했다.

처음에는 스탠퍼드 대학교의 도메인을 활용해 검색엔진 서비스를 하였는데, 하루 접속 횟수가 1만 건을 넘어가면서 학교의 네트워크 전체를 마비시키는 문제를 발생시키며, 감당할 수 없는 수준에까지 왔다. 래리 페이지와 세르게이 브린은 당시만 해도 100만 달러만 준다면 구글 서비스를 팔려고 하였다. 당시 검색엔진 부분에서 최고의 명성을 날리던 야후, 알타비스타와 인포시크도 접촉했지만, 이들이 개발한 서비스를 인수하려는 기업은 없었다.

다행히 구글의 진가를 알아보고 투자를 하려는 사람이 나타나기 시작하였다. 진가를 알아본 초기 투자자들은 썬 마이크로시스템스의 창업자인 앤디 백톨샤임Andy Bechtolsheim, 엔젤 투자자인 람 슈리람Ram Shriram, 래리와 세르게이의 지도교수였던 데이비드 체리톤David Cheriton 그리고 아마존의 창업자인 제프 베조스Jeff Bezos이다.

1999년, 구글은 차고에서 나와 실리콘 밸리 도심에 있는 2층 건물로 옮겨서 엔지니어를 고용했다. 이때부터 누구나 새벽까지 먹을 수 있는 각종 간식을 갖춰 두었고, 회의실에서 마사지 서비스를 제공하고 회의 탁자를 겸해서 녹색 탁구대를 구매하는 등 회사를 거의 놀이터화하기 시작했다. 직원들이 먹고 놀고 마시면서 일하는 구글 문화의 시초가 되었다.

1999년 엄청난 투자를 받은 구글은 본격적으로 검색 시장을 장악해 나
갔다. 1999년 초만 해도 하루 평균 검색 건수가 50만 건 정도였는데,
2000년이 되자 평균 700만 건이 넘었다. 그 결과 서버와 네트워크 수요
가 급증하면서 지출도 많이 늘어나기 시작했다.

설상가상으로 잘 나가던 실리콘밸리의 닷컴 기업들이 수익 구조의 어려
움과 함께 거품 논란이 일면서 주가가 엄청나게 폭락하기 시작하였다. 일
명 '닷컴 버블 붕괴'라 칭하는데 다행히 구글은 당시 비공개 상태라 큰 데
미지는 없었다. 하지만 투자자로부터 수익모델 개발에 대한 압력은 커지
고 있었다.

닷컴 버블이 붕괴되면서 가장 어려운 시기를 겪었던 야후는 더는 검색
엔진 경쟁에서 이길 수 없음을 깨닫고, 구글에 구원의 손길을 내민다.
2000년 6월 야후는 구글을 야후 포털 서비스의 공식 검색엔진으로 정하
며, 구글 주식 370만 주를 받았다. 이 계약으로 구글의 검색 건수는 2배로
뛰었으며, 2000년 말이 되자 하루 검색이 1억 건에 달하고, 전 세계 검색
건수의 약 40%를 점유하게 된다.

구글은 2000년 10월, 첫 번째 광고 프로그램인 에드워즈Adwords를 테스
트하기 시작한다. 초기의 모델은 광고주가 선택한 키워드가 검색어로 들
어오면 검색결과 옆에 작은 광고가 보이도록 한 것이다. 즉 당시 에드워즈
는 광고가 화면에 몇 번 노출되는지를 기준으로 비용을 책정했다. 하지만
이 모델은 기존 배너광고에서 이용되는 1,000번 노출당 단가(CPMCost Per
Mille) 방식의 변형으로 큰 인기가 없었다.

인터넷 세상에서 두려울 것 없이 잘 나가던 구글이었지만 수익 모델에
대해서는 회의적이었다. 이런 고민을 해결한 사람은 두 창업자도 아니고,
2001년 8월에 영입한 에릭 슈미트 CEO도 아닌 셰릴 샌드버그Sheryl

Sandberg와 수잔 보이치키Susan Wojcicki라는 두 명의 여성이었다.

셰릴 샌드버그는 2002년 2월, 기존의 에드워즈 모델을 개선하여, 광고가 검색결과와 어떤 연관이 있는지 평가한 데이터와 클릭당 비용모델(CPC Cost Per Click)을 통합한 새 모델을 발표하였다. 구글은 2001년 8,600만 달러 매출을 달성했으나, 새로운 에드워즈가 적용된 2002년에는 네 배가 넘는 4억 3,900만 달러 매출을 기록했다.

또 한 명의 여성인 수잔 보이치키가 관여한 수익모델은 일종의 광고 플랫폼인 애드센스Adsense이다. 애드센스는 누구라도 쉽게 새로운 광고시장에 진입할 수 있도록 했다. 웹사이트 소유자는 애드센스에 가입함으로써 광고 수익을 구글과 나눌 수 있다. 광고 수익은 사용자가 애드센스 광고를 클릭함으로써 광고 게시자는 구글에 광고비를 지급하고, 구글은 그렇게 적립된 광고비를 웹사이트 제작자와 나누어 가진다.

애드센스는 등장과 함께 돌풍을 일으키면서 과거에는 있지도 않았던 광고시장을 만들어 냈다. 2004년이 되자 애드센스는 구글 수입의 절반 가까이 차지하면서, 에드워즈와 함께 구글을 세계 최대 광고회사로 탈바꿈시켰다.

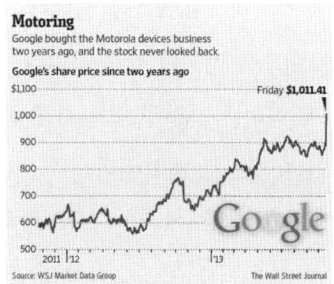

수익모델이 성공하자 구글은 기업공개의 압박을 받는다. 2004년 8월 19일, 구글답게 파격적으로 기업공개를 시행하는데, 경매를 통해 주가가 결정되는 방식이었다. 최저경매가로 85달러를 제시하였고, 결코 낮은 가격이 아님에도 불구하고 그 날의 종가는 100.34달러로 결정되었다. 그 후 10년이 안 되어 주가가 1,000달러를 돌파하였으니, 어마어마한 성장세이다.

구글은 마이크로소프트의 핫메일에 대항해 당시로써는 파격적인 방식의 웹메일 서비스인 G메일을 선보이며 클라우드 서비스 시장에 중요한 이정표를 만들었다. 처음 개발한 G메일은 오늘날과 같은 웹메일 형태가 아니라 개인계정에 접근해서 이메일을 검색할 수 있도록 하는 서비스였다. 또한, G메일은 세계 최초의 1GB라는 당시로서는 어마어마한 용량을 개인별로 할당한 것으로 유명하다. 검색 서비스 이후 가장 성공적인 서비스로 알려진 G메일은 구글의 미래를 상징하는 클라우드 서비스의 중심이며 앞으로도 중요한 역할을 수행할 것이다.

구글이 스마트폰 운영체제 회사인 안드로이드Android를 인수 합병한 것은 2005년 7월이다. 아이폰이 출시되어 세계적인 히트를 기록한 2007년보다 2년 앞선 일로, 구글 역시 IT 업계의 판도 변화와 본격적인 혁신이 스마트폰과 함께할 것으로 예상하고 선 투자를 감행한 것이다. 구글은 애플처럼 하드웨어를 직접 제조하거나, 이동통신 사업을 하기 위해서 안드로이드를 인수한 것은 아니다. 결국, 스마트폰에 최적화된 서비스를 만들고, 인터넷 연결을 쉽게 하게 하여 모바일 광고 부분도 장악하려는 의도가 있는 것으로 파악된다.

안드로이드에 이어 구글이 주력하고 있는 것은 자사 브라우저인 크롬Chrome을 중심으로 구축한 운영체제인 크롬OS다. 크롬OS는 이미 구글이 가지고 있는 거대한 클라우드 컴퓨팅 전략의 일환으로 이해해야 한다.

구글TV는 2010년 5월에 선보였다. TV를 통해 구글 검색 서비스를 즐길 수 있고, 스마트폰처럼 각종 앱도 작동시킬 수 있다. TV를 인터넷과 연결함으로써 거대한 인터넷 운영체제에 편입시키고 여기에서 통합된 광고시장으로 접근하겠다는 것이 구글의 전략이다.

구글은 미래의 환경 변화를 염두에 두고 패러다임을 바꿀 운영체제와 클라우드 환경을 만들고 있다. 2006년 거액을 투자하여 유튜브You Tube를 인수하는 등 종잡을 수 없는 횡보를 보이고 있지만, 궁극적으로는 최강의 검색 서비스를 필두로 새로운 디지털 컨버전스 기기를 융합하고, 인터넷 세상을 장악하여 수익모델을 극대화하는 것이다. 거침없는 구글의 역사는 아직 진행형이다.

왜 구글에는 천재들이 모여들까?

구글스럽다는 말이 있다. 구글만이 가지고 있는 독특한 기업문화, 직원 복지 그리고 미래에 대한 비전이 있기 때문이다. 몇 해 전 저자가 실리콘밸리에 있는 구글캠퍼스를 방문한 적이 있다. 반나절의 짧은 방문이었지만, 말로 표현할 수 없는 범상한 기운을 느낄 수 있었다. 마치 같은 하늘, 같은 장소에 있는데도 그곳에만 전혀 다른 세계가 펼쳐지고 있는 듯하였다. 건물과 건물 사이에 거대한 공룡이 서 있었고, 풀장이 있었으며, 곳곳에 공용 자전거가 있어 누구나 이용할 수 있었다. 건물 내에서는 하늘에 비행기가 매달려 있거나, 미끄럼틀이 있고, 음료나 과자가 사방에 널려 있었다.

구글의 공동창업자인 래리 페이지와 세르게이 브린은 명확한 비전을 가지고 있었다. 바로 '세상을 바꾼다.'는 것이다. 그들이 존경했던 스티브 잡스가 늘 하던 말이기도 하다. 구글은 전례가 없는 속도로 세상을 바꿔버렸다. 구글이 창립된 실리콘밸리에는 이미 우수한 IT 기술자로 가득했다. 그뿐만 아니라 그들이 뛰어든 검색엔진 시장도 야후를 비롯해 알타비스타, 익사이트 등 이미 거대 기업이 선점한 레드오션 시장이었다. 그러나 그들은 기존의 틀을 파괴하며 검색시장을 장악했을 뿐만 아니라, 검색을 바탕으로 세상에 없던 새로운 비즈니스를 창조하며 세상을 지배하였다.

구글의 CEO인 에릭 슈미트는 2005년, 뉴스위크에 발표한 구글의 10 가지 황금률Google's 10 Golden Rules을 통해 구글이 어떤 방식으로 인재를 육성하고 회사를 운영해 나가는지 설명하고 있다. 이 10가지 황금률을 보면 구글이 지향하고 있는 인재상과 혁신적인 기업문화가 어디에서 나오는지를 알 수 있다.

★ Rule 01, 채용은 위원회에서 담당한다Hire by committee.

미국에서 가장 일하기 좋은 회사로 알려진 구글에는 매달 수십만 명이 넘는 입사희망자가 모여든다. 구글의 채용은 위원회를 통해 이루어지며, 최소 6명 이상의 경영진이나 직원이 참여한다. 또한, 최종 면접에는 창업자 2명 혹은 둘 중 1명은 반드시 참여한다. 구글만큼 시간과 수고와 비용을 들여 인재를 뽑는 기업도 없을 것이다. 이유는 무엇일까? 구글이 찾는 인재는 어떤 사람일까?

세르게이 브린이 하버드대학 로스쿨 출신인 알리사 리Alissa Lee를 채용할 때의 일화는 그 단면을 보여준다.

"내가 악마에게 영혼을 판다는 내용의 계약서를 작성해 주십시오."

세르게이 브린은 계약서를 30분 이내에 작성해서 이메일로 보내라고 했다.

너무나 의외의 요구에 당황한 알리사 리는 곧 세르게이 브린의 의도를 깨달았다. 그가 원하는 것은 원칙에 입각한 계약서 내용이 아니라 예기치 못한 상황에서도 오히려 재미있고, 재치있게 대응할 수 있는 유연성을 보고 싶은 것이었다. 구글이 원하는 인재는 매사에 건전한 의문을 품고, 상식을 뒤엎는 발상을 할 줄 아는 사람이다.

또 자아가 너무 강한 사람은 배제한다. 아무리 재능이 뛰어나도 팀워크가 불가능할 정도로 자아가 강하면 그 사람의 고집에 휘둘려 생산성이 크게 저하된다. 구글의 업무는 대부분 팀 단위로 진행된다.

구글은 경험보다는 객관적인 데이터를 중시한다. 예비지식이 너무 많으면 혁신을 방해한다고 생각한다. 즉 경험이나 실적은 뭔가를 보수하거나 재생산하는 일에는 긍정적으로 작용하나, 창조나 개혁에는 부정적으로 작용하는 경우가 종종 있다고 믿는다.

구글이 지향하는 채용상은 한마디로 말해 "세계 최고의 인재를 모아서, 세계 최고의 환경을 제공해, 세계 최고의 일을 한다."로 귀결한다.

★ Rule 02, 필요한 것은 모두 충족시킨다Cater to their every need.

구글은 복리후생이 세계 최고라는데 자부심을 가진다. 유급휴가와 건강보험 등 표준적인 복리후생과 함께 다양한 편의시설을 제공하고 있다. 1등급 식사, 세탁실, 마사지실, 미용실, 헬스클럽, 세차시설, 출퇴근용 버스 등이 무료로 제공된다. 열심히 일하는 엔지니어가 필요로 할 만한 것은 모두 마련해 주어서, 일하는 데 방해되는 것을 제거하려고 노력한다. 프로그래머는 프로그램을 짜고 싶어 하지, 세탁물을 고민하고 싶어 하지는 않는다.

구글의 직원은 셀 수 없을 만큼 많은 복리후생 서비스를 누릴 수 있다. 창업 직후부터 래리 페이지와 세르게이 브린은 구글에서 일하는 것의 이점으로 최첨단 기술이나 스톡옵션과 함께 무료 스낵과 음료수를 내걸었다. 복리후생은 낭비가 아니라 오히려 생산성을 높이는 경제적 효과가 있다는 것이 구글의 생각이다.

구글의 충실한 복리후생과 거액의 보너스, 스톡옵션은 구글을 '가장 일하고 싶은 회사'로 만드는 데 공헌했다. 모든 일을 회사에서 처리할 수 있도록 하는 것은, 요컨대 업무와 상관없는 낭비를 줄여서 철저히 일에 집중할 수 있는 환경을 만드는 작업이다. 하루 12시간, 주 6일을 일하는 것은 당연했다. 식사가 항상 준비되어 있으니 밥을 먹으려고 직장을 벗어난다는 핑계도 댈 수 없었다.

"우리는 정말 열심히 일했다. 영감Inspiration을 얻으려면 많은 땀Perspiration
을 흘려야 한다."
– 래리 페이지 –

★ Rule 03. 한곳에 모아놓는다Pack them in.

구글의 업무진행 방식은 3~5명 정도의 작은 팀을 많이 만들어 각각 프로젝트를 진행하는 것이 특징이다. 팀에는 커뮤니케이션이 필요하다. 커뮤니케이션을 원활히 하기 위한 최적의 방법은 직접 이야기할 수 있는 거리 안에 모두 모아 두는 것이다.

실제로 구글의 직원들은 '큰 사무실'에서 함께 일한다. 상담하고 싶을 때 즉시 말을 할 수 있으며, 서로 전화가 엇갈리는 일도 없고, 이메일 연락이 지연되는 일도 없다. 시끄럽게 토론할 수 있도록 회의실도 다수 준비되어 있다.

작은 팀 단위로 프로젝트에 몰두하는 구글에서는 상사와 부하직원이라는 서열개념이 거의 없다. 엔지니어 한 사람 한 사람이 주역이 되어 일을 진행한다. 실제로 포춘Fortune에 따르면, 일반기업의 경우 관리자의 수가 직원 7명당 1명꼴인데 비해, 구글은 20명당 1명이거나 그보다 적다고 한다.

중간관리자를 줄이고 조직을 수평구조로 만듦으로써 혁신을 일으키는 구글의 방식은 혼란스럽고 질서가 없다고 지적하는 사람도 있다. 하지만 구글의 경영진은 전혀 신경을 안 쓰는 분위기이다.

"너무 질서가 잘 잡혀 있으면 혁신이 일어나기 힘들다."

– 람 슈리램 –

규율은 때때로 창조성을 빼앗는다. 조직성보다는 구글의 생명이라고도 할 수 있는 창조성을 더 중요하게 생각하는 듯하다.

★ Rule 04, 조정하기 쉬운 환경을 만든다Make coordination easy.

시대의 변화에 제대로 대응할 뿐만 아니라 변화를 선도하기 위해서는 팀을 한곳으로 모아놓는 것만으로는 부족하다. 문제나 프로젝트의 진척상황 등을 시각화할 필요가 있다. 구글에서는 모든 팀멤버가 직접 대화할 수 있는 거리에 있기 때문에 프로젝트를 조정하기가 쉽다. 물리적인 거리와 함께 이메일로도 팀원들의 사이를 가깝게 하고 있다. 일주일에 한 번씩 지난주에 한 일을 간단히 적어서 팀원들에게 이메일로 보내게 되어 있다.

누가 어떤 일에 몰두하고 있는지 손쉽게 파악할 수 있어서 업무 진척상황을 관리할 수 있으며, 업무의 흐름을 일치시키기도 쉽다.

행운은 계획적으로 손에 넣을 수 있는 것이 아니다. 평소에 정보교환 네트워크를 만들고 철저히 준비하고 있다가 행운이 찾아왔을 때 재빨리 낚아채는 방법밖에 없다. 오늘의 구글이 있게 만든 에드워즈와 애드센스의 아이디어를 처음 떠올린 곳은 고투닷컴GoTo.com이었다. 그러나 래리 페이지와 세르게이 브린에게는 그것을 본 순간 매력적인 비즈니스이며 자신들이라면 좀 더 잘 만들 수 있음을 간파하는 혜안이 있었다. 그것이 행운을 불러들였다.

★ Rule 05, 출시 전 자사 제품을 쓰게 한다Eat your own dog food.

구글이 성공한 원인 중 하나로 단순함을 드는 사람이 있다. 예를 들어 구글의 홈페이지는 검색창과 약간의 단어만 있을 뿐이다. 키워드를 입력하면 순식간에 필요한 사이트로 안내해줄 것이라는 예감이 번득이게 한다. 다른 사이트들이 대량의 광고와 그림으로 넘쳐 나며 그곳에서 운영하는 쇼핑몰이나 게임 등으로 강하게 유혹하는 것과는 대조적이다.

구글에서는 직원이 모두 구글의 툴을 사용한다. 모든 업무와 프로젝트에 관한 내용이 웹페이지에 올라와 있고, 목차와 검색창이 있어 필요할 때마다 언제라도 이용할 수 있다. 또한, 제품화되어 세상에 나오기 전에 직원들이 사용하게 하여, 다양한 의견을 수렴한다. 예를 들어 G메일이 성공한 것은 이처럼 사내에서 직원들이 몇 달에 걸쳐 테스트했기 때문이라고 할 수 있다.

제작자와 사용자의 감각에는 큰 차이가 있다. 구글은 시제품 단계부터 직원들이 사용해봄으로써 그 감각의 차이를 메운다. 만든 본인이 사용하고, 세계에서 가장 까다로운 사용자인 구글의 직원들이 사용하면서 결과를 피드백해 더 나은 제품으로 완성해 나간다.

★ Rule 6. 창조성을 장려한다Encourage creativity.
구글의 다양한 정책 중에서 창조성을 발휘하는 데 가장 중요하고 가치 있는 제도는 '20퍼센트 규정'이다. 이것은 근무시간 중 최대 20%를 자신이 하고 싶은 프로젝트에 사용할 수 있는 제도다. 시간을 어떻게 활용하는지는 각자 자유다. 하루 근무시간의 20%씩을 사용해도 좋고, 하루에 몰아서 써도 무방하다. 이 시간에 탄생한 아이디어와 프로젝트는 수없이 많다.

또한, 비밀병기의 하나로 '아이디어 메일링리스트Ideas mailing list'를 들 수 있다. 이것은 회사 전체규모의 제안함이다. 주차 규칙에서부터 미래의 애플리케이션 아이디어까지, 무엇이든 가리지 않고 제안할 수 있으며, 누구든 자유롭게 그것에 대한 의견을 말할 수 있다. 그리고 가장 훌륭한 아이디어는 최고경영자에게 전해진다.

20% 규정이 구글의 독자적인 아이디어인 것은 아니다. 구글에 앞서 세계적인 화학 기업 3M이 '15% 제도'를 만든 적이 있다. 그 제도를 통해 탄생한 것이 바로 대히트 상품인 '포스트잇'이다. 사람은 너무 바쁘면 새로운 뭔가를 생각할 여유를 잃는다. 또 영감은 업무와는 상관없는 다른 짓을 하고 있을 때 종종 찾아온다. 이것이 창조성이 지닌 신비함이다.

★ Rule 7. 합의를 이끌어내기 위해 노력한다Strive to reach consensus.
독자적인 판단을 내릴 수 있는 리더를 영웅시하는 기업문화가 있다. 그러나 구글은 '다수는 소수보다 현명하다.'는 견지에서 널리 의견을 구한다. 구글에서 경영자는 결정권을 쥐고 있는 독재자가 아니라 다양한 의견을 모아 정리하는 사람이다. 물론 합의에 이르기까지 시간이 오래 걸릴 때도 있다. 하지만 그렇게 해서 정한 일에는 진심으로 최선을 다하게 된다.

구글은 다수의 지혜를 믿는다. 직원을 채용할 때는 모든 채용위원의 의견을 들으며, 제품은 실제로 사용한 직원들의 목소리를 들어 개선해 나간다. 별 볼 일없는 제안이나 이미 알고 있는 정보에도 진지하게 귀를 기울이다 보면 정말로 좋은 제안이 알아서 들어올 수 있다.

"고객과 사용자는 항상 옳다고 생각한다. 그리고 그들이 위화감을
느끼지 않는 시스템을 만들어야 한다. 시스템은 교체할 수 있어도,
사용자는 교체할 수 없기 때문이다."　　　　　　　 – 래리 페이지 –

구글은 이런 사용자 중시 사상을 줄곧 지켜왔다. 사용자의 시간을 낭비하지 않는 제품을 추구하고, 불필요한 것에 신경 쓰지 않아도 되는 단순한 디자인을 추구하며, 이익 지상주의 쪽에 서지 않는다.

★ Rule 8. 사악해지지 않는다Don't be evil.
'사악해지지 않는다.' 구글이라는 기업을 특징짓는 유명한 말이다. 2001년 구글은 경영이념을 간결하게 정리하고자 했다. '사용자 제일주의를 잊지 않는다.', '잘 놀아라, 다만 도를 넘지는 마라.', '모두에게 경의를 품는다.' 등 다양한 의견이 쏟아졌는데, 이것을 본 엔지니어 폴 북하이트Paul Buchheit가 이렇게 중얼거렸다.

"그러니까 이 의견들을 한마디로 요약하면 '사악해지지 않는다.' 이
거 아닙니까?"

이렇게 해서 훗날 회사의 모든 화이트보드에 '사악해지지 않는다.'라는 문구가 적혔다고 한다. 어떤 조직에서든 사람은 자신의 견해에만 애착을 품는 경향이 있다. 그러나 구글에서는 아무도 의자를 집어 던지지 않는다. 예스맨이 많은 회사가 아니라 관용과 존경의 사풍을 이어가려 한다.

"우리의 목적은 검색이라는 행위를 최대한 쾌적하게 만드는 것이다.
수익을 최대화하는 것이 아니다." — 세르게이 브린 —

기업은 그저 매출을 늘리면 그만인 존재가 아니다. 윤리관이 없는 기업은 아무리 이익을 높여도 지지받지 못하며 오히려 세상의 반감을 산다. 기업은 규모에 어울리는 사회공헌과 국제공헌을 해야 한다. 이것을 달리 표현하면 바로 '사악해지지 않는다.'이다.

★ Rule 9. 데이터가 판단을 이끈다Data drive decision.

구글에서는 계량적인 경영분석을 토대로 대부분의 판단을 내린다. 구글은 인터넷뿐만 아니라 사내에도 정보관리 시스템을 만들었다. 지속해서 최신 정보를 살펴보며, 데이터와 트렌드를 읽는 분석가를 많이 보유하고 있다. 그들이 실적을 해석해 트렌드를 분석함으로써 회사를 최대한 최신 트렌드에 맞게끔 하고 있다.

세상이 복잡해지면 답을 찾기가 쉽지 않다. 그럴 때 절대적인 무기가 되어주는 것이 정보다. 올바른 정보를 얻으면 사람은 올바른 판단을 할 수 있게 된다. 데이터를 향한 구글의 집착은 매우 강하다. 전문가에게 데이터를 모으게 하고, 그것을 기반으로 철저한 토론을 벌여 방침을 결정한다. 구글에서 결정을 좌우하는 것은 데이터다.

"인생은 어떤 정보가 손에 들어오는지에 따라 달라질 가능성이 있다."

- 래리 페이지 -

정보 하나에 따라 문제에 대한 대처와 결단, 선택이 크게 달라진다는 뜻이다. 권위나 직책의 힘으로 억눌러버리면 잘못된 판단이 나올 수 있다. 구글에서는 이런 잘못이 거의 발생하지 않는다. 데이터를 철저히 활용함으로써 항상 올바른 판단을 내리려고 하기 때문이다.

★ Rule 10. 효과적인 커뮤니케이션을 한다Communicate effectively.

영감이나 독창성, 이해, 깨달음은 커뮤니케이션에서 나온다. 토론이나 회의도 좋은 방법이다. 브레인스토밍 같은 기법을 사용하는 것도 효과적이다. 그러나 어떤 방법이든 일상적인 커뮤니케이션이 있을 때 비로소 제대로 된 결과를 낼 수 있다.

구글에서는 매주 금요일에 모든 직원이 참석하는 집회, TGIFThank God It's Friday 미팅을 연다. 이 집회에서는 음식이 제공되며, 발표와 소개, 질의응답 등이 있다. 경영진이 직원들의 생각을 알고, 직원들은 경영진의 생각을 알기 위한 자리다. 구글에서는 사내에서 정보공개를 매우 광범위하게 실시하고 있지만, 심각한 정보유출은 거의 없다. 그들은 정보유출이 적은 원인이 바로 정보공개라고 생각한다. 신뢰받는 노동력은 충성스러운 노동력이 된다. 애플과는 사뭇 다른 환경이다.

04

IBM, 컴퓨터 산업의 선구자

IBM은 미국 라스베이거스에서 열리는 'IMPACT 2013' 콘퍼런스에서 모바일, 빅데이터, 클라우드, 소셜 비즈니스 등 새로운 모바일 비즈니스 환경에서 기업에 동력을 제공할 수 있는 새로운 기술을 대거 발표하였다. 모바일 디바이스와 연결할 수 있는 자동차, 가전기기, 선박 등 다양한 기기에 탑재된 센서를 연결해 커뮤니케이션하고 여기서 발생하는 데이터를 관리할 수 있도록 설계된 M2M^{Machine to Machine} 앱 라이언스를 공개하고, 모바일퍼스트^{Mobile First} 포트폴리오를 클라우드와 애널리틱스에 이르기까지 대폭 확장하는 등 IBM의 스마터 플래닛^{Smarter Planet} 전략을 더욱 강화한다는 계획도 발표했다.

- 사업 종류 : 컴퓨터, 사무기기
- 대표 제품 : 메인프레임 서버, ThinkPad 노트북, Tivoli
- 국적/소재 : 미국/뉴욕주 아먼크
- 설립자 : 허먼 홀러리스
- 설립 시기 : 1911년
- CEO : 지니 로메티(Virginia Rometty)

IBM의 새로운 혁신 아젠다 "스마터 플래닛"

IBM은 '똑똑한 지구'를 만들자는 의미로 '스마터 플래닛^{Smarter Planet}'이라는 새로운 혁신 아젠다를 전개하고 있다. '스마터 플래닛'은 상호 연결된 테크놀러지가 세상이 움직이는 방식을 어떻게 바꾸고 있는지에 대한

IBM의 시각을 나타낸 것으로, 세상이 움직이는 방식을 바꿔 나가고 낭비와 비효율적인 요소를 제거하며 더욱 똑똑한 해결책을 제시하는 것으로 IBM만의 차별화된 가치를 제공하는 것을 핵심으로 하고 있다.

세계는 평평해지고 있으며 긴밀하게 상호 연결되고 있다. 그러나 단지 연결되어 있다는 것만으로는 충분하지 않다. 2008년에 시작된 금융위기를 통해 고도로 복잡한 글로벌 시스템이 자칫 비효율과 낭비를 낳고 이슈를 전 지구적으로 확대할 수 있다는 것이 드러났다. 이를 통해 얻을 수 있는 교훈은 글로벌 시스템과 프로세스 자체에 '지능'을 불어넣어야 복잡한 세상을 보다 효율적으로 운영할 수 있다는 것이다.

더 이상 글로벌 위기를 자초하지 않기 위해서는 더욱 빠르게 똑똑한 시스템을 구축하고, 새로운 방식으로 기술을 적용해 변화에 탄력적으로 대처할 능력을 갖춰야 한다. '똑똑한 시스템'은 지금의 글로벌 경제 위기를 극복할 방안이다. IBM의 스마터 플래닛은 똑똑한 교통, 똑똑한 금융, 똑똑한 헬스케어, 똑똑한 도시, 똑똑한 공공안전, 똑똑한 빌딩 등 광범위한 분야를 대상으로 한다. 주요 분야를 살펴보기로 하자.

★ 똑똑한 전력공급

기업과 사회는 환경문제와 더불어 에너지 공급 및 비용 문제에 직면해 있으나, 스마트 그리드Smart Grid를 통한다면 가정의 계량기를 기능화된 전력선 및 발전소와 연결해 전기와 비용을 절약하고 지구를 보호할 수 있다. 현재 IBM은 똑똑한 전력 공급망Smart Grid 프로젝트를 통해 소비자가 전력 소비량을 10% 정도 절약할 수 있게 되었고, 최고 전력 수요도 15% 정도 줄어들었다고 말한다.

★ 똑똑한 IT 인프라

세계를 움직이고 있는 IT 인프라는 지금보다 훨씬 더 똑똑해져야 한다.
서버, 스토리지, PC, 소프트웨어 및 인터넷은 더 강력하고, 더 저렴하며,
더 편리하게 사용할 수 있는 것으로 계속 발전할 것이고, 데이터 크기와
네트워크 대역폭도 앞으로 3년 이내에 10배까지 커지게 될 것이다. 앞으
로 센서, 카메라, 자동차 등 수백만 가지에 달하는 똑똑한 장비와 수천만
가지에 달하는 전자태그RFID가 서로 연결될 것이다.

Smarter Planet 캠페인 광고

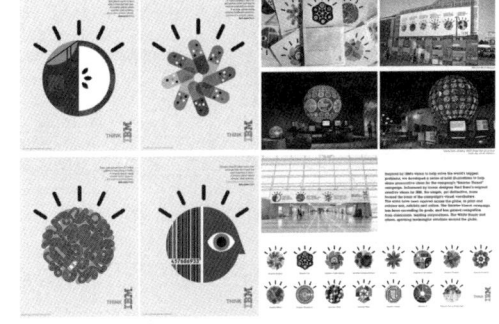

Smarter Planet을 적용할 다양한 분야

★ 똑똑한 정보 시스템

지난 50년간 리더들은 이용할 수 있는 정보의 질과 양에 있어 혁신적인
발전을 경험했다. 지식, 전문성 및 지적 자산 등 경쟁 기반이 변화로 인해
산업시대는 정보시대로 대체되었다. 수십억의 사람이 끊임없이 정보를 생
산하고 있으며, 수조 개에 달하는 인텔리전트 장치, 센서 및 모든 종류의
장비가 탑재된 개체 등에서 정보는 순환되고 있다. 새로운 정보 시스템은
우리가 경제 성장, 사회 발전, 환경 보호 및 질병 치료를 위해 노력하는
방식을 바꿔 놓을 것이다. 서로 의사소통하는 방식을 바꿔 놓을 것이다.

★ 똑똑한 통신

2011년까지 20억 명에 달하는 사람이 수많은 전화, 카메라, 가전제품, 자동차 등을 통해 인터넷과 연결되었다. 2012년에는 IPTV 및 인터넷 TV가 IP 고객의 90%를 차지하였다. 2013년엔 10억에 달하는 사람이 페이스북을 통해 수많은 사람과 소통하고 있다. 이렇게 방대한 데이터 흐름을 처리하기 위해서는 스마트한 글로벌 네트워크가 필요하다.

★ 똑똑한 워크 플레이스

비효율적인 업무 프로세스 때문에 직원 한 명이 한 주당 5시간 이상을 허비하고 있다. 직원의 2/3는 자신이 업무를 수행할 수 있도록 도와줄 수 있는 동료가 있다고 믿고 있지만, 도움을 줄 수 있는 동료를 찾는 방법을 모르고 있다. 대부분 CEO는 조직이 업무를 수행하는 방식을 고쳐야 한다고 생각한다. 이에 따라 전 세계 조직은 스스로 변화를 모색하고 있다. 모바일 오피스를 통해 비효율적인 사무공간을 최소한으로 유지하거나, 차량에 내장된 무선 원격장치를 사용하여 운전자에게 자동차 정비에 관한 일정을 제공하는 업체도 있다.

★ 똑똑한 클라우드 컴퓨팅

컴퓨팅 성능의 눈부신 발전에도 불구하고 세계의 IT 인프라는 오늘날 컴퓨팅 작업으로 인해 심각한 압박을 받고 있다. 셀 수 없이 많은 기능화되고 상호 연결된 장치, 프로세스 등으로 인해 전에 없이 많은 데이터에 파묻히게 되었다. 그 해결책으로 떠오른 것이 '클라우드 컴퓨팅'이다. 이는 인터넷을 통해 공용으로 또는 인트라넷을 통해 개인용으로 처리할 수 있고 스토리지, 네트워킹 및 애플리케이션에 접속할 수 있다. IBM은 전 세계적으로 은행, 통신회사, 정부 및 대학과 연계하여 클라우드를 사용함으로써 특정 경제적, 사회적 목표에 맞는 최적화된 지원을 제공하며 이들의 시스템에 IBM만의 차별화된 전문 기술을 제공하고 있다.

신화 같은 IBM의 역사

IBM의 탄생은 1890년 미국의 총인구조사에 활용된 펀치카드 시스템에서부터 시작되었다. 펀치카드 시스템은 기존에는 수개월에서 수년까지 걸리던 작업을 단 수주 만에 끝내 버림으로써 선풍적인 인기를 얻었다. 이를 계기로 국가뿐만 아니라 은행과 기업 등에서도 데이터 처리를 위해 펀치카드 시스템을 널리 사용하기 시작했다.

 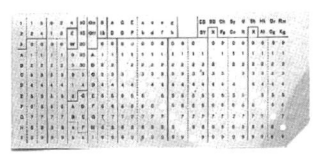

펀치카드 시스템을 활용한 데이터 처리 장면과 펀치카드

IBM의 전신은 펀치카드를 이용해 데이터를 저장하고 읽거나, 다양한 계산과 통계 처리를 수행하는 기계를 생산하는 TMC라는 기업이었다. TMC는 1890년의 인구 총조사에 사용된 펀치카드 시스템을 개발한 허먼 홀러리Herman Hollerith가 1896년에 창립한 기업이었는데, TMC는 1911년 월스트리트의 금융가인 찰스 플린트Charles Flint에게 매각됐고, 플린트는 TMC를 다른 두 개의 회사와 합병해 CTR이라는 회사를 설립했다.

플린트는 CTR을 설립한 지 3년 후인 1914년, 금전 등록기를 제조하는 NCR에서 토마스 왓슨Thomas Watson을 CEO로 영입했다. 왓슨은 CTR의 CEO로 취임한 지 10년이 된 1924년부터 유럽 진출을 본격적으로 개시하기로 하고, 이를 위해 유럽에 대규모 생산기지를 세우고 회사명도 IBMInternational Business Machine으로 바꾸었다. 왓슨이 이끈 IBM은 특히 기업용 펀치카드 시스템을 중심으로 꾸준히 성장해 나갔고, 수많은 충성 고객을 확보했다. 40여 년간 IBM을 성공적으로 이끌어온 토마스 왓슨은 컴퓨터 시대의 막이 열리던 시점인 1952년, 아들인 토마스 왓슨 주니어에게 IBM의 경영을 넘겼다.

IBM의 회사 심볼 역사

1943년 대포 탄도를 측정하기 위해 개발된 최초의 전자식 컴퓨터인 에니악이 출시된 이후, 1950년대 컴퓨터 수요의 대부분은 군사 부문이었기 때문에 컴퓨터업체들은 고가의 군사용 컴퓨터 개발에 집중했다. IBM도 군사 및 과학용 고성능 컴퓨터 시장을 겨냥해 700시리즈를 내놓았지만, 시장 반응은 형편없었다.

1954년 출시한 650시스템은 IBM이 기업용 펀치카드 시스템에서 쌓은 역량을 결집해 개발한 기업용 컴퓨터였다. IBM 650은 매월 임대료를 받는 조건으로 판매되었는데, 1,000대 이상이 보급되면서 세계 최초의 대량 생산된 컴퓨터가 됐다.

기업의 컴퓨터 수요는 전후의 경기 호황을 타고 폭발적으로 성장했고, IBM은 기업용 컴퓨터 부문에서의 강점을 바탕으로 급성장해 나갔다. IBM은 1960년대 접어들어 기계식 펀치카드 시스템의 생산을 아예 중단하고, 전자식 컴퓨터 사업에만 집중했다. 그 결과 진공관보다 크기가 작고, 전력 소모도 적으며, 수명도 반영구적인 트랜지스터를 사용한 1401 시스템을 대량생산하게 되고 큰 성공을 거둔다.

IBM은 650시스템, 700시리즈, 1400시리즈 등 다양한 시장과 용도를 위한 다수의 제품 라인을 보유하고 있었다. 그런데 각 제품 라인은 서로 다른 소프트웨어를 사용했기 때문에 소프트웨어 개발비가 폭발적으로 증가하고 있었다. 그래서 시작한 프로젝트가 시스템/360 개발 프로젝트였다. 목적은 고객이 기존의 시스템을 전면적으로 교체하지 않고도 부품을 교체하거나 주변기기를 추가해 성능을 높일 수 있고, 기존에 사용하던 소프트웨어도 계속 사용할 수 있도록 하는 시스템을 만드는 것이었다.

IBM은 이러한 야심 찬 비전을 달성하기 위해 당시 기업이 투자한 개발 프로젝트로는 역사상 최대 규모인 50억 달러 이상을 투자했다. 미국 유력 경제지인 포천지의 우려에도 불구하고, 결국, 시스템/360시리즈는 대성공을 거두며 거의 모든 경쟁자를 제압해 버렸고, IBM의 컴퓨터는 메인프레임Mainframe이라는 기업용 대형 컴퓨터의 새로운 표준이 됐다.

IBM 650

IBM 700

IBM 1401

IBM System/360

강력했던 IBM의 지위도 1970년대 들어와서는 여러 방면에서 점차 약화되기 시작했다. 내부적으로는 IBM을 컴퓨터 시대의 리더로 이끌어온 왓슨 주니어가 심장마비로 쓰러진 후 1971년 일선에서 은퇴했고, 후임으로 CEO가 된 빈센트 리어슨Vincent Learson도 2년이 지나지 않아 60세를 맞아 은퇴하는 등 리더십의 공백이 발생했다. 외부적으로는 디지털 이큅먼트는 상대적으로 저가의 컴퓨터 시장을, 크레이 리서치는 초고가의 슈퍼컴퓨터 시장을 창출하며 IBM을 위협하기 시작했다.

컴퓨터 업계의 영원한 강자일 것만 같았던 IBM이 쇠락하게 된 것은 기존 시장에서의 경쟁에 패배했기 때문이 아니라 PC라는 새로운 시장에서 전략적으로 준비하지 않았기 때문이었다. IBM이 PC 사업에 본격적으로 뛰어들기 시작한 1980년경에는 최초의 PC인 알테어 8800을 만든 MITS가 이미 사라진 상태였지만, 애플이 애플Ⅰ과 애플Ⅱ를 잇따라 성공시켜 PC 시장에 큰 잠재성이 있다는 것을 깨달아가는 시점이었다.

익히 알려진 대로 IBM은 PC 시장에 진출하기 위해 본사가 아닌 플로리다에 위치한 팀에서 은밀하게 준비하였고, 이른 시일 안에 개발 완료를 목적으로 했다. 덕분에 IBM은 PC 사업을 준비한 지 1년 만에 PC를 출시할 수 있었고, PC 사업에도 새로운 성장 기반을 구축할 수 있었다.

IBM의 PC는 당시의 PC로서는 고성능이었을 뿐만 아니라 'IBM'이라는 브랜드 후광을 업고 한 달 만에 5년간의 판매 예상치에 해당하는 24만여 대를 판매하는 대성공을 거두었다. 하지만 PC 사업은 당시 IBM 이익의 대부분을 차지했던 메인프레임 컴퓨터와 비교해 이익률이 낮았기 때문에 회사의 전폭적인 지원을 받지는 못했다.

IBM의 PC 시장 진입은 성공적이었지만, 대부분 주요 부품을 외부 기업에 의존하는 IBM의 컴퓨터 개발 역사에서 유례없는 정책으로 인해,

PC 사업에서의 이익률은 더욱 떨어졌다. 또한, IBM 호환 PC 제조업체들의 괄목상대한 성장으로, PC 시장 경쟁이 치열해 지면서 가격이 내려가고, PC 보급이 널리 촉진되는 소위 'PC 혁명'이 일어나게 됐다.

PC 혁명은 기업 시장에서의 '클라이언트-서버 혁명'으로 이어졌고, 클라이언트-서버 구조의 시스템이 메인프레임을 대체하면서 IBM의 매출 구조는 독보적인 위치를 차지하고 있던 고가의 메인프레임의 비중은 줄고, 기업 간 경쟁이 치열하게 전개되고 있던 저가의 PC 부문 매출 비중이 커지는 구조로 변해갔다. 고비용 구조와 제품 가격 하락이라는 구조적 문제는 마침내 1991년 28억 달러의 적자를 기록하며 암운을 드리우더니, 1992년에는 50억 달러의 적자를, 1993년에는 당시 미국 기업 역사상 최대 규모였던 81억 달러의 적자를 기록하는 등 IBM의 적자 폭은 커져만 갔다.

루 거스너와 IBM의 부활을 알린 서적

위기에 빠진 IBM을 구하기 위해 나타난 인물이 1993년 CEO로 임명된 루 거스너Louis Gerstner이다. 거스너는 적자에서 벗어나기 위해 7만 5천명에 달하는 인원을 감축하는 한편, 실적이 좋지 않은 사업은 과감하게 중단하거나 매각했다. 이익이 높지 않던 PC 사업 부문도 제품 라인 대부분이 정리되고, 씽크패드ThinkPad라는 브랜드로 출시돼 성공적인 반응을 얻고 있던 노트북 라인만이 남겨졌다.

거스너는 솔루션 지향의 전략을 실행하기 위해서는 IBM을 독립적인 그룹으로 구성된 집합으로 보던 직원의 관점을 '하나의 IBMOne IBM'이라는 관점으로 바꾸는 조직원의 의식 변화가 중요하다고 생각했다. 그는 직원들에게 직접 편지를 보내 소통하는 한편, 변화에 저항하는 직원을 해임하고, 변화에 앞장서는 직원은 고속 승진을 시키면서 의식 변화를 선도해 나갔다.

이러한 각고의 노력 덕분에 IBM은 1994년 3년간 이어진 적자를 탈피해 흑자로 전환했고, 1995년에는 새로운 성장을 위해 인터넷을 전면에 내걸며 'e-비즈니스' 전략을 발표했다. IBM은 선제적으로 인터넷에 집중적으로 투자해 역량을 축적함으로써 1990년대 후반 인터넷 기반 전자상거래가 본격적으로 시작하자 IT 산업의 선두주자로서의 위치를 다시 찾을 수 있었다.

IBM은 인터넷 중심 전략의 하나로 미들웨어에 집중했다. 미들웨어는 분산되어 운영되는 데이터베이스, 응용 프로그램, 컴퓨터 서버 등 서로 다른 시스템을 연결하는 역할을 하는 소프트웨어이다. IBM은 1995년에 미들웨어 플랫폼과 그룹웨어 소프트웨어를 보유한 로터스Lotus를 35억 달러에 인수하고, 네트워크를 통해 분산된 시스템의 개발과 관리를 가능하게 해주는 소프트웨어 기술을 보유한 티볼리Tivoli 시스템을 7억 달러에 인수하는 등 전략적 인수 합병을 통해 미들웨어 사업 역량을 강화해 나갔다.

인터넷 관련 서비스와 하드웨어 및 소프트웨어 매출도 증가하면서 IBM은 2000년에 851억 달러라는 사상 최대의 매출과 81억 달러라는 이익을 기록하며 화려하게 부활했다. IBM의 부활을 이끌었던 거스너의 뒤를 이어 팔미사노Palmisano가 CEO가 되었고, 그는 고객에게 최적의 소프트웨어와 솔루션, 서비스를 통합적으로 제공하는 기업이라는 IBM의 정체성을 더욱 강화해 나갔다. 또한, PC, 하드디스크, 프린터와 같은 하드웨어 사업 부문을 매각하고, 소프트웨어 개발도구를 보유한 래셔널 소프트웨어Rational Software를 21억 달러에 인수하고, 대형 회계법인인 프라이스 워터하우스 쿠퍼스PWC의 컨설팅 부문을 35억 달러에 인수하는 등 소프트웨어 솔루션 및 서비스 사업의 역량을 계속 강화해 나갔다.

IBM의 사업 분야는 IT뿐만 아니라 에너지, 교통, 바이오 등 다양한 분야로 점점 확대되었는데, 2007년 IBM은 이러한 혁신 전략을 종합하여 '스마터 플래닛Smarter Planet'이라는 비전을 발표했다. 스마터 플래닛은 IBM의 선진 IT 기술과 솔루션 제공 능력을 토대로 세계 경제와 사회를 변화시킴으로써, 지구의 심각한 문제를 해결한다는 이상적이고 야심 찬 비전이었다.

팔미사노가 CEO로 있는 동안 IBM은 규모와 이익 면에서 지속해 성장하며 좋은 성과를 거두었고, 2011년 정년 퇴임을 한 그의 뒤를 이어 IBM에서 시스템 엔지니어로 시작해 30여 년을 재직한 지니 로메티Virginia Rometty가 CEO로 취임하였다. 그녀는 팔미사노의 전략을 계승하여 스마터 플래닛이라는 비전을 지속해서 추진하고 있다.

IBM이 보유한 최강 DNA

IBM은 IT 역사의 산 증인이며, 가장 모범적인 기업이다. 우리나라에 진출한 글로벌 IT 업체로도 가장 빠르고 오래된 업체이다. IBM이 우리나라에 진출하게 된 계기는 1967년에 경제기획원 조사통계국이 인구조사 통계를 위해 'IBM1401'이란 컴퓨터를 최초로 도입하면서이다. IT에 종사하는 사람이라면 아직도 IBM하면 메인프레임을 떠올린다. 또한, 급여와 복리후생이 가장 우수한 기업으로 기억하곤 한다. 흥망성쇠가 가장 빠르게 이루어지는 IT 산업에서 현재까지도 최강의 글로벌 기업으로 우뚝서 있는 IBM의 최강 DNA를 검토해 보기로 하자.

★ H/W 왕국에서 S/W 제왕을 꿈꾸다

IBM하면 메인프레임을 연상할 정도로 H/W, 특히 기업용 컴퓨터 시장의 최강자로 오래도록 군림해왔다. 하지만 IBM을 눈여겨 본 사람이라면 이제 서버를 중심으로 기업용 컴퓨터를 만드는 H/W 왕국이라 보지 않는다. 2008년에 IBM이 기록한 이익 중 소프트웨어와 서비스가 차지한 비중은 65%였고, 하드웨어도 24%를 차지했지만, 2년 후인 2010년에는 소프트웨어와 서비스가 무려 80%를 차지했고, 하드웨어는 8%가량을 차지할 뿐이었다.

또한, 수익성이 떨어지고 있는 PC, 하드디스크 등 하드웨어 사업부문을 줄줄이 매각했고, 그 대신 소프트웨어 개발도구를 보유한 래셔널 소프트웨어와 대형 회계법인인 PWC의 컨설팅 부문을 인수하였으며, 인도에서 소프트웨어 개발과 고객서비스를 지원하기 위한 인력 약 10만 명을 채용하는 등 소프트웨어와 서비스 제왕으로 훌륭히 변신하는 중이다.

★ 최고의 기술력 그리고 선택과 집중

역사와 전통을 자랑하는 IBM은 역사만큼이나 최고의 기술력을 보유한 기업이다. 실질적으로 1994년 이후 2011년까지 18년간 미국 특허 등록

수 1위의 자리를 놓치지 않았다. 여러 가지 측면에서 IBM은 앞선 기술력과 서비스 지향의 사업 모델을 통해 혁신적인 통합 솔루션을 고객에게 제공하는 IT 업계의 리더 지위를 굳건히 하고 있다.

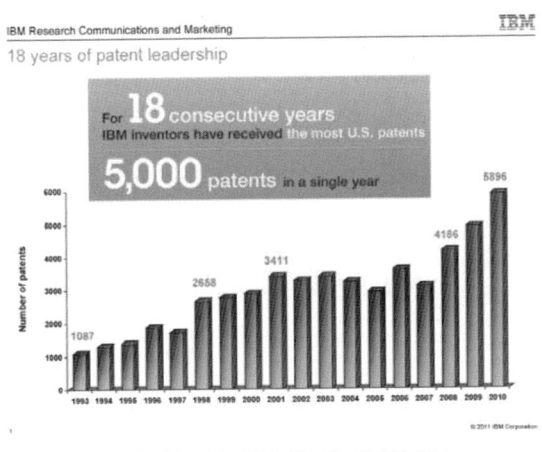

18년 연속 미국 최다 특허를 취득한 IBM

IBM은 과거에 큰 성공을 가져온 시스템/360처럼 독점적인 시스템 플랫폼에 의존하기보다는 다양한 시스템을 통합하는 솔루션을 제공하는 기업이 되고자 했다. 이에 따라 자신의 제품 경쟁력이 약한 분야에서는 이를 개선하기보다는 차라리 그 분야 최고의 제품을 공급하는 업체들과 협력 관계를 맺음으로써 고객에게 최선의 솔루션을 제공하는 데에 집중했다.

이런 전략은 IBM이 보유한 제품이 업계 최고 수준에 이르지 못하면 내부에서도 지원을 받지 못해 도태된다는 것을 의미해 조직의 긴장감을 높였다. 또한, 이로써 IBM은 모든 제품군에서 경쟁할 필요가 없어졌고, 운영체제, 네트워크, 하드웨어 등 특정 분야에서 뛰어난 제품을 보유한 업체의 경쟁력을 자신의 경쟁력으로 삼을 수 있었다.

★ One IBM을 중심으로 한 의식개혁

IBM을 위기에서 탈출시키는데 지대한 공을 세운 루 거스너는 솔루션 지향의 전략을 실행하기 위해 강력한 의식개혁 운동을 하였는데, 바로 'One IBM' 운동이었다. 그는 의식개혁을 위해 직접 직원들과 소통하는 것을 즐겨했으며, 파격적인 인사도 감행했는데, IBM의 중역회의를 획기적으로 바꾼 일화는 유명하다.

IBM의 중역은 대규모의 보좌진 조직을 거느리고 있었고, 직접 보고서를 작성하거나 발표 자료를 준비하는 일은 거의 없었다. 거스너는 IBM의 이러한 관료주의적 조직 문화를 혁파하기 위해 중역들이 자신이 담당하는 사업에 관한 요약, 핵심 현안, 새로운 사업 기회 등을 담은 보고서를 직접 작성하게 한 후 보좌진의 배석이나 발표 자료 없이 보고서를 바탕으로 온종일 토론하곤 했다.

이런 문화는 한동안 우리나라의 삼성 등 대기업에서도 추진해오고, 아직도 일부 기업에서는 실행 중인 의식파괴 운동으로 회의 자료를 준비하는 직원들에게 매우 호응이 높다. IBM이 여전히 세계 최고의 글로벌 IT 회사로 유지되고 있는 이유이기도 하다.

05

HP, 실리콘밸리의 신화를 이어가다

HP는 실리콘밸리 신화의 시작이다. 대학에서 만난 절친한 두 친구가 작은 차고에서 시작해 세계를 호령하는 대기업으로 만들어 냈다. PC/프린터 및 서버 시장에서 독보적인 존재였던 HP가 최근에 위기를 맞고 있다. 세계적으로 모바일 시장이 커지고 PC 시장이 침체하는 추세 속에서 HP는 최근 수년 동안 경영난에 시달렸다. 2012년엔 127억 달러 적자를 내고, 2013년엔 51억 달러의 순이익을 내며 흑자로 돌아섰지만, 혹독한 구조조정의 결과였다. 그리고 여전히 구조조정은 진행형이다. 누가, 어떻게 이 거대 기업을 살릴 것인가? 귀추가 주목된다.

- 사업 종류 : 컴퓨터, 사무기기
- 대표 제품 : PC, 프린터, 서버
- 국적/소재 : 미국/캘리포니아 팔로알토
- 설립자 : 빌 휴렛, 데이비드 패커드
- 설립 시기 : 1939년
- CEO : 멕 휘트먼(Meg Whitman)

HP 플렉서블 DC, 클라우드 환경에 대응하다

최근 하이브리드Hybrid 클라우드 환경을 검토하는 기업이 증가하고 있다. 현재의 기업 IT 환경을 살펴보면 뚜렷한 딜레마가 존재하기 때문이다. 기업의 IT 부문이나 비즈니스 부문에서 생각하는 이슈와 문제가 서로 다르고 급변하고 있는 가운데, 기존의 IT 환경만으로 운영할 수 없고, 적극적으로 클라우드 환경만을 이용해서 운영할 수도 없다. 즉 기존의 IT 환경과 새로운 클라우드 환경을 어떻게 조화롭게 운영할 수 있느냐는 현재의 기업이 직면한 문제이며 풀어야 할 숙제이다.

데이터센터는 기업의 IT 인프라와 클라우드 환경이 구축되는 곳이다. 하이브리드 클라우드 환경을 제대로 지원하기 위해서는 데이터센터에서부터 이를 제대로 지원하는 요소로 구성되어야 한다. 그러나 애석하게도 대부분 데이터센터가 구축된 지 7년 이상 되는 곳이 많아, 확장성과 유지비용, 민첩성 등의 측면에서 한계를 가질 수밖에 없다.

각 기업의 CIO로서는 비용절감, 비즈니스 요구사항 대응, 포화 상태에 이른 구식 데이터센터 혁신이라는 숙제에 한꺼번에 직면하고 있다. 데이터센터 혁신에는 클라우드 환경에의 대응뿐 아니라 높아만 가는 전력 비용과 탄소배출량 규제와 같은 요소도 포함된다.

HP는 이와 관련하여 세 가지 측면에서 솔루션을 제공한다. 첫 번째는 새로운 데이터센터를 만들 때 어떻게 하면 비용투자를 최소화할 수 있고 품질을 보증받을 수 있는 설계인가라는 주제다. 이에 대한 HP의 제안은 플렉서블 데이터센터Flexible Data Center다. 두 번째는 소위 컨테이너 데이터센터로 알려진 PODPerformance Optimized Data Center다. 세 번째는 국방과 같은 특수한 보안 환경이 요구되는 데이터센터이다.

★ 고효율 토탈 솔루션 '플렉서블 DC'

2013년 기준으로 전 세계의 글로벌 데이터센터의 70%가 7년 이상이 되었고, 7년 이내의 기간에 건설된 데이터센터도 보수적 기법으로 건설된 경향이 있다. 따라서 안전성과 비용, 전력요금, 탄소배출량 규제, 클라우드 환경 수용 등을 한꺼번에 고민해야 한다.

이에 대한 해결책으로 HP는 '모듈러 방식'을 제시한다. 전통적인 데이터센터는 건물을 건설하고 점차 서버가 사용하는 면적을 늘려나가는 방식으로 고안됐다. 초기에는 전체 데이터센터 면적의 30~50%만이 서버로 채워진다. 이후 점차 필요 용량이 증가하면 기획된 상면 면적에 서버를 채워나간다. 더는 상면을 늘릴 수 없는 상태에 다다르면 새로운 데이터센터를 구축하는 방식이다.

그러나 모듈러 방식은 다르다. 모듈형으로 건설함으로써 처음부터 전체 데이터센터 면적의 80~100%를 서버로 채울 수 있다. 이후 필요에 따라 모듈을 증설하게 된다. HP의 플렉서블 DC 솔루션은 모듈형 아키텍처를 통해 유연성 및 확장성과 함께 절전성을 확보하고 있다.

HP의 플렉서블 DC 솔루션은 모듈형 개념 외에 표준화된 설계 및 구축 지원이라는 특징도 지니고 있다. 설계와 구축 과정을 표준화함으로써 최대 50%에 이르는 구축 비용을 절감할 수 있다. 아울러 선진화된 공급망을 통해 공사기간 단축 효과도 누릴 수 있다.

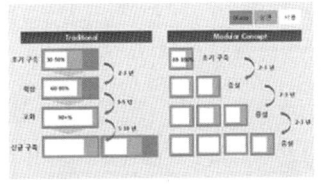 

HP의 모듈러 방식 데이터센터 솔루션   HP 컨테이너형 데이터센터 POD

★ 컨테이너 데이터센터 'POD'

HP가 제시하는 데이터센터 솔루션으로는 또 POD가 있다. 몇 년 전 소개돼 큰 화제를 모은 바 있는 POD는 컨테이너 크기의 고집적 데이터센터로 빠른 건설 기간과 높은 에너지 효율이 특징이다. 수랭방식에 의해 사용 전력량을 최소화하고, 완공까지 걸리는 시간도 6개월에 불과하다.

이렇듯 POD의 혁신적 특성으로 인해 초기에는 많은 의문이 제기됐던 것도 사실이다. 그러나 등장 이후 다양한 사례를 통해 검증을 마친 상태다. 해외에서는 주차장 등지의 공간에 야적된 상태로 운용되기도 한다. 국내에서는 아직 설치 사례가 없지만 한 금융업체가 신규 데이터센터 건립까지의 1년여 공백을 메우기 위해 검토했던 바 있다.

★ 시큐어드 데이터센터

HP가 세 번째로 제시한 데이터센터 솔루션은 '시큐어드 데이터센터 Secured DC'가 있다. 이는 단지 데이터센터 자체에만 국한된 것이 아니다. 물리적 위험에 대한 솔루션까지 모두 포함되는 개념이다. 일반적인 데이터센터 솔루션에 더해 접근에 대한 물리적 격리, 불법적 접근의 감지, 물리적 위험에 대한 방어 개념까지 아우르고 있다. 때에 따라서는 지하에 데이터센터를 설치함으로써 더욱 강력한 안정성을 확보하기도 한다.

HP의 시큐어드 데이터센터 솔루션은 금융 및 보험, 정부, 국방 분야의 레퍼런스를 전 세계 곳곳에 보유하고 있다. 이 밖에 시큐어드 데이터센터 솔루션에 포함된 온도 및 습도 유지 등의 기술은 데이터센터가 아닌 장기적 보관소로서의 가능성도 제시하고 있다.

영화 같은 HP의 역사

HP의 공동 창업자 빌 휴렛Willam Hewlett과 데이브 패커드David Packard는 태어난 곳이 미시간과 콜로라도로 각각 달랐지만, 1913년 무렵 태어난 동년배로, 전자공학으로 세상을 바꾸겠다는 생각과 자연을 사랑하고 캠핑을 좋아하는 등 서로 공통점이 많았다. 스탠퍼드대 전기공학과에서 만나게 된 두 사람은 이후 평생지기 친구가 되었다.

스탠퍼드 대학원에 다니던 휴렛은 음향의 주파수를 측정하는 데 사용되는 오디오 오실레이터Oscillator라는 장비의 회로를 단순화함으로써 비용을 획기적으로 줄일 수 있는 아이디어를 생각해 냈다. 이를 계기로 휴렛과 패커드는 팔로알토의 한 주택에 딸린 조그만 차고에 작업장을 차렸다. 회사 이름은 '엔지니어링 서비스 컴퍼니'라고 불렀고, 자본금은 538달러가 전부였다.

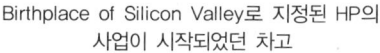

Birthplace of Silicon Valley로 지정된 HP의
사업이 시작되었던 차고

휴렛과 패커드

휴렛과 패커드가 만든 오디오 오실레이터는 기존 제품보다 가격이 저렴하면서도 성능은 뛰어났고, 전화나 라디오, 오디오 시스템 등을 제작하고 유지 보수하는 데 매우 유용했다. 사업 첫해인 1937년, HP는 총 5,369달러의 매출을 올렸고, 이익률도 30% 가량으로 상당히 높았다. 창업에 자신감을 얻은 두 사람은 1939년 1월 1일 공식적으로 회사를 설립했다.

HP휴렛 패커드라는 이름은 휴렛이 동전 던지기에서 이겼기 때문에 휴렛의 이름이 회사명 앞에 온 결과이다.

창업한 후 얼마 지나지 않아 발발한 제2차 세계대전은 HP에 큰 성장의 기회가 됐다. 스탠퍼드 재학 시 지도교수였던 터만 교수가 대규모 군사 연구 프로젝트를 지휘하고 있었는데, 제자들이 창업한 HP에 레이더 방해 장치에 필요한 장비 제작을 맡기게 된 것이다. 전쟁으로 레이더 방해장치, 전자파 신호 발생기 등 첨단 군용 전자 장비의 수요는 폭발적으로 늘어났다. 1940년에 3만 달러였던 HP의 매출은 제2차 세계대전이 한창 진행 중이었던 1943년에는 100만 달러로 성장했다.

HP는 제2차 세계대전 이후에도 군사용 및 산업용 정밀 계측 장비를 중심으로 꾸준히 성장해 나갔고, 1957년에는 주식시장에도 성공적으로 상장해 투자자금을 확보할 수 있었다. HP는 주파수 측정기, 원자시계, 그래픽 기록장치 등 매우 정밀한 계측기기를 자체적으로 개발하거나 관련 기업을 인수하며 제품라인을 늘려나갔다.

HP는 1968년, HP-9100A라는 프로그래밍이 가능한 탁상용 과학 계산기를 출시했다. 탁상용 과학 계산기를 통해 사실상 PC 산업에 진출한 셈이었고, 그런 관점에서 최초로 PC를 대량 생산한 기업인 셈이었다. 하지만 HP는 소프트웨어를 통해 다양한 기능을 수행할 수 있는 컴퓨터에 집중하기보다 과학 및 공학 용도의 계산기에 집중했다.

오디오 오실레이터   HP-9100A   HP-25

HP가 컴퓨터 산업에 본격적으로 매진하기 시작한 것은 컴퓨터 사업에 강한 의지가 있었던 존영John Young이 CEO를 맡기 시작한 1977년 이후부터였다. 공학도이자 전문 경영인인 40대의 젊은 영의 리더십 아래 HP는 공격적인 영업을 펼쳤고, IBM과 DEC라는 2개의 유력 기업이 지배하던 컴퓨터 시장에서 1978년에 이르러 미니컴퓨터 업계의 4위 기업으로 성장하게 된다.

IBM이 1981년에 PC를 출시하자 HP는 자체적으로 PC를 설계하기보다는 IBM PC와 호환되는 PC를 제조하는 쪽으로 사업의 방향을 전환했다. HP는 PC보다는 1984년에 출시한 잉크젯 및 레이저젯 프린터에서 더 큰 성공을 거두었고, 이후 프린터와 스캐너, 복합기 등 PC 주변기기 시장을 지배하며 PC 시장과 함께 급성장해 나갔다.

1977년부터 CEO직을 수행해 왔던 영은 1992년 7월에 물러났고, 컴퓨터 시스템 부문을 이끌던 51세의 루플렛Lewis Platt이 뒤를 이었다. 플렛은 당시 매우 빠른 속도로 성장하고 있던 PC 시장 공략을 최우선 과제로 삼고, 우선 기업용 PC 시장을 중심으로 공략해 나갔다. 1995년 중반부터는 파빌리온Pavillion 시리즈라는 가정용 PC를 출시하면서 일반 소비자 시장도 공략해 나갔다. HP는 다양한 수요를 만족시킬 수 있도록 제품라인을 확대했고, 매우 공격적인 가격정책을 펼쳐 PC 시장의 점유율을 빠르게 높여 나갔다.

1998년경 HP는 컴팩과 IBM에 이은 제3위의 PC 업체로 성장했고, HP의 PC 사업은 그 해의 전체 매출액 470억 달러 중 20%가량을 차지할 정도로 비중이 커졌다. HP의 레이저 프린터도 기업 시장에서 선두를 유지하고 있었고, 비교적 저렴한 가격의 잉크젯 프린터는 가정의 필수품이 되었다. HP는 PC와 프린터 부문의 성장에 힘입어 1993년에서 1996년

사이 연평균 20% 이상 고속 성장했다.

플렛이 CEO로 취임한 후 연평균 20% 이상 고속 성장해 오던 HP는 1997년에는 11%, 1998년에는 9%로 성장률이 점차 둔화되기 시작했다. 성장 둔화의 주된 원인은 주력제품인 프린터와 PC 시장에서의 경쟁이 더욱 치열해지면서 가격이 빠르게 하락한 것에 있었다.

HP P6000 DeskTop   Pavilion Notebook   HP 레이저 프린터

HP의 성장은 정체된 반면, 다른 IT 기업들은 빠른 속도로 성장하는 인터넷을 중심으로 성장 가도를 달리고 있었다. 델Dell은 인터넷 기반의 직접 판매와 낮은 원가 전략을 바탕으로 PC 시장에서 빠르게 성장하고 있었고, 썬 마이크로시스템Sun Microsystems은 "닷컴의 닷을 찍는 것은 우리다!"라는 공격적인 슬로건과 함께 인터넷 위주의 전략을 구사해 폭발적인 성장률을 달성하고 있었다.

반면, HP는 인터넷을 제대로 활용하지 못하고 다른 기업을 뒤쫓고만 있다는 비판을 받았다. 급변하는 시장 상황에 적절히 대응하지 못하고 있던 경영진은 컴퓨터와 프린터 사업에 더욱 집중하기 위해 창업 이래 계속해 왔던 정밀 계측 장비 사업을 애질런트Agilent라는 회사로 분사하기로 결정했다.

결국, HP 이사회가 플렛의 후임으로 조직에 과감한 변화를 모색하기 위해 100명이 넘는 후보 속에서 CEO로 낙점한 인물은 칼리 피오리나Carly Piorina였다. 1999년 HP 최초의 여성 CEO로 부임한 피오리나에게 주어진 최대 과제는 이익을 동반한 성장을 실현하는 것이었다.

피오리나는 HP의 조직문화를 개혁하기 위해 기존의 'HP 웨이'를 좀 더 진취적이고 현대적으로 변형한 '새로운 HP 웨이'를 선포하고 이를 뿌리 내리고자 하였다. HP를 솔루션업체로 만든다는 전략을 실행하기 위해 피오리나는 대규모 조직 구조 개편을 단행했다. 피오리나는 프린터, 컴퓨터, 서비스를 중심으로 3개의 제품 중심 조직을 만들고, 제품 조직과 영업 조직을 독립적으로 분리해 소비자 시장과 기업 시장을 중심으로 영업 조직을 재편했다.

피오리나의 재임 첫해인 2000년, HP의 매출은 전년대비 15% 성장했고, 여러모로 성공적이라는 평가를 받았다. 그러나 HP의 2001년 매출은 8%, 순이익은 89%나 감소했다. HP는 서버 시장에서는 IBM과 썬 마이크로시스템에, PC 시장에서는 델 컴퓨터에 밀리고 있었다.

전 세계적인 경기 침체와 최악의 IT 지출 감소, 격화되는 경쟁이라는 험난한 경영 환경 속에서 이익을 동반한 성장을 추구하기 위한 고민이 깊어진 피오리나는 인수 합병을 통한 성장을 모색했다. 그녀는 다양한 인수 대상 기업을 물색했는데, 이 중 하나가 당시 최대의 PC 제조업체인 컴팩이었다.

칼리 피오리나

프리자리오 Desktop과 Notebook

컴팩은 IBM 호환 PC 시장에서 기회를 발견한 3명의 텍사스 인스트루먼트 출신 엔지니어들이 회사를 나와 1982년에 설립한 회사이다. 1983

년에 출시한 이동 가능한 IBM 호환 PC가 큰 성공을 거두면서 컴팩은 판매를 시작한 첫해인 1983년부터 1억 달러 이상의 매출을 올리며 가장 빨리 성장하는 컴퓨터업체가 됐다. 또한, 1980년대 말에는 IBM에 이은 제2위의 컴퓨터업체로 성장했다.

컴팩은 1993년 8월, 1,500달러 이하 가격대의 PC를 포함한 프리자리오Presario PC 라인을 출시했고, 출시 후 60일 만에 10만 대 이상이 팔릴 정도로 큰 성공을 거두며 1994년에는 IBM을 제치고 세계 1위의 PC 업체로 등극하게 된다.

컴팩의 CEO 카펠라스는 피오리나를 만나 "HP와 컴팩의 협력을 서버 부문에 한정 짓지 않고, 두 기업의 사업을 완전히 합친다면 더 큰 시너지를 얻을 수도 있을 것."이라며 두 기업 간의 합병을 제안했다.

HP 경영진도 당시 내부적인 역량만으로 성장을 이루는데 한계가 있다고 보고 있었고, 대규모 합병을 통해 성장을 도모하려는 생각이 있었기에 두 기업 사이의 이해는 잘 맞아떨어졌다.

하지만 합병은 순탄치 않았다. 합병을 둘러싼 경영진과 창업자 가문 간 위임장 대결 등 난관을 뚫고 두 회사는 2001년 9월에 합병하게 된다. 피오리나는 컴팩과의 합병으로 더 경쟁력 있는 제품을 내놓을 수 있을 뿐만 아니라 상당한 비용 절감도 이룰 수 있을 것으로 생각하고, 합병 후 1만 5,000명을 감원하는 등 비용 절감 노력에도 불구하고 통합 기업의 실적은 저조했고, 매출은 애초에 예측한 것보다 더 많이 감소했다.

결국, 피오리나는 HP와 컴팩의 합병이 완료된 지 3년이 지난 시점인 2005년 2월, HP의 CEO직에서 물러났다. HP 이사회가 피오리나 후임으로 선택한 인물은 NCR의 CEO였던 48세의 마크 허드Mark Hurd였다.

허드가 HP 이사회로부터 부여받은 과제는 피오리나와 마찬가지로 이익을 동반한 성장을 이룩하는 것이었다.

허드는 피오리나가 프린터, 컴퓨터, 서비스로 구분한 제품 조직의 구조는 유지하되, 영업 조직을 제품 조직 밑에 배속함으로써 제품 책임자들의 책임과 권한을 강화했다. 허드는 HP의 개혁작업을 매우 세부적인 것까지 챙겼고, 특히 전략수립과 평가에 있어 측정 가능한 성과지표를 적극적으로 활용했다.

허드가 CEO로 취임한 후 HP는 계속 기대를 뛰어넘는 분기 수익을 올렸다. 2006년에는 연간 매출 917억 달러를 달성함으로써 매출 기준으로는 IBM을 제치고 세계 최대의 IT 기업으로 등극했고, 델에 빼앗긴 PC 시장 1위의 자리도 되찾았다.

허드는 HP의 사업 포트폴리오를 넓히고 규모의 경제를 실현하기 위한 전략적 대형 인수 합병도 이뤄냈는데, 2008년 8월에는 IT 서비스 사업 부문을 강화하기 위해 대형 IT 서비스업체인 EDS를 130억 달러에 인수해 IBM에 맞설 수 있는 역량을 갖추고, 2010년 4월에는 네트워크 장비 및 보안 솔루션업체인 쓰리콤3COM을 27억 달러에 인수해 시스코와 경쟁할 수 있는 네트워크 장비 사업 역량을 갖추었다. 2007년 7월엔 PDA에 모바일 운영체제로 유명한 팜Palm을 12억 달러에 인수해 애플이 아이패드를 출시한 후 급성장하던 모바일 컴퓨팅 사업에도 적극적으로 진출하고자 했다.

우수한 경영실적을 달성하며 월스트리트로부터 호평을 받던 허드의 퇴진은 예상치 못한 스캔들로 말미암아 급작스럽게 찾아왔다. 2010년 죠디 피셔라는 여인이 허드를 성희롱 혐의로 고소했고, 불명예스럽게 CEO 자리에서 물러났다. 허드의 퇴진 이후 2010년 9월, 후임 CEO로 임명한 인물은 독일의 소프트웨어업체인 SAP에서 CEO를 역임한 바 있는 레오 아포테커Leo Apotheker였다.

하지만 아포테커의 영입은 오라클과의 관계를 악화시켰을 뿐만 아니라, 야심차게 추진하던 태블릿 PC 사업이 실패하고, PC 사업 철수를 발표하는 등 경영 실책을 거듭하며 주주와 시장에 혼란을 줬고, 취임 1년을 못 채우고 물러나고 말았다.

후임 CEO는 2011년 1월부터 HP 이사회 멤버로 활동하던 멕 휘트먼 Meg Whitman이 선임됐다. HP를 소프트웨어와 서비스 중심의 기업으로 변신시키려 했던 전임 아포테커와 달리 휘트먼은 HP의 정체성을 하드웨어, 소프트웨어, 서비스, 솔루션 모두를 공급하는 최대의 IT 인프라 기업이라는 데서 찾았다.

이러한 인식을 바탕으로 휘트먼은 전임 아포테커가 발표한 PC 사업의 분사 계획을 철회했고, 웹 OS는 오픈 소스 소프트웨어로 만들어 앞으로도 지속해서 지원할 것이라는 계획을 발표했다. 또한, 기업용 검색 소프트웨어 부문의 선두 기업인 영국의 오토노미Autonomy의 인수는 계속 진행하여 클라우드 컴퓨팅과 빅데이터의 시대에 필요한 데이터 분석 분야의 경쟁력을 강화할 계획임을 밝혔다.

HP, 실리콘 밸리의 신화는 계속된다

HP는 실리콘 밸리의 상징이다. 미국 동부에 IBM이 있다면, 서부엔

HP가 있다. 두 회사는 닮은꼴이 많다. 하드웨어 시장에서 독보적인 위치에 올랐고, 서로 경쟁하며 성장하였으며, 현재는 둘 다 모두 소프트웨어를 중심으로 통합 솔루션업체를 지향한다.

한때 HP는 미국에서 가장 일하고 싶은 직장 1위를 차지할 정도로 근무하기 좋은 회사로 정평이 나 있었다. 하지만 인터넷 혁명과 스마트폰 혁명시대로 접어들면서 어려움을 겪고 있는 것은 사실이다. 수차례의 구조조정과 수많은 회사의 인수합병을 거치며, 조직적인 아쉬움이 있지만, 여전히 HP의 성장 DNA는 살아 숨 쉬고 있고, 실리콘 밸리의 신화는 계속될 것이다.

★ HP Way를 중심으로 조직문화를 이끌다

전통적인 HP맨들 피 속엔 'HP Way'라는 독특한 문화가 살아 있다. 휴랫이 CEO를 맡고 있던 1990년 중반의 HP에는 말단 직원도 창업자인 빌 휴랫과 데이브 패커드를 단지 빌과 데이브로 부를 정도로, 서로 이름으로 호칭하는 수평적인 문화가 있었다. HP에는 중역실도 따로 없었고, 모든 계층의 종업원이 서로 맞대고 일을 할 수 있도록 자리가 배치됐다.

휴랫은 손수 운전하며 출퇴근하였고, 구내식당에서 직원들과 어울려 식사하며, 비행기도 일반석을 타는 등 격식에 구애받지 않고 직원 간의 화합을 중시하는 기업문화를 앞장서서 추구해 나갔다.

[포브스]지는 1995년에 HP를 '세계 최고의 경영을 보여 주는 기업'으로 선정하기도 했고, 많은 이가 HP의 인간 존중의 경영 방침과 우수한 직원 복지 프로그램을 연구 대상이자 모범적인 경영사례로 꼽았다. 직원들도 다른 기업과는 다른 HP의 독특한 가치와 운영방식을 'HP Way'라 부르며 자부심을 느끼고 있었다.

훗날, 이런 문화는 HP의 직원들이 치열하게 펼쳐지는 경쟁에서 이기기 위해 매진하기보다는 자아실현을 위한 취미활동이나 봉사에 더 관심을 두는 부작용도 보였다. 따라서 칼리 피오리나는 HP의 조직문화를 개혁하기 위해 기존의 'HP Way'를 좀 더 진취적이고 현대적으로 변형한 '새로운 HP Way'를 선포하고 이를 뿌리 내리고자 했다.

★ 기업 인수로 지속적인 변신을 꾀하다

HP에는 암묵적인 규칙이 많았다. 그중의 하나가 아무리 우수한 CEO라도 60세를 넘을 수 없다는 것이다. 그러다 보니 다른 기업에 비해 CEO의 교체가 빈번했다. 물론 그 와중엔 칼리 피오리나 같은 외부 유명인사가 영입되는 사례도 많았다.

이렇다 보니, 시대 변화에 대한 변신활동도 매우 활발하게 이루어졌다. 대표적인 케이스가 유망한 기업과 M&A를 통한 성장과 확장이다. 1980년대 IBM에 이은 제2위의 컴퓨터업체로 성장한 컴팩을 2001년도에 합병한 것은 백미였다. HP와 합병하기 전에 컴팩은 1997년에 고성능 서버업체인 '탠덤Tandom컴퓨터'를 인수하고, 1998년엔 역사 깊은 컴퓨터업체인 '디지털 이큅먼트Digital Equipment'를 인수하면서 서버 제품군 및 서비스 역량도 강화해 나가던 회사였다.

그 이후 HP는 기업의 성장과 도약이 필요하다면 과감하게 인수합병을 추진하며 변신을 계속했다. 2008년엔 IT 서비스 사업부문을 강화하기 위해 대형 IT 서비스업체인 EDS를 인수하고, 2010년엔 네트워크 장비 및 보안 솔루션업체인 쓰리콤3COM을 인수하여 IBM과 시스코를 견제할 수 있었다.

이처럼 HP는 전통적으로 강점을 가지고 있는 기업용 서버군과 프린터 부문에만 머물지 않고 공격적인 인수합병을 통해 지속적인 변신을 꾀하며, 실리콘 밸리의 신화를 이어 가고 있다.

06

인텔, 반도체로 세상을 지배하다

MOS 구조의 집적회로를 발명한 로버트 노이스와 반도체 업계의 기술혁신 방향과 속도를 정확히 예측해낸 고든 무어가 공동 창립한 인텔은 반도체 산업 자체를 만들어간 기업이자 반도체 역사 그 자체라고 해도 과언이 아니다. 인텔은 D램의 상용화에 최초로 성공한 기업이고, 마이크로프로세서도 최초로 개발했다. 여전히 마이크로프로세서 시장에서는 경쟁자들을 제압하고, 완전한 시장 지배자의 위치에 있지만, 인텔의 고민은 모바일 시대에 제대로 적응하지 못하고 있다는 데 있다.

- 사업 종류 : 반도체
- 대표 제품 : 반도체, 마이크로프로세서(CPU)
- 국적/소재 : 미국/캘리포니아
- 설립자 : 로버트 노이스, 고든 무어
- 설립 시기 : 1968년 7월
- CEO : 폴 오텔리니(Paul Otellini)

하스웰, 울트라북의 기준을 정하다

최신 노트북의 대세는 인기 여부와 관계없이 울트라북이다. 주요 PC 업체들이 울트라북을 앞다투어 내놓고 있는 것뿐만 아니라, 이들 업체가 그동안 쌓아온 기술력과 새로운 기술 및 기능을 울트라북에 집중시키고 있다.

울트라북이 등장한 초창기엔 별다른 관심을 받지 못하는 그저 얇고 가벼운 노트북으로 평가받았다. 하지만 인텔이 초정밀 마이크로프로세서를 잇달아 내놓으면서 성능과 기능이 가미된 진정한 노트북으로 거듭나고 있다.

노트북 PC는 데스크톱 PC를 휴대하고 다니기 위해 탄생한 개념이다. 이를 위해 PC의 기본 구성 요소인 본체와 모니터, 키보드 및 마우스를 하나의 하드웨어로 통합한 것이다. 그래서 초기의 노트북은 데스크톱에 비해 성능도 떨어지면서 무게도 아주 무거웠다. 노트북의 오랜 숙제는 성능을 PC 수준으로 끌어올리면서 크기와 무게를 최소화하는 것이다.

인텔은 노트북 시장을 위해 모바일 프로세서를 꾸준히 생산해왔으며, 온보드 칩셋과 2.5인치 하드디스크 등 다른 부품업체에서도 많은 발전이 있었다. 이런 노트북 시장에 한 차례 변화의 바람이 불었는데, 바로 넷북의 등장이었다.

에이수스의 EeePC를 선두로 불필요한 성능과 기능을 빼고 휴대성만을 강조한 보조 컴퓨터 개념의 노트북이 등장했는데, 이것이 바로 넷북이다. 넷북이 가능하게 된 것은 인텔의 저전력 프로세서인 '아톰'이 있었기 때문이다. 그러나 워낙 사양이 낮아, 인터넷이나 멀티미디어 활용에 주로 이용되었고, 급기야 2011년 말에 이르러서는 주요 PC 업체들이 시장에서 철수하면서 역사의 뒤꼍으로 사라지게 됐다.

넷북과 함께 노트북의 진화에 영향을 미치고 있는 것은 애플의 맥북 에어이다. 울트라북의 원조라고 보는 견해도 있고, 현재 인텔 진영의 울트라북을 모두 맥북 에어의 아류로 보는 견해도 있다. 인텔은 2011년 5월 대만 컴퓨텍스 전시회에서 울트라북 기준을 제시한다.

인텔이 제시한 울트라북 기준은 "두께 21mm 이하, 배터리 수명이 긴 인텔 코어 칩이 탑재된 노트북"이었다.

화면 크기는 11~13인치, 무게는 1.3kg 이하이며, SSD를 탑재해 대기 모드에서 거의 즉시 부팅되어야 한다. 그리고 마지막으로 가격은 1,000 달러 이하여야 한다는 조건이 붙었다.

인텔의 발표와 함께 주요 PC 업체들이 울트라북 제품 출시 계획을 발표하고, 2011년 말까지 적지 않은 수의 제품이 출시됐지만, 시장의 반응은 그리 뜨겁지 못했다. 에이서, 에이수스, HP, 레노버, 도시바가 울트라북 제품을 출시했다. 모두 얇고 가벼운 제품이었지만, 가격대가 천차만별이었고, 일반 노트북보다 너무 비쌌다.

2012년 울트라북의 모습을 바꾼 두 가지 요소가 있었다. 바로 인텔 아이비 브리지Ivy Bridge 프로세서와 윈도 8이다. 인텔의 아이비 브리지 프로세서는 성능과 전력 소모 면에서 울트라북에 한층 강화된 기반을 제공하였다. PC 업체는 이전과 같은, 혹은 이전보다 더 적은 노력으로 향상된 성능과 전력 효율을 얻을 수 있으며, 울트라북에 필수적인 집적도 면에서도 높은 효율을 보였다.

윈도 8은 울트라북의 인터페이스에 대대적인 변화를 가져왔다. 터치 환경에 최적화된 윈도 8의 인터페이스는 사실 태블릿의 인기를 반영한 것이다. 스마트폰과 태블릿의 확산으로 대중화되고 있는 터치 인터페이스를 PC 업체들이 적용한 것이다.

인텔의 아이비 브리지 프로세서는 이전 세대보다 훨씬 낮은 전력과 가격으로 주류 x86 CPU의 성능을 제공한다. 울트라북이 비록 이전 세대의 샌디 브리지로 데뷔했지만, 길어진 배터리 수명과 새로운 시스템 형태 및 크기를 제공하는 아이비 브리지로 더욱 날렵하며, 가볍고 효율적인 성능으로 무장했다.

아이비 브리지 프로세서   4세대 코어 프로세서 하스웰

인텔의 마이크로프로세서의 성능에 따라 울트라북의 기준이 지속적으로 높아지고 있고, 인텔의 차세대 CPU인 코드명 하스웰Haswell은 3D 그래픽, 향상된 전력 효율 등 더욱 강력한 성능으로 무장할 것이다. 인텔은 하스웰이 성능을 희생하지 않으면서 다양한 디자인, 더 긴 배터리 수명을 달성할 수 있는 파괴적인 CPU 기술이 될 것으로 전망했다. 그리고 장기적으로 울트라북이란 개념은 일반적인 노트북을 대표하는 개념이 될 것으로 보인다.

눈부신 인텔의 역사

인텔의 공동 창업자인 밥 노이스는 1958년에 하나의 반도체 조각Chip 위에 여러 개의 반도체 부품을 집적하여 회로를 구현하는 집적회로 IC Integrated Circuit를 만들었고, 고든 무어는 반도체의 집적도 및 성능 향상의 속도를 예측한 '무어의 법칙'으로 유명하다.

인텔의 창업자들은 실리콘을 산화막으로 덮어 보호하고, 금속을 연결해 회로를 구성하는 금속-산화막-실리콘 구조, 즉 MOS Metal-Oxide-Sillicon 구조로 평면 형태의 트랜지스터를 만듦으로써 집적 시의 발열 문제를 해결하고, 제조도 수월하게 만드는 기술을 축적해 왔다. 이 때문에 인텔은 충분히 상업성이 있을 정도로 많은 수의 트랜지스터를 집적한 메모리 반도체를 개발해낼 수 있었다.

인텔이 1970년에 세계 최초로 개발한 1Kbit D램 메모리 반도체는 '1103'이라는 모델명으로 출시됐다. 1Kbit D램은 0이나 1의 형태로 저장되는 정보 단위 1,000개, 즉 1,000bit를 자유롭게 읽거나 쓸 수 있다는 의미로, 다시 말하면 1,000개 이상의 트랜지스터가 하나의 반도체 칩에 집적됐다는 것이다.

인텔이 최초로 개발한 1Kbit D램 메모리 반도체

인텔의 1Kbit D램은 당시 컴퓨터의 메모리 시장을 장악하고 있던 페라이트 코어Perrite Core보다 크기가 작으면서도 더 빠르고 안정적이었기 때문에 이후 페라이트 코어 메모리를 반도체 메모리가 빠르게 대체해 나가는 계기가 됐다.

1970년대 중반부터는 후지쓰, NEC, 히타치, 미쓰비시, 도시바 등 5개의 일본 전자 기업들도 D램 개발에 뛰어들었는데, 소규모 기업에 불과한 인텔에 비해 그들은 수십억 달러 매출의 대기업이었고, 정부의 적극적인 지원을 받아 매우 유리한 위치에 있었다.

일본 반도체 기업들은 대량생산을 위한 제조 기술이 누구보다 뛰어났고, 대부분 가전, 컴퓨터, 통신 사업을 함께 영위하고 있어 내부 수요만으로도 수율을 올릴 수 있었다. 유리한 자본 구조와 높은 품질을 통해 원가 우위를 확보한 일본기업들은 제품을 한발 앞서 개발해 이익을 얻은 후 후발업체가 따라올 시점에는 공격적으로 가격을 인하함으로써 경쟁자들을 고사시켜 나갔다.

1984년경 인텔의 D램 시장 점유율은 단지 1%에 지나지 않았고, 결국, 인텔은 1985년에 D램 사업에서 완전히 철수하기로 했다. 미국의 D램 업체 중 간신히 살아남은 기업은 작은 신생 기업 마이크론 테크놀로지Micron Technology와 일본에 제조시설을 갖추었던 텍사스 인스투르먼트Texas Instruments 뿐이었다.

인텔은 D램 사업에서 철수하였지만, 다행히도 1980년대 빠르게 성장하고 있는 PC 사업의 핵심부품인 마이크로프로세서가 있었다. 아이러니하게도 인텔이 마이크로프로세서를 개발하게 된 배경에는 탁상용 전자계산기를 생산하는 일본의 중소기업 비지콤Busicom이 있었다. 비지콤이 탁상용 계산기의 부품으로 제작 의뢰한 반도체 집적회로를 만드는 과정에서

1971년 중앙처리장치CPU 역할을 하는 최초의 '마이크로프로세서 4004' 칩을 개발한 것이다.

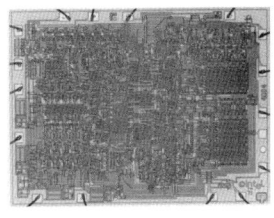  

인텔 4004 프로세서 내부회로　　　4004 프로세서 칩　　　8080 프로세서

최초로 마이크로프로세서를 개발한 인텔의 기술자들은 마이크로프로세서의 활용처가 무궁무진하여 계산기뿐만 아니라 개인용 컴퓨터 활용에 큰 잠재력이 있음을 알았다. 하지만 실제로 그 가치를 인정하고 활용한 것은 MITS로서, 인텔이 1974년에 출시한 8bit 마이크로프로세서 8080을 사용해 알테어 8800이라는 최초의 PC를 출시한 때였다.

그 이후 인텔은 1978년에 16bit 프로세서 8086을 내놓고, 1979년에는 8088 프로세서를 출시하며 강도 높은 마케팅을 전개해 2,500여 건의 납품계약을 따냈다. 이때 따낸 계약 중 하나는 이후 인텔의 운명을 결정해버렸는데, 바로 IBM이 비밀리에 개발 중인 PC에 인텔의 16bit 프로세서 8088을 납품하기로 한 것이다.

1981년에 IBM이 PC를 출시하면서 PC 시장은 본격적으로 성장하기 시작했고, 인텔 프로세스를 사용한 IBM PC 및 호환 PC 사업의 성장으로 인텔은 마이크로프로세서의 선두 기업으로 급부상했다.

1985년, 인텔은 4년의 개발기간과 2억 달러의 개발비를 투자해 야심차게 개발한 32bit 프로세서 80386을 출시했다. 인텔은 오랜 거래를 해 오던

IBM 대신 호환 PC 제조업체의 리더로 부상한 컴팩과 손을 잡았다. 덕분에 컴팩은 IBM을 제치고 최초의 386 기반의 PC를 출시한 기업이 되었다.

80386 프로세서　　386 프로세서를 최초로 도입한 컴팩의 광고

　컴팩이 IBM을 제치고 최초의 386 컴퓨터를 출시하고, 성공한 것은 PC 사업의 주도권이 IBM이 아닌 호환 PC 업계로 완전히 넘어갔음을 보여주는 일대 사건이었다. 이후 프로세서 시장에서 독점적인 위치를 차지하게 된 인텔은 인터넷이 가져온 1990년대의 폭발적인 PC 수요 증가의 혜택을 고스란히 누렸다.

　인텔이 1993년에 출시한 펜티엄 프로세서는 출시 초기의 리콜 사태에도 불구하고 뛰어난 성능 덕분에 이전의 인텔 프로세서와 마찬가지로 큰 인기를 끌었다. 1995년에는 펜티엄프로 프로세서를 출시했고, 얼마 지나지 않아 멀티미디어 처리 능력을 향상시키는 MMX라는 명령어를 추가한 펜티엄 II 프로세서 등을 출시하며 계속해서 시장을 창출해 나갔다.

　1990년대 후반부터는 노트북 PC 시장과 함께 기업용 서버 시장이 급성장하기 시작했다. 인텔은 제온 프로세서로 기업용 서버 시장에 진출하기도 했지만, 기업용 서버 시장의 지배자는 IBM, 썬 마이크로시스템, HP 등과 같은 기업이었다. 인텔은 이들과 경쟁하기 위해서는 64bit 프로세서를 내놓을 필요가 있었다. 그 결과 인텔은 2011년에 64bit 프로세서 아이태니엄Itanium을 출시했지만, 그 점유율은 매우 미미했다.

2007년경부터 인텔은 멀티코어 구조의 전환에 발맞추어 '틱-톡Tic-Toc'이라는 혁신 모델을 전략으로 채택하기 시작했다. '틱'은 더 미세한 공정 기술을 도입해 트랜지스터의 크기를 줄임으로써 성능 향상과 원가 절감 효과를 얻는 혁신을 말하는 것이고, '톡'은 프로세서의 구조를 근본적으로 변경해 기능을 개선 또는 추가함으로써 실제 사용 시 성능을 높이는 혁신을 말하는 것이었다.

인텔의 틱-톡 전략은 무어의 법칙에 따라 2년 주기로 공정 개선을 이룩하되, 이를 2년 주기의 구조개선과 시점을 서로 엇갈리게 함으로써 결과적으로는 매년 혁신적인 제품을 출시한다는 전략이었다.

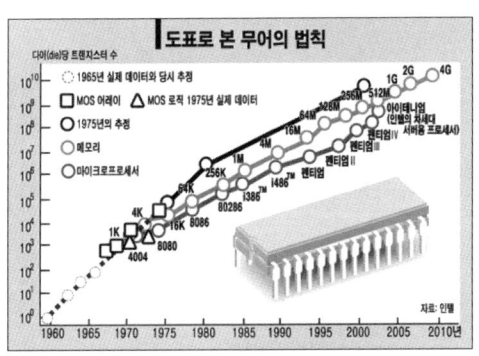

1년마다 반도체의 집적도가 2배씩 증가한다는 무어의 법칙과 인텔의 프로세서

2007년 애플이 출시한 아이폰은 스마트폰 시장을 급성장시켰고, 그해 연말 대만의 아수스Asus가 출시한 EeePC는 넷북 컴퓨터 시장을 열었다. PC의 성장은 2000년대 후반에 접어들어 정체되고 있던 반면, 스마트폰과 넷북 그리고 태블릿 PC 등 뛰어난 이동성과 인터넷 접근성을 제공하는

모바일기기의 성장세는 무서울 정도였다. 인텔도 모바일 인터넷기기 시장을 겨냥해 2008년 아톰Atom이라는 프로세서를 출시했다. 아톰 프로세서는 PC용 프로세서보다 높은 성능을 내지 못하지만, 크기가 작고 전력 소모가 적어 휴대용 소형기기에는 더 적합했다.

2010년 8월, 인텔은 독일의 반도체 회사인 인피니온Infineon의 무선 사업 부분을 14억 달러에 인수해 일거에 3세대 이동통신용 모뎀 칩 시장에 진출함과 동시에 향후 모뎀과 프로세서를 통합한 반도체 칩을 개발할 수 있는 기반을 마련했다.

인텔은 프로세서의 경쟁력은 운영체제의 경쟁력에 달려 있나는 점을 잘 알고 있었기 때문에 PC 시장의 초창기부터 마이크로소프트와 밀접한 협력관계를 유지해 왔다. 하지만 마이크로소프트는 PC용 운영체제에서는 여전히 독보적인 존재이지만, 모바일기기용 운영체제에서는 애플이나 구글이 제공하는 운영체제에 밀리는 형편이었다.

인텔은 아톰 프로세서가 모바일 분야의 경쟁력이 약한 마이크로소프트의 운영체제에 종속되는 것을 원하지 않았다. 이 때문에 오픈 소스 운영체제인 리눅스를 아톰 프로세서에 최적화하도록 수정한 '모블린Moblin'이라는 운영체제를 자체적으로 개발하기도 했다. 또 다른 한편으로는 PC용 마이크로프로세서 사업에서도 유력한 모바일 운영체제로 떠오르는 안드로이드 운영체제를 가진 구글과 긴밀한 협력 관계를 구축하고자 노력하기도 했다.

이처럼 반도체와 마이크로프로세서 시장에서 최강자의 위치에 군림하고 있는 인텔이지만, 모바일 시장의 급성장과 새로운 혁신 기기들로 눈부시게 변화하는 시장에서 살아남기 위해 여전히 돌파구를 찾고 있는 형국이다.

인텔의 성공 키워드

인텔은 컴퓨터의 핵심 부품인 반도체와 프로세서의 최강자이다. 컴퓨터 혁명시대의 최고 수혜자이자 IBM PC의 최대 수혜자이다. 그동안 수많은 경쟁업체와 아류 업체가 난무하였으나, 프로세서 시장에서는 여전히 최고의 제품으로 남아 있다.

★ 독보적인 기술력과 사업 다각화

잭 킬비와 함께 집적회로의 공동 발명자로 인정받은 밥 노이스는 무어의 법칙으로 유명한 다른 명망 높은 엔지니어 고든 무어와 함께 페어차일드 반도체를 나와 1968년에 인텔을 공동 창업했다. 두 창업자의 명성으로 말미암아 인텔은 단 한 장의 사업계획서만으로 투자를 받을 수 있었고, 인재들도 모을 수 있었다.

독보적인 기술력을 가지고 탄생한 인텔이 D램 반도체를 시작으로 마이크로프로세서 시장을 석권한 것은 당연한 일이었다. 또한, 인텔의 인재들은 뛰어난 기술력만 가지고 있었던 것이 아니었다. 시장의 흐름을 보고 선제적으로 사업 다각화를 통해 시장의 변화에 대응하였다.

배럿이 CEO로 취임할 당시인 1990년대 말에는 인터넷과 무선 통신 기술이 발달하면서 네트워크 컴퓨터, PDA, 스마트폰 등의 기기가 PC를 대체할 것이고, PC 출하 감소 및 부품 가격하락과 맞물려 마이크로프로세서의 매출도 감소하게 될 것이라는 예상이 지배적이었다.

이에 따라, 인텔은 우수한 성능의 프로세서를 계속 출시하겠다는 기존 전략에 변화를 주기 시작했다. 다양한 가격과 성능을 커버하기 위해 펜티엄 프로세서 라인을 가격대별로 계층화하고, 스마트폰과 네트워크 기기에 맞는 프로세서를 개발해 냈다. 이런 발 빠른 선제대응은 오늘날에도 인텔의 입지를 굳건히 하는 발판이 되었다.

★ 인텔의 자존심 '인텔 인사이드'

인텔은 AMD와 같은 경쟁업체의 위협에 맞서기 위해 자신의 마이크로프로세서를 차별화하고자 여러모로 노력하였다. 그중 하나가 1990년부터 시작한 '인텔 인사이드Intel Inside' 마케팅 캠페인으로, 이는 PC 제조업체들이 자신의 컴퓨터를 광고할 때 '인텔 인사이드'라는 로고를 포함하고, 컴퓨터에도 동일한 로고의 스티커를 붙이면 마케팅 비용을 일정 부문 보상해주는 프로그램이었다.

인텔은 이를 통해 3년 만에 전 세계 300개 이상의 회사에 5억 달러 이상을 집행하는 등 상당한 비용을 지급했지만, 일반 사용자에게 자사의 인지도를 높임과 동시에 마이크로프로세서는 다른 PC 부품과는 달리 독립적인 중요한 부품이라는 것을 인식시킬 수 있었다.

높은 소비자 인지도는 PC 제조업체들의 프로세서 선택에 대한 영향력을 줄여 낮은 가격을 이유로 AMD와 같은 경쟁업체의 프로세서를 채택하지 못하도록 했다. 그뿐만 아니라 광고에 소극적이었던 PC 제조업체들이 적극적으로 광고하기 시작하면서, PC 시장이 더욱 빠르게 성장했고, 궁극적으로 인텔이 지배하는 마이크로프로세서의 사장규모도 빠르게 성장하였다.

07

삼성전자, 세계 초일류 전자업체로 서다

1987년 창업주 이병철 회장의 대를 이어 삼성그룹의 회장에 취임한 이건희 회장의 숙원은 삼성전자를 '세계 일류'기업으로 만들어 내는 것이었다. 삼성전자는 이제 명실상부한 일류기업으로 성장했다. 삼성이 일류기업으로 성장한 배경은 무엇일까? IMF 이후 대부분 대기업은 더 어려워지거나, 사라진 기업도 있다. 삼성의 성공에는 이런 위기상황에서 더 빛을 발하는 위기의식과 빠른 의사결정에 있다. 또한, 디지털 시대에 적합한 유연함은 휴대폰과 TV에서 세계 최고의 수준의 기업을 만들었다.

• 사업 종류 : 반도체, 전자기기 제조업
• 대표 제품 : 반도체, 휴대폰, TV, 모니터 등
• 국적/소재 : 한국/서울
• 설립자 : 이병철
• 설립 시기 : 1969년 1월 13일
• CEO : 이건희

갤럭시 S5, 스마트폰의 미래를 선도할까?

2007년 애플의 아이폰이 세상에 나온 이후로 스마트폰은 삼성전자의 핵심 제품이 되었고, 애플을 넘어 세계 최고의 매출을 보이기도 했다. 삼성은 스마트폰의 성공으로 매 분기 수조에 달하는 영업이익을 실현하며 연일 화제의 중심에 섰다. 하지만 2013년 하반기에 들어서며 급격히 영업이익이 감소하는 일이 벌어졌다. 과연 세계의 스마트폰 시장을 선도하고 있는 삼성전자가 미래에도 그 위치를 고수할 수 있을까?

삼성은 1983년 신성장 동력의 일환으로 휴대전화 사업에 뛰어들었다. 그 후 10년이 지난 1994년에 나온 SH-770은 애니콜 신화를 창조하며 우리나라 휴대전화 시장을 선도하였다. 삼성의 전화기 기술의 오랜 경험과 특유의 빠른 의사결정은 디지털 시대를 맞아 새롭게 선보인 스마트폰 시장에서도 괄목할 성과를 보였으며, 극기야 세계 1위의 스마트폰 제조기업이 되었다.

2014년 1월 9일, 삼성전자의 전략 스마트폰인 갤럭시S5가 곧 출시될 것이라는 공식적인 발표가 있었다. 과거의 전례로 보아 4월이면 새로운 제품이 출시될 것으로 보인다. 하지만 승승장구하던 삼성전자가 2013년에 내놓은 갤럭시S4와 갤럭시카메라, 갤럭시기어 그리고 갤럭시라운드의 연이은 실패가 부담스럽다.

갤럭시S5는 5인치 디스플레이, Full HD급에 64bit 옥타코어 프로세서, 4.4 안드로이드 킷캣으로 무장하고, 1,300만 화소의 카메라가 탑재될 것으로 예상한다. 더 이상의 스펙은 무의미해 보인다. 해상도만 보면 이미 사람이 느낄 수 있는 한계를 넘어선 듯하다.

아마도 이제는 감성을 자극하는 디자인과 외관의 느낌에 치중할 것으로 보인다. 실제로 삼성전자에서도 갤럭시S5가 기존 갤럭시S4나 S3와 디자인 포맷이 크게 달라질 것임을 밝혔다. 또한, 2013년에 출시한 갤럭시라운드는 판매량을 참작해 볼 때 일찌감치 사장되고 있는 분위기이다. 그런 의미에서 갤럭시S5에 커브드 글래스가 탑재될 확률은 낮다.

갤럭시 시리즈 프리미엄폰에 커브드 글래스가 사용되려면 "왜 휘어진 스마트폰이 필요한가?"라는 질문에 확실한 답이 되는 서비스나 기술의 컨버전스가 이뤄진 후에나 탑재될 것으로 보인다.

새로운 것이면 무조건 좋은 것인가? 삼성전자의 프리미엄 갤럭시 시리즈는 항상 새로운 신기술을 가득 넣어 보여줬다. 그 의도는 좋으나 정작 사용자는 그 신기술이 무언지도 모르고 지나칠 정도로 많았고, 또 현실적이지 못했다. 삼성전자의 기업 정서상 다작을 내놓고 한두 건만 대박을 치면 좋다고 하지만 정작 2013년 스마트폰에서 시선을 끌었던 것은 갤럭시S4의 디자인이나 신기술이 아닌 우습게도 경쟁사의 "단언컨대~" CF였다.

삼성 갤럭시S5 콘셉 이미지

홍채 인식이 적용된
갤럭시S5

갤럭시S5에는 보안을 위한 홍채인식 기능이 가능한 스캐너 기능을 넣을 것으로 알려지는 데 이 기능 또한, 어떻게 사용자의 라이프스타일에 녹여 넣을 것인지를 고민해야 한다. 갤럭시S5에 필요한 것은 무엇보다 신기술의 자랑이 아닌 실제 사용자의 라이프 사이클에 걸맞은 신기능이다.

삼성전자가 미래에도 스마트폰 시장에서 선두를 유지하기 위해서는, 이미 포화상태에 도달한 스마트 시장에서 어떻게 성장 동력을 내놓을 수 있느냐에 달려 있다. 따라서 갤럭시S5의 성패는 삼성전자의 실적에 중요한 분수령이 될 것으로 보인다.

삼성전자는 그동안 스마트폰 시장에서 뒤늦게 출발하였지만, 뛰어난 순발력과 기술력으로 패스트 팔로워Fast Follower로 성공하였다. 하지만 이제 퍼스트 무버First Mover로서의 성공하기 위해서는 각고의 노력이 필요하다.

극적인 삼성전자의 역사

제당과 모직으로 시작한 삼성그룹은 1969년 사업 다각화를 위해 전자산업에 진출한다. 삼성전자의 첫 번째 제품은 '흑백 TV'였다. 전자산업에 대한 경험이 없었던 삼성전자는 이병철 회장이 일본 인맥을 동원해 산요전기 및 NEC와 합작으로 기술을 도입했고, 수입한 전자부품을 조립해 파나마 등지로 수출했다.

삼성전자는 1980년대 무렵 TV, VCR, 전자레인지 등의 제품을 대량 생산하고 수출하는 비교적 성공적인 가전업체로 성장했다. 하지만 한국 시장을 제외한 해외에서는 잘 알려진 해외 전자업체들의 브랜드를 붙여 판매하는 OEM주문자 상표 부착 생산이 주를 이루었다.

이처럼 1980년대 초만 해도 세계 수준에서 거의 존재감이 없던 삼성전자가 세계적인 기업으로 도약하게 된 계기가 된 것은 반도체 사업이었다. 삼성전자는 1974년, 경영난에 처한 '한국반도체'를 인수하며 반도체 사업의 기틀을 마련해 놓았으나, 반도체 기술은 기초적인 수준에 머물렀다.

1979년 제2차 오일파동을 겪은 이후, 이병철 회장은 고유가 시대에 생존하기 위해서는 고부가가치 제품에서 경쟁력을 확보하는 것이 반드시 필요하다고 생각했다. 이 회장은 고심 끝에 1983년 2월, 본격적으로 반도체 사업에 투자할 것을 결심하고, 당시 가장 시장 규모가 컸던 메모리 반도체 'D램'을 주력제품으로 선정한다.

이 무렵 미국과 일본의 업체들은 D램 시장을 놓고 치열하게 경쟁하고 있었고, 치열한 경쟁은 공급 과잉과 가격 폭락을 불러와 1970년대에 1Kbit D램을 최초로 개발한 인텔마저도 1980년대에는 적자가 누적되어 D램 사업에서 철수하기로 할 정도로 시장 사항이 좋지 않았다.

하지만 삼성은 1983년 3월 15일 "왜 우리는 반도체 사업을 해야 하는가?"라는 제목의 비장한 결의가 담긴 발표문을 내놓고, 대내외에 반도체 사업 진출을 공식 선언했다.

반도체 사업에 삼성의 운명이 걸렸다는 사명감과 일본을 이겨 보겠다는 의지는 삼성 임직원에게 엄청난 열정을 불러일으켰고, 반도체 진출을 공식 선언한 지 1년이 되지 않은 1983년 12월에 64Kbit D램의 시제품 개발에 성공했다.

이는 미국, 일본에 이어 세계 3번째로 10년 이상의 기술 격차를 단숨에 4년으로 줄인 셈이었다. 개발과 병행하여 진행된 반도체 생산설비도 허허벌판이나 다름없던 기흥에서 1984년 3월에 건설을 완료했다. 건설을 시작한 지 6개월 만에 이룬 것으로 엄청난 열정을 쏟아 부어 이루어 낸 쾌거였다.

각고의 노력 끝에 삼성은 64Kbit D램을 대량 생산하기 시작해 1984년 9월부터 판매하기 시작했다. 하지만 곧 이은 D램 가격 폭락으로 삼성은 큰 재정적 어려움을 겪게 됐다. 1985년과 1986년의 2년간 삼성은 반도체 사업에서 2,000억 원의 적자를 기록했고, 삼성그룹이 반도체 사업 때문에 쓰러진다는 말이 세간에 나돌기 시작했다. 또한, 집적회로의 원천 기술을 가지고 있는 미국의 텍사스 인스르루먼트가 1986년 2월 특허 침해로 삼성을 제소함으로써 이중고에 빠졌다.

삼성의 반도체 사업은 대내외적으로 매우 어려운 상황이었지만, 성공의 요체를 '運運, 둔鈍, 근根'이라고 믿었던 이병철 회장의 성공 철학처럼, 둔하다 싶을 정도로 사업을 계속 유지해 나갔고, 끈기 있게 64Kbit D램의 다음 세대인 256Kbit D램의 개발과 생산설비 건설을 병행해 나갔다.

둔하고 끈기있게 반도체 사업을 유지하던 삼성에 마침내 운이 찾아왔다. 미국 반도체 산업 협회가 중심이 되어 일본 반도체업체들을 덤핑 판매 혐의로 제소하는 등 일본 업체들에 대한 공세가 펼쳐졌고, 1986년 9월에 미·일 반도체 협약이 체결된 것이다.

이에 위축된 일본 업체들 때문에 줄곧 하락하던 D램 가격은 드디어 상승하기 시작했고, 삼성은 1987년부터 256Kbit D램을 대량 생산하고 있었는데, 당시 일본과 미국의 기업들은 동시에 256Kbit D램의 생산설비를 축소하고, 다음 세대인 1Mbit D램 생산에 집중하는 바람에 삼성은 어부지리 특수를 누렸다.

그러나 생애 마지막 사업으로 반도체 사업을 의욕적으로 추진했던 이병철 회장은 반도체 사업의 결실을 보지 못하고, 1987년 11월 지병인 폐암으로 타계하고 말았다.

삼성전자는 256Kbit D램 개발에서는 선두 기업보다 4년 이상 뒤처졌지만, 4Mbit D램은 1988년 개발에 성공함으로써 그 격차를 6개월로 줄였다. 이후 삼성은 기술 격차를 더욱 줄여나가 16Mbit D램은 1989년 미국 및 일본 업체들과 거의 동시에, 64Mbit D램은 마침내 미국과 일본의 기업들을 제치고 1992년 세계 최초로 개발하기에 이르렀다.

삼성전자는 256Mbit D램은 1994년, 1Gbit D램은 1996년에 계속 세

계 최초로 개발해 나가며, 명실상부한 세계 최고의 D램 업체가 됐다. 16Mbit D램을 주도한 진대제 박사, 64Mbit D램 개발의 주역인 권오현 박사, 256Mbit D램 개발의 책임자였던 황창규 박사 등은 이후 삼성의 이공계 출신 스타 경영인으로 이름을 날렸다.

16Mbit D램　　　　64Mbit D램　　　　256Mbit DDR

1990년대 초, 삼성은 당시까지 주종을 이루던 CSTN 방식의 액정 디스플레이 패널보다 훨씬 더 선명한 화질과 넓은 시야각을 제공하는 TFTThin Pilm Transtor 방식의 액정 디스플레이가 다가오는 디지털 시대의 핵심적인 디스플레이 장치가 될 것이라 내다봤다. 1990년대 초만 해도 TFT 방식의 LCD를 제조하는 업체들은 모두 반도체 제조도 겸하는 일본 업체들이었다.

삼성은 반도체 연구 인력과 미국에 유학하여 TFT LCD 기술을 습득한 연구 인력들을 중심으로 TFT LCD의 자체 개발에 나섰다. 각고의 노력 끝에 1992년, 10.4인치 크기의 LCD 패널을 개발하는 데 성공했고, 1994년 10월에는 한 달에 12만 장 규모로 10.4인치 LCD 패널을 대량 생산하는 라인도 건설했다. 반도체로 쌓은 경험과 역량은 LCD 패널을 개발하고 대량 생산 시설을 건설할 때 많은 도움이 됐다.

기술력과 제조 능력이 점차 향상되고, 1990년대 중반부터 노트북 PC의 수요가 급격히 증가하면서, 삼성은 LCD 사업에서도 결국, 큰 성공을 거두었다. 삼성은 2002년 매출액 기준으로 세계 LCD 패널 1위 업체로 올라섰고, 이후에도 한발 앞선 투자와 지속적인 기술 개발로 세계 최고의 LCD 업체라는 지위를 유지해 나갔다.

삼성은 1983년부터 새로운 성장 동력을 찾는 과정에서 휴대폰 사업을 시작하기로 했다. 처음에는 모토로라의 휴대전화를 분해하여 기술적 원리를 겨우 파악할 정도로 초라했고, 삼성은 1988년 SH-100이라는 휴대전화를 내놓았지만, 모토로라의 휴대전화와는 비교할 수 없는 낮은 품질의 휴대전화라는 소비자의 인식을 깨지 못했다.

위기의식을 느낀 삼성은 1993년 11월, SH-700이라는 모델의 휴대전화를 개발해냈다. SH-700은 모토로라의 휴대전화와 차별화하기 위해 한국 지형의 3분의 2를 차지하는 산악 지역에서의 통화 성능을 향상하고, 내구성을 강화하였다.

1994년 10월, SH-700보다 품질을 더욱 개선한 SH-770 모델을 '애니콜'이라는 휴대전화 브랜드로 출시하고, "한국 지형에 강하다!"라는 슬로건과 함께 대대적인 마케팅을 전개하며 애니콜 신화를 만들어 냈다.

삼성 최초 휴대전화 SH-100　　　SH-700(애니콜)　　　　SH-770

이후 지속적으로 성공을 거듭하며, 삼성은 휴대전화 사업에서 2003년 판매 수량 기준으로는 노키아, 모토로라에 이은 세계 3위, 매출액 기준으로는 모토로라를 누르고 세계 2위의 기업으로 도약했다.

삼성전자는 창업 시절부터 TV를 생산해 왔고, TV 분야의 기술도 상당히 축적해 왔지만, 소니나 마쓰시타 같은 일본 기업에 밀려 TV 사업 실적은 신통치 않았다. 이건희 회장이 1993년에 신경영을 선언하며 개혁 드라이브를 본격적으로 시작한 계기가 된 것도 미국의 한 유통업체 매장을 방문했을 때, 구석에서 먼지를 뒤집어쓰고 있는 삼성의 TV를 보고 충격을 받은 사건이었다.

2005년경 삼성전자는 TV 사업을 획기적으로 전환할 기회를 찾았다. 브라운관에서 LCD나 PDP 같은 평면 TV로, 아날로그 방식에서 디지털 방식으로 커다란 패러다임의 변화가 TV 분야에서 일어나고 있었기 때문이다.

아날로그 시대의 경쟁력은 기술과 경험의 축적, 수많은 부품의 품질이 경쟁력이었고, 이런 점에서 삼성은 일본 기업들을 따라잡기 힘들었다. 하지만 디지털 시대에는 다수의 부품이 하나의 반도체 칩에 통합되기 때문에 가장 중요한 경쟁력은 시장이 원하는 신제품을 경쟁 기업보다 빨리 개발하여 출시하는 것이었다. 이것은 반도체, LCD, 휴대전화 사업을 통해 갈고 닦아온 삼성이 강점을 지니고 있던 부문이었다.

디지털 TV 시대로 접어들면서 소비자는 TV를 전자 제품이라기보다는 하나의 가구로 보는 경향이 생겨났고, 이에 따라 TV는 기술적인 요소뿐만 아니라 디자인적인 요소가 점점 더 중시되었다. 이에 걸맞게 내놓은 제품이 2006년에 출시된 '보르도 TV'로 출시 첫해에 250만대나 판매되는 대성공을 거뒀다.

보드도 TV의 성공에 힘입어 삼성전자는 2007년부터 드디어 판매 대수와 매출액 모두에서 세계 1위의 TV 업체로 올라섰다. 2010년에는 입체 영상을 즐길 수 있도록 해주는 3D TV, 2011년에는 인터넷을 통해 다양한 응용 프로그램과 콘텐츠를 다운로드하여 사용할 수 있는 스마트 TV 등 거의 매년 혁신적인 제품을 지속해서 출시하며, 삼성은 세계 1위의 TV 업체 지위를 계속 지켜나갔다.

삼성 보르도 TV

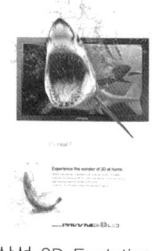
삼성 3D Evolution

삼성 스마트 TV

미래는 디지털 컨버전스 시대이다. 지금까지는 삼성이 우수한 기술력으로 발 빠르게 대응하여 TV, 휴대전화, 반도체 등에서 놀라운 성과를 냈지만, 앞으로는 하드웨어보다는 소프트웨어, 개별 기기보다는 플랫폼 쪽으로 가치가 점점 이동하는 시대이다. 상대적으로 소프트웨어 경쟁력과 플랫폼 창출력이 약하다는 점은 삼성전자가 풀어야 할 미래의 과제이다.

삼성전자의 초일류기업 DNA

우리나라 기업 역사상 삼성만큼 화려하고 극적인 드라마를 쓰는 기업이 있을까? 물론 이병철 창업주의 뛰어난 인재 중심 철학과 반도체로 세상을 바꾸는 선구안 및 시대적인 흐름이 만들어 준 행운도 함께 했지만, 이 모든 것에도 삼성전자만이 가지고 있는 독특한 일류 정신은 있었다.

★ 마누라와 자식 빼고는 다 바꿔라

1993년 12월, 독일의 프랑크푸르트에 삼성의 중역을 모은 후 이건희 회장이 선포한 충격적인 말이다. 회장 취임 후 5년여 간 말수를 아껴 왔던 이건희 회장은 프랑크푸르트 선언 이후 100명이 넘는 삼성의 경영진을 이끌고 65일간이나 선진국을 돌아다니며 세계를 직접 보도록 하고, 수많은 말을 쏟아 냈다.

"변하는 것이 일류로 가는 기초다. 앞으로 5년이면 회장 취임 10년인데, 10년 동안 해서 안 된다면 내가 그만두겠다. 자기부터 변하지 않으면 안 된다. 마누라하고 자식만 빼고 모두 바꿔라."

이건희 회장의 발언과 생각은 '삼성 신경영 원칙'이라는 것으로 정리돼 조직 내부에 공유됐는데, 그 핵심은 모든 것에 우선하여 삼성 제품과 경영의 '질'을 높이자는 것이었다. 1995년 3월, 15만 대의 품질 불량 휴대전화를 회수하고, 휴대전화를 제조한 구미 공장 직원들 앞에서 망치로 부수고 불태운 일화는 이 회장이 얼마나 품질에 대해 강조했는지 알 수 있다.

세계적 수준의 '일류 제품'이 되기 위해서는 디자인이 무엇보다 중요하다는 것도 이 회장의 주요 경영 철학 중의 하나였다. 1996년 디자인 혁명 원년이라 선포하고, 이탈리아의 밀라노에 디자인 센터를 열어 해외의 우수한 인력을 확보하는 한편, 미국의 유명 디자인 학교인 파슨즈와 협력해 SADI라는 실무 중심의 디자인 교육기관을 설립하기도 했다.

이렇게 확보한 우수 디자인 인력은 휴대전화, TV, 백색 가전 부문에서 삼성만의 독특한 디자인을 선보이며, 우수한 디자인으로 삼성의 모든 제품 속에서 프리미엄 전략을 활용하는 밑거름이 됐다.

★ 위기를 기회로

위기가 닥치면 속절없이 무너지는 기업이 있는 반면, 오히려 위기 속에서 강해지고 성장하는 기업이 있다. 바로 삼성전자이다. 1997년에 닥친 IMF 경제위기 속에서 삼성은 '7.4제'라는 독특한 문화를 창조해 내며 위기를 기회로 삼았다.

"바람이 강하게 불수록 연은 더 높게 뜰 수 있다. 위기를 도약의 계기로, 불황을 체질 강화의 디딤돌로 삼아야 한다."

외환 위기 당시 이건희 회장이 강조하고 주장했던 말이다. 위기란 또 다른 기회이다. 위기를 많이 겪을수록 더 단단해지고, 더 강해지고, 더 성공하게 되는 것이다.

2007년 스티브 잡스가 아이폰을 처음 세상에 내놓았을 때 전 세계인은 모두 이 스마트한 휴대폰에 열광했다. 그리고 혁신적이지 않은 스마트폰을 만드는 회사에는 크나큰 위기와 시련의 시기가 시작되었다. 패스트 팔로워Fast Follower에 불과했던 삼성전자에는 그야말로 최대의 위기가 아닐 수 없다. 그뿐만 아니라 당시에는 삼성전자는 막강한 스마트폰 업체인 노키아, RIM, 모토로라 등에 밀려서 빅5에도 들지 못했던 기업이었다.

하지만 삼성전자는 불과 3년 만에 글로벌 1위 기업으로 도약하는 경이로운 기업이 되었다. 아이폰 돌풍이 없었다면 삼성전자는 아직도 글로벌 휴대폰 2위 업체였을 것이고, 스마트폰 순위에서는 5위 밖에 있는 기업이었을지도 모른다. 삼성전자에 위기는 곧 기회였고, 성공과 도약의 신호였다.

★ 인재 제일을 실천하다

삼성이 세계적인 초일류 기업으로 성장하는데 가장 크게 공헌한 경영철학을 물으면 이구동성으로 하는 말이 인재제일주의다. 창립자인 선대 회장부터 현재의 이건희 회장까지 인재에 대한 욕심은 끝이 없다.

"지금처럼 미래 변화를 예측하기 어려운 시대에는 인재를 확보하는 것이 미래에 대비하는 가장 중요한 전략이다. 경영자라면 핵심인재 확보를 자신이 챙겨야 할 가장 중요한 과제로 인식해야 한다. 경영자는 본능적으로 사람에 대한 욕심이 있어야 한다. 만약 필요하다면 삼고초려, 아니 그 이상을 해서라도 반드시 확보해야 한다."

삼성전자에는 유독 스타가 된 인재가 많다. 사실 삼성의 오늘이 있게 만든 반도체의 산 증인인 진대제 전 장관, 권오현, 황창규 박사 등으로 시작한 인재풀은 아직도 끊임없이 뿜어져 나오는 샘물처럼 용솟음치며 삼성전자를 초일류 기업으로 이끌고 있다.

과거에는 어떤 천재라도 수십만 명을 먹여 살릴 수가 없었다. 하지만 지금은 인터넷을 비롯해 페이스북, 트위터, 스마트폰 등 첨단기기가 존재한다. 21세기는 탁월한 한 명의 천재가 10만을 먹여 살리는 인재 경영의 시대, 지적 창조력의 시대다. 삼성은 일찌감치 '천재 경영론'을 실천하고 있었다.

세상을 바꾼 IT 영웅들의 이야기

나는 잠시도 가만히 있지 못하는 사람이다. 신속하고 대담하게 진행해 붐을 일으키는 것을 좋아한다. 항상 다음 혁신을 목표로 행동하고 움직인다. 새로운 무엇인가를 더 많이 만들어 내고 싶다.

- 마크 주커버그 -

혁신의 아이콘 스티브 잡스

"죽은 후에도 나의 무언가는 살아남는다고 생각하고 싶군요. 그렇게 많은 경험을 쌓았는데, 어쩌면 약간의 지혜까지 쌓았는데, 그 모든 게 그냥 없어진다고 생각하면 기분이 묘해집니다. 그래서 뭔가는 살아남는다고, 어쩌면 나의 의식은 영속하는 거라고 믿고 싶은 겁니다." 2011년 10월 5일, 애플의 공동 창업주이자 21세기를 움직인 혁신의 아이콘 스티브 잡스는 이런 말을 남기고 우리 곁을 떠났다. 그가 없는 지금도 여전히 잡스를 그리워하는 이유는 그가 남긴 혁신의 가치가 위대하기 때문이다.

- 이름 : 스티브 잡스(Steve Jobs)
- 출생 : 1955년 2월 24일~2011년 10월 5일
- 학력 : 리드 대학교 철학과 중퇴
- 국적 : 미국/ 샌프란시스코
- 가족 : 배우자 로렌 파월 잡스
- 경력 : 2011.08~2011.10 애플 이사회 의장
  2011.03~2011.10 월트디즈니 이사

기술자가 되어버린 예술가

매킨토시를 개발했을 때 애플의 스티브 잡스가 개발팀을 모아 놓고 사인회를 연 일화는 유명하다. 예술가가 자기의 작품에 사인하듯이 훌륭한

제품을 만들어낸 개발자도 작품에 사인할 자격이 있다고 찬사를 보낸 것이다. 스티브 잡스는 엔지니어에게 예술가가 되라고 말하며 예술가 정신으로 일할 것을 요구했다.

당시의 멤버 중 1명인 앤디 허츠펠드는 이렇게 회상했다.
"매킨토시는 경쟁 따위는 신경도 쓰지 않았으며, 오히려 예술적인 가치관에 따라 만들어졌다."

엔지니어들은 자신이 할 수 있는 최고의 능력을 발휘했고, 매킨토시는 기술적으로나 예술적으로나 최고의 작품이 되었다.

잡스는 제품에 대한 열정이 강박에 가까울 만큼 남달랐다. 애플Ⅱ의 케이스 디자인을 만들 때, 플라스틱 케이스 색깔을 결정하기 위해 애플의 거래업체인 색상 전문업체 팬톤사가 보유한 2,000가지의 베이지색 중에 마음에 드는 것을 고르지 못했다. 또한, 잡스는 모서리 부분을 어느 정도로 둥글게 만들어야 할지를 놓고 며칠 동안 고민했다.

잡스는 자기를 예술가라고 생각했다. 디자인을 기술보다 우위에 둔 그는 개발팀을 데리고 루이스 티파니의 유리 제품 전시회를 보러 맨해튼의 메트로폴리탄 박물관을 찾은 적도 있었다. 대량생산할 수 있는 위대한 예술품을 창출하는 티파니의 사례에서 교훈을 얻을 수 있을 거로 생각했다.

잡스의 열정적인 예술혼은 숨어 있는 부분까지도 아름답게 만들기 위해 노력했던 것으로도 유명하다. 극단적인 사례로는 매킨토시 내부 깊숙한 곳에 들어갈 인쇄 회로기판을 철저하게 검사할 때 일이다. 어떠한 소비자도 그걸 볼 일이 없었다.

하지만 잡스는 인쇄 회로 기판을 심미학적인 토대로 비평하기 시작했다.

"저 부분 정말 예쁘네, 하지만 메모리 칩들을 좀 봐, 너무 추하잖아, 선들이 너무 달라붙었어."

엔지니어 중 한 명이 끼어들어 그게 무슨 상관이냐고 물었다.

"중요한 건 그게 얼마나 잘 작동하느냐 하는 겁니다. PC 회로 기판을 들여다볼 소비자가 어디에 있겠습니까?"

잡스는 전형적인 반응을 보였다.

"최대한 아름답게 만들어야 해. 박스 안에 들어 있다 하더라도 말이야. 훌륭한 목수는 아무도 보지 않는다고 장롱 뒤쪽에 저급한 나무를 쓰지 않아."

아이패드 발표회장의   르코르뷔지에의 그랑 콩포르   나카지마의 코노이드 벤치
잡스

청바지와 터틀넥, 운동화를 신고 의자에 편안하게 앉아 아이패드를 사용하는 모습의 스티브 잡스를 기억할 것이다. 잡스의 신제품 발표회장에 자주 등장했던 검정가죽으로 된 1인용 소파는 스위스 출신의 건축가로 20세기 문화예술을 선도했던 르코르뷔지에Le Corbusier : 1887~1965가 디자인한 '그랑 콩포르Grand Comfort: 위대한 편안함'였다.

이 의자는 인체의 비례 등을 고려한 가장 평안하고 아름다운 의자로 오늘날 '불세출의 디자인'으로 꼽히는 최고의 작품 중의 작품이란 평가를 받고 있다. 잡스가 만들어낸 제품이 모두 이 시대를 대표하고 상징하는 최고의 공예품이었듯이 자신이 사용할 가구 역시 최고를 선택했다.

그가 거실에 두었던 유일한 가구는 일본계 미국인 가구 디자이너 조지 나카지마George Nakashima : 1905~1990의 라운지 암 체어 '코노이드 벤치Conoid Bench'였다고 한다. 잡스는 조지 나카지마를 '나무의 영혼까지 어루만진 장인'이라고 평했다.

잡스의 제품 출시는 쇼처럼 정교하게 연출된다. 그는 청바지와 터틀넥을 입고 생수병을 든 채 무대를 느긋하게 거닌다. 객석은 지지자로 가득 찼고, 기자들 자리는 객석 중앙에 마련된다. 잡스는 슬라이드에 들어갈 내용과 연설을 직접 작성하고 수정한 다음, 그것을 친구들에게 보여 주고 동료들과 심사숙고하여 개선해 나간다.

"그는 각각의 슬라이드를 예닐곱 번씩 수정해요. 프레젠테이션 전날 밤늦게까지 슬라이드를 점검하는 동안 저도 그의 곁에 있곤 한답니다."
잡스의 아내 로렌 파월의 말이다.

'위대한 제품은 취향이 일궈낸 성취'라고 늘 말했던 잡스는 합리와 이성에 감성이라는 옷을 입힘으로써 오늘의 애플을 일구어낸 것이다. 제품을 예술품이라 생각하고 사소한 곳에서부터 제품 발표하는 시점까지 꼼꼼하게 체크하고, 모든 혼을 담았던 잡스는 진정한 예술가였다.

사진으로 본 잡스의 생애

1955년 2월 24일 미국 캘리포니아주 샌프란시스코에서 태어난 스티브 잡스는 태어나자마자 양부모 폴과 클라라에게 입양되었다. 양부모는 기독교 신앙을 가진 미국 서부의 농부였다. 훗날 정치학 교수였던 아버지와 어머니의 존재를 알게 되지만, 그는 친부모에 대해 냉담하게 반응하며, 양부모를 친부모로 여겼다.

스티브 잡스가 3살 되던 해 그의 가족은 아버지의 직장을 따라 샌프란시스코의 산업단지로 이주하였고, 주변의 전자회사에 다니는 사람과 어울리며 성장하였다.

잡스는 1973년 오레곤 주 포틀랜드에 있는 리드 대학교 철학과를 한 학기만 다니고 중퇴한 후, 오레곤 주 올인원팜All in one farm이라는 사과농장에서 히피 공동체 생활을 하다가 그곳에 기거하던 일본 선불교 승려인 오토가와 고분 치노를 만나 선불교에 입문했다. 잡스는 그를 평생 정신적 스승으로 생각하고 의지하였으며, 많은 사람은 잡스가 단순함을 추구했던 것은 일본 선불교의 영향이라고 생각한다.

히피 생활을 청산하고 게임회사인 아타리로 다시 복귀한 잡스는 1976년 천부적인 전자 엔지니어인 워즈니악과 함께 컴퓨터회로기판를 제조하는 애플 컴퓨터라는 회사를 공동창업하였다. 그 해 잡스와 워즈니악은 최초의 개인용 컴퓨터 중 하나인 애플 I 을 선보였다.

애플 I 은 200대 가량이 소량 생산되어 지방 소매점에서 팔린 탓에 큰 파급력은 없었지만, 오늘날의 애플이 있게 한 원동력이 되었다.

애플 I 발표 즉시, 개인용 컴퓨터 시장이 주목받게 되자 곧 새로운 컴퓨터 애플II를 만들어 냈다. 확장슬롯으로 기능을 향상시킬 수 있었고, 획기

적인 운영체계를 적용한 애플II는 컬러 그래픽 구현과 플로피 디스크 드라이브로 경쟁사 제품과 차별화를 꾀했다. 애플II는 초창기 개인용 컴퓨터 시장을 휩쓸며 가장 인기 있는 컴퓨터로 자리 잡았다.

애플II의 성공으로 1980년에 주식을 공개하며 승승장구하던 애플은

1984년에 PC 시장에 뛰어든 IBM에 대항하여, GUI그래픽 사용자 인터페이스를 탑재한 애플 리사를 내놓았으나, 가격이 너무 비싸 실패하고 만다. 그러나 그 이후에 나온 매킨토시는 애플의 광고 공세와 그래픽 분야에서 높은 지지를 받으며 꽤 쏠쏠하게 팔렸다.

1984년 매킨토시 컴퓨터를 선보이고 대대적인 성공을 거두었지만. 시간이 흐를수록 맥에서 사용할 수 있는 소프트웨어가 부족하다는 이유로 소비자의 외면을 받으며, 급속하게 판매가 줄었다. 또한, 1985년 1월 공동창업자인 워즈니악이 애플을 떠나고, 잡스마저 그 해 5월에 본인이 영입한 존 스컬리에 의해 경영 일선에서 쫓겨나며 애플은 어려움을 겪게 된다.

서른 살에 애플에서 쫓겨난 잡스는 지혜와 성숙의 시간을 가지지 않고 1985년에 새로운 컴퓨터 회사인 넥스트NeXT Inc.를 설립했다. 넥스트에서 잡스는 일반 소비자가 아닌 연구자나 과학자를 위한 고성능 컴퓨터를 만들었다. 하지만 비싼 가격과 느린 속도 등의 문제로 소비자에게 외면당하며, 넥스트는 적자와 재정난에 시달렸다.

잡스의 예술적인 감각을 돋보이게 한 것은 '토이 스토리', '니모를 찾아서', '인크레더블', '카' 등 끊임없이 수작을 탄생시키며 승승장구한 애니메이션 제작사인 픽사Pixar의 운영이다. 잡스는 때로 독단적이고 배려심이 없으며 이기적이었지만 픽사를 통해 일은 혼자 하는 것이 아니라 함께 한다는 사실을 배웠고 이를 훗날 애플에서 컴백 후 실천했다.

잡스가 천생연분인 로렌 파월을 만난 것은 1989년 스탠퍼드 경영대학원에서였다. 강의가 끝나고 로렌이 잡스에게 저녁 식사를 요구하였으나, 이미 선약이 있었던 잡스는 훗날을 기약했다. 하지만 그 순간 아침마다 거울을 보고 자신에게 던지던 질문이 떠올랐다. "만일 오늘이 지구에서

보내는 마지막 밤이라면 비즈니스 미팅을 하며 시간을 보내야 할까, 아니면 이 여자를 만나야 할까?" 결국, 둘은 1991년 결혼하여 20년을 같이 살았다.

1985년 애플을 떠났던 잡스는 12년 만인 1997년에 복귀했다. 복귀와

함께 그는 기존의 제품 라인을 축소하고, 불합리한 부분을 정리하는 프로세스 혁신을 단행하였다. 그 결과 1997년 4/4분기부터 수익을 올리기 시작했고, 아이맥과 같은 혁신적인 신제품 개발에 박차를 가했다.

스티브 잡스와 조나단 아이브는 1998년 5월에 그 유명한 아이맥을 선

보였다. 우아한 곡선의 청록색 아이맥을 처음 본 청중은 환호를 터뜨렸다. 아이맥은 오랫동안 적자에 시달리던 애플을 단번에 회복시킬 만큼 성공적이었다. 아이맥의 출시로 매출이 37%나 늘어 애플과 스티브 잡스는 재기의 발판을 마련할 수 있었다.

2001년 1월 맥월드에서 스티브 잡스는 아이튠즈를 공개했다. 그리고 그해 10월 신제품 발표회를 열어 MP3 플레이어인 아이팟을 소개했다.

스티브 잡스는 "마침 제 주머니에 그 제품이 들어 있습니다. 이 놀랍고 자그마한 기기에 1,000곡의 노래가 담겨 있습니다. 제 주머니에 쏙 들어가는군요."라며 아이팟을 소개했다.

아이튠즈와 아이팟은 음원 시장과 MP3 시장의 비즈니스 모델을 혁신시켰다.

2007년 1월 9일, 샌프란시스코 모스콘 센터에서 예정된 맥월드 엑스포의 연설을 앞두고 스티브 잡스는 몹시 들떠 있었다. 2년 반 동안이나 학수고대했던 아이폰을 발표하는 날이었기 때문이다. 이날은 컴퓨터 및 이동통신 역사에 기록될 혁명적인 날이었다. 또한, 애플의 위상을 바꾸어 놓은 운명의 날이기도 했다.

아이폰이 나온 지 3년 후인 2010년 1월 27일, 애플의 신제품 발표회가 열렸다.

잡스는 새로운 기기는 웹 브라우징, 이메일, 사진, 동영상, 음악, 게임, 전자책을 모두 소화할 수 있어야 한다며 단호하게 말했다. "넷북은 이 중 어떤 것도 더 잘 해내지 못합니다. 하지만 우리는 그런 것을 가지고 있습니다. 우린 그것을 아이패드라고 합니다."

컴퓨터 환경과 그에 따른 인간의 습관마저 바꾸는 또 하나의 혁신적인 제품, 아이패드가 탄생하는 순간이었다.

2011년 1월 잡스는 또다시 병가를 낼 수밖에 없었고, 8월 24일에는 애플 CEO를 사임했다. 결국, CEO에서 물러난 지 42일 만인 10월 5일 췌장암으로 인한 호흡 정지로 스티브 잡스는 세상을 떠났다.

명언으로 본 잡스의 철학

잡스가 죽기 전에 유일하게 자신의 전기를 쓰도록 부탁한 사람이 CNN의 전 최고 경영자이자 [타임] 편집장을 지낸 월터 아이작슨이다. 그는 2009년부터 2년간 잡스와의 독점 인터뷰를 통해 '스티브 잡스'라는 공식 전기를 완성하였다.

IT 역사를 획기적으로 바꾸고 우리 삶의 방식마저 바꿔 버린 스티브 잡스를 두고 사람들은 IT 영웅이라고 한다. 그만큼 그가 보여 준 혁신은 놀라운 것이었고, 그가 자신의 제품에 담으려고 했던 가치는 사람의 마음을 움직이는 것이었다. 그의 전기에서 발췌한 명언을 통해 그의 위대한 철학을 경험해 보기로 하자.

★ 창의성에 대하여On Creativity

"If you want to live your life in a creative way, as an artist, you have to not look back too much.

"만약 당신이 예술가처럼 당신의 인생을 창의적으로 살고 싶다면, 과거를 돌아봐서는 안 된다.

You have to be willing to take whatever you've done and whoever you were and throw them away."

당신이 무엇을 했었건, 당신이 누구였었건 다 받아들일 수 있어야 하며 던져 버릴 수 있어야 한다."

― 1985년 2월, 플레이보이

잡스는 미련을 두지 않는 것을 중시하는 동양의 사상에 깊게 영향을 받았다. 특히, 오레곤주 올인원팜All in one farm이라는 사과농장에서 히피공동체 생활하다가 일본 선불교 승려인 오토가와 고분 치노를 만나 선불교에 입문하기도 했다. 오토가와 고분은 잡스의 결혼식 주례를 섰을 뿐 아니라, 2002년 사망할 때까지 잡스에게 정신적으로 영향을 많이 끼쳤다. 애플이란 회사명, 애플 제품의 단순한 디자인, 사과농장, 선불교는 매우 큰 관계가 있다.

우리 대부분에게는 극단적일 수 있지만, 우리가 가진 창의적인 생각이 제일 중요하거나, 독창적이지 않을 수 있음을 인정해야 한다. 이처럼 과감하게 버릴 수 있는 태도는 자유롭게 사고하고, 창의성을 발휘할 수 있도록 도와준다.

★ **혁신에 대하여**On Innovation

> *"I'm actually as proud of the things we haven't done*
> *as the things I have done.*
> *"사실 나는 우리가 하지 않은 것에 대해 내가 한 것만큼이나 자랑스럽다.*
> *Innovation is saying no to 1,000 things."*
> *혁신은 1,000개의 것에 대해 아니라고 말하는 것이다."*
>
> – 1997년 3월, 애플 세계개발자회의

애플은 소수의 제품(아이폰, 아이패드, 아이팟)을 기반으로 세계에서 가장 많은 이윤을 내는 회사로 성장했다. 애플이 단지 컴퓨터 시장에서 큰 점유율을 차지하려 애쓰고 있을 때, 무한히 더 많은 제품을 생산하고자 하는 유혹이 압도적이었을 것이다. 하지만 그중 몇 개라도 순이익을 내는 데 도움이 될 거라 믿고 그럭저럭 평범한 제품을 산더미로 개발하는 대신, 시장의 판도를 바꿔 버릴 혁신적인 제품에 모든 자원을 집중하였다. 그 과정에서 잡스는 부족해 보이는 수천 개의 제품과 서비스를 기각했던 것이 분명하다.

★ 성취에 대하여On Accomplishment

"Being the richest man in the cemetery doesn't matter to me ...
"가장 부유한 사람으로 묘지에 묻히는 것은 나에겐 중요하지 않다.
Going to bed at night saying we've done something wonderful...
우리는 멋진 일을 해냈어 라고 말하며 밤에 잠이 드는 것,
that's what matters to me."
그것이 나에게 중요하다."

- 1993년 5월, CNN머니 [포춘]

부를 추구하느라 우리는 너무 자주 우리의 목표를 잊는다. 우리의 삶이 돈의 지속적인 유입을 요구하기도 할 뿐만 아니라, 사회적으로도 우리는 한 사람이 얼마만큼 버는가에 기반을 두어 그 사람의 가치를 평가하는 경향이 있다. 스티브 잡스에게 부의 유무를 논하는 것은 의미가 없을 수 있다. 하지만 그가 주장하는 것은 세상은 사람을 평가할 때 그가 얼마나 많은 부를 축적했느냐를 보는 것이 아니라, 미래 세대를 위해 무엇을 남겼느냐를 가지고 평가한다는 것이다.

★ 미쳐있음에 대하여On Crazy

"Here's to the crazy ones. The rebels, The troublemakers,
"미쳐있는 사람들에게, 반항아들, 문제아들
The ones who see things differently.
그리고 세상을 다르게 보는 사람들.

While some may see them as the crazy ones, We see genius.

어떤 사람들은 그들을 정신 나간 사람들로 볼지 모르지만, 우리는 천재로 본다.

Because the people who are crazy enough to think they can change the world,

왜냐하면, 세상을 바꿀 수 있으리라 생각할 정도로 충분히 미쳐있는 사람들이야말로

are the who do."

세상을 바꾸는 사람들이기 때문이다."

- 1997년 Think Different Campaign

잡스에 의하면 우리는 모두 엄청난 무언가를 만들어낼 잠재력이 있다. 우리는 단지 그것이 가능할 것이라 믿을 만큼 충분히 미쳐있어야 할 뿐이다. 잡스는 그 자신이 해낼 수 있으리라 믿은 만큼 충분히 대담했으므로 무에서 유를 창조한 것이다. 그것은 분명히 순탄한 길이 아니었다. 잡스는 1985년에 자신의 회사에서 쫓겨났고, 거의 11년이 지나 회사로 다시 복귀하였다. 그 시간 동안, 잡스는 넥스트 컴퓨터와 픽사 스튜디오를 성공적으로 이끌며 열정을 다하였다. 보통 사람이 절망적인 상황에 직면할 때조차 잡스는 그 자신이 세상을 바꿀 능력이 있다는 신념을 절대 잃지 않았다.

★ 1위 자신감에 대하여No.1 On Confidence

"Remembering that you are going to die is the best way I know to avoid the trap of thinking you have something to lose.

"당신이 죽을 것이라는 사실을 기억하는 것이야말로 당신이 잃을 게 있다는 생각의 함정으로부터 피하는 최선의 방법입니다.

You are already naked. There is no reason not to follow your heart.

당신은 이미 헐벗었습니다. 당신의 마음을 따르지 않을 이유가 없습니다.

Stay hungry, Stay foolish."

항상 갈망하고, 우직하게 나아가라."

– 2005년 6월 스탠퍼드 대학 졸업연설

스탠퍼드 대학 졸업연설 영상

이 명언이 담긴 핵심적인 생각을 보면, 우리 모두 결국, 죽을 것이므로, 한편으로 우리는 잃을 것이 아무것도 없다는 것을 말해준다. 이러한 관점에서, 우리의 세상은 공평하며, 그렇기에 당신의 꿈을 따르지 않을 핑계는 사실상 없다. "갈망하라!"라는 말은 우리가 얻은 월계수에 안주하지 말 것을 요청하며, "우직하게 나아가라!"라는 말은 세상이 우리에게 요구하는 규범범주에 부합하지 않더라도, 광범위한 생각을 안고 세상을 헤쳐나가라는 뜻이다.

02

소셜 네트워크의 제왕이 된 주커버그

"세계 각국에 있는 5억 5천만 명의 페이스북 가입자를 연결시켰으며 이를
통해 우리가 사는 방식을 바꿨다." 2010년 12월 15일 자 [타임]지는 올해의
인물로 페이스북의 창업자 마크 주커버그를 선정하였다. [타임]지는 주커버그
가 설립 7년 만에 지구 상 인구의 12분의 1에 해당하는 사람을 연결했다고
평가하고, "60년대 이후 두 세대를 뛰어넘어, 평등과 익명성을 자연스럽게
생각하는 세대로 사이버 공간을 현실에 훨씬 더 유사하게 만든 인물"이라고
평가했다.

- 이름 : 마크 주커버그(Mark Zuckerberg)
- 출생 : 1984년 5월 14일
- 학력 : 하버드대학교 중퇴
- 국적 : 미국/ 뉴욕
- 가족 : 배우자 프리실라 챈
- 경력 : 2013.04 포워드닷어스 설립
  2004.02~페이스북 CEO

친구를 팔아 수십 억만장자가 되다

"초기의 인터넷 사업자는 성Sex을 팔아서 수백만 달러의 돈을 벌었다. 하지
만 주커버그는 친구Friend를 팔아 수십억만 장자가 됐다."

2010년 12월 15일 자 〔타임〕지는 올해의 인물로 페이스북의 창업자, 마크 주커버그를 선정하면서 이렇게 말했다. 1990년대부터 시작된 인터넷 열풍에 힘입어 초기 인터넷 사업자들은 성적인 콘텐츠를 가지고 엄청난 돈을 벌어들였다. 하지만 20대의 주커버그는 친구들을 등록하고, 연결하여, 정보를 공유하도록 해 줌으로써 수십억만 장자의 주인공이 되었다.

페이스북은 애초에 전 세계를 대상으로 서비스하려고 만든 것이 아니었다. 처음에는 하버드대학 SNS 웹사이트로 하버드 학생만 이용할 수 있었다. '페이스북Facebook'은 원래 대학 등에서 학내 교류를 위해 학생들의 사진과 이름을 정리해놓은 명부를 일컫는 말이다. 대학이 매년 신입생이 교우관계를 넓히거나, 데이트 상대를 찾기 위한 목적으로 활용될 수 있도록 정리해 놓은 명부였다.

하지만 학생들은 인쇄된 명부보다 온라인으로 서비스해주는 페이스북을 원했다. 주커버그는 자신과 마찬가지로 학생들이 이런 측면에서 불평을 느끼고 있음을 알았다.

"대학 당국이 이 데이터를 정리하려면 아마 2~3년은 걸릴걸? 정말 어처구니없는 일이지. 나라면 그보다 훨씬 복잡한 작업이라도 일주일 만에 해낼수 있는데 말이야.'

당시 주커버그는 잘 알려진 데로 불법적인 방법까지 동원해 모든 기숙사 학생의 디지털 사진을 입수한 후 외모를 비교하는 웹사이트인 '페이스매시Facemash'를 만든 경험이 있었다. 그런 그에게 온라인화는 대학의 협력 없이도 쉽게 실현할 수 있는 기술이었다. 다만 페이스매시를 만든 일 때문에 학교 측으로부터 징계를 먹은 일이 있기 때문에 윤리적이고 합법적인 방법을 고민할 수밖에 없었다.

궁리하던 주커버그는 사용자가 자신의 정보를 직접 업로드하게 하면 이 문제를 해결할 수 있다는 아이디어를 생각해 냈다. 즉 '공개하고 싶은 자신의 정보를 공개한다.', '그 정보에는 누구나 접근할 수 있다.'라는 두 가지 조건을 만족하면 되는 것이다. 그러면 사생활 침해 등의 법적 문제에 저촉되지 않고 많은 학생이 정보를 공유할 수 있다.

페이스매시 화면　　　페이스북의 초기 모습

해결책을 찾은 주커버그는 당장 행동에 옮겼다. 2004년 1월 11일, 레스트더닷컴register.com에서 도메인 '더페이스북닷컴thefacebook.com'을 1년 약정으로 35달러에 사서 등록했다. 그리고 2월 4일 드디어 역사적인 '더페이스북'(1년 후에 페이스북으로 개명한다.) 서비스를 시작했다.

돈과 정보, 조직까지 모두 가지고 있던 대학 당국이 오랜 시간을 들이고도 해내지 못한 일을 가진 것이라고는 기술과 아이디어밖에 없는 열아홉 살짜리 학생이 한 달도 걸리지 않아 실현한 것이다. 더군다나 프로그램을 만드는 데 걸린 시간은 하룻밤으로 충분했다.

페이스북은 사용자가 친한 친구들에게 가입 요청 이메일을 보내기 시작하면서 상상을 뛰어넘는 빠른 속도로 회원 수를 늘려갔다. 개설한 지 일주일도 되지 않아 재학생의 절반이 가입하는 성공을 거둔다. 페이스북에 가입하려면 하버드대학의 이메일 주소를 가지고 있고, 실명 가입이라는 조건만 충족시키면 되기 때문에 재학생뿐만 아니라 대학원생, 졸업생 그리고 교직원도 가입할 수 있었다.

3주 만에 졸업생까지 확대되어 6,000명을 넘어서고, 한 달이 지나자 1만 명의 활동적인 사용자를 확대할 수 있었다. 페이스북이 급속도로 퍼져나간 이유는 경쟁심 유발이었다. 페이스북의 한 기능인 '친구 맺기'는 페이스북 친구 확보라는 경쟁심을 유발하여 사용자를 폭발적으로 늘려나갔다.

전국 곳곳에서 페이스북을 자기네 학교에도 서비스해달라고 요청하는 메일이 쏟아졌다. 이에 페이스북은 예일, 컬럼비아 대학 등 농부 명문 아이비리그로 서비스 범위를 확대하였다. 사실 페이스북은 자신의 프로필을 관리하고, 친구를 추가하고, 다른 회원을 찜 하거나 그들의 프로필을 살펴보는 단순한 기능이 전부였다. 그럼에도 학생들은 마치 최면에 걸린 듯 페이스북에 빠져들었고, 거의 매일같이 일정한 시간을 할애해 페이스북에서 보냈다.

이처럼 폭발적인 인기에 힘입어 페이스북은 미국 전역의 대학에 서비스를 개방했고, 2006년에 이르자 사용자가 약 700만 명에 이르렀다. 주커버그는 페이스북이 단순히 대학생을 위한 용도를 넘어서야 한다고 결정을 내리고, 곧이어 고등학생과 일반인으로 사용자 범위를 확대하였다. 그 후 2013년 기준으로 페이스북 사용자는 11억 명을 넘어섰다.

주커버그의 말로 본 그의 혁신성

"최우선 목표는 '원활하게 작동되는 사이트여야 한다.'는 것이다. 화려함이나 세련됨 같은 디자인적인 측면에서는 그다지 흥미가 없었다."

디자인을 강조한 스티브 잡스의 철학하고는 다른 사고다. 주커버그의 속도감각은 페이스북을 구축할 때만 발휘된 것이 아니다. 페이스북은 사용 자체가 빠르게 구현될 수 있도록 만들어졌다. 우선 사용자 등록이 매우 간단하다. 사진을 한 장 올리고 간단한 프로필만 실으면 그것으로 끝이다.

주커버그가 페이스북을 만들 때 가장 관심을 둔 부분은 모든 사람이 편리하게 사용할 수 있도록 시스템을 원활하게 작동시키는 것이었다. 누구나 빠르게 접속할 수 있을 것, 스트레스를 받지 않고 사용이 가능할 것을 최우선으로 삼은 데서 주커버그의 시간 감각이 그대로 드러난다.

아무리 우수한 제품이라도 사용법이 복잡하고 어려우면 소용이 없다고 생각한 것이다.

주커버그는 훗날 "서비스의 핵심은 더하는 게 아니라 필요 없는 기능을 가려내는 것이다."라고 말하기도 했다.

이는 스티브 잡스가 주창한 '단순함'의 철학과 일맥상통하는 말이다. 잡스도 명작 매킨토시 컴퓨터 만들 때 "진정한 아름다움은 덧붙일 것이 없어졌을 때가 아니라 깎아 낼 것이 없어졌을 때 드러난다."라고 말하며 단순함의 미학을 강조하였다.

"나는 잠시도 가만히 있지 못하는 사람이다. 신속하고 대담하게 진행해 붐을 일으키는 것을 좋아한다. 항상 다음 혁신을 목표로 행동하고 움직인다. 새로운 무엇인가를 더 많이 만들어 내고 싶다."

어느 날 주커버그는 페이스북에서 가장 중시하는 것이 무엇이냐는 질문을 받고 망설임 없이 "재빨리 행동하는 것이다."라고 대답했다.

변화가 빠른 IT의 세계에서도 컴퓨터나 인터넷의 진화는 더욱 급격하다. 결단을 뒤로 미루거나 다른 회사의 눈치를 봤다가는 순식간에 신세력에 자리를 빼앗기고, 사용자의 기억에서 잊혀간다.

마이크로소프트의 빌 게이츠는 1998년 스티브 발머에게 CEO 자리를 내주고 물러날 때, 라이벌이 누구냐는 질문에 "어딘가의 차고에서 작은 회사를 세우고 무엇인가를 만들어 내려고 하는 젊은이들이다."라고 대답했다.

공교롭게도 그 해는 바로 허름한 차고에서 두 젊은이가 구글을 창업한 해였다. 그로부터 6년 뒤인 2004년에 구글은 주식을 상장해 시가총액 272억 달러의 거대 기업으로 성장하여 마이크로소프트를 위협하는 존재가 되었고, 주커버그가 페이스북을 창업한 해이기도 하다.

물론 급격하게 속도를 내다 보면 수많은 실패도 뒤따른다. 하지만 주커버그는 실패하는 것보다 느린 것을 더 싫어한다. 2006년 9월 페이스북에 추가한 정보 자동 송신 기능인 '뉴스피드News Feed'와 2007년 11월에 시작한 광고 정보 서비스인 '비콘Bea-con'은 좋은 사례가 된다. 둘 다 획기적인 서비스이긴 하나, 지나친 정보 공개로 사생활 침해 문제로 사용자들로부터 강력한 항의를 받았다.

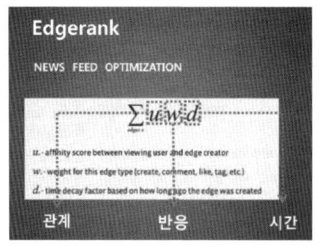

이처럼 우여곡절은 있었지만, 주커버그는 실패를 두려워하지 않았다. 프라이버시와 관련해 여러 차례 논란이 있었지만, 페이스북은 매년 계속해서 놀라운 성장과 진화를 거듭하고 있다. '신속하고 대담하게 진행해 붐을 일으키는' 것이야말로 성장을 가속하는 원동력이 되었다.

> "내 목표는 직업을 갖는 것이 아니라 멋진 것을 만들어 내는 것이다. 누군가의 지시를 받지 않는 것, 시간제한의 틀에 갇히지 않는 것, 그것이야말로 내가 추구하는 사치다."

평범한 사람들은 "그래도 대기업이니까."라든가 "안정된 직장이니까."라며 굳이 벽이 있는 쪽으로 향한다. 넘을 수 없는 벽 앞에서 악전고투하다 기력을 모두 소진해버린 뒤 샐러리맨의 삶을 마감한다. 그러나 성공한 사람들은 이와 정반대로 행동한다. 대기업에 묶이기보다 개인 창업을 하며, 강력한 상대가 우글대는 안정된 시장보다 미지의 시장에 뛰어드는 편이 더 빠르고 크게 성공할 수 있음을 알고 있다.

주커버그는 최고의 사회적 지위를 보유한 하버드대학을 다니면서 그 브랜드 효과를 활용했지만 결국, 대학을 중퇴했다. 하버드를 졸업하면 누구나 좋은 회사에 취직하고 높은 급여를 받을 수 있다. 하지만 그가 페이스북에 전부를 건 이유는 자신에게 주어진 운을 느꼈기 때문이다. 당시 주커버그는 10개가 넘는 프로젝트를 진행하고 있었는데, 그중 페이스북에서 하버드대학이 약속한 안정된 미래보다 더 빛나는 '약속의 땅'을 발견한 것이다.

하버드대학에 입학했을 당시 주커버그는 앞으로 어떤 일을 하게 될지는 아무도 알 수 없었다. 하지만 페이스북이라는 아이디어를 생각해내고 구체화해 나가면서 그의 미래는 크게 변화했다.

"우리가 새로운 흐름을 만들어낸 것이 아니라 사회가 마침내 받아들인 것이다."

아무리 뛰어난 재능의 소유자라도 성공하려면 운이 필요하다. 너무 일찍, 혹은 너무 늦게 찾아온 천재적인 재능은 비극을 낳을 뿐이다. 그런 점에서 주커버그가 SNS에 뛰어든 것은 절호의 타이밍이었다. SNS 자체는 이미 새로운 시장이 아니었다.

오늘날과 같은 형태의 SNS는 1997년 뉴욕에서 시작했다. 바로 '식스디그리스SixDegrees.com'다. 식스디그리스는 최측근부터 시작해 누구라도 여섯 단계를 거치면 세상의 모든 사람과 연결될 수 있다는 개념에서 출발했다. 실명주의를 기반으로 자신이 관심사 등을 적은 프로필을 만들어 친구들과 연결될 수 있었다. 사용자가 찾고 있는 특정한 조건을 입력하면 해당하는 사람을 찾아주는 기능도 있었다. 하지만 당시는 야후나 MSN 같은 포털 사이트의 전성기여서 사람들의 관심은 아직 SNS로 향하지 않았다.

더군다나 그때까지만 해도 인터넷을 사용하려면 끔찍하게 느린 전화 모뎀으로 접속해야 했다. IT의 세계에서는 속도가 지상 과제이지만, 너무 빠르면 시대가 따라오지 못한다. SNS의 본격적인 보급은 식스디그리스가 서비스를 중지한 이듬해인 2002년에 '프렌드스터Frendster'가 등장하면서 시작했다. 그다음 해인 2003년엔 '마이스페이스My Space'가 서비스를 시작하면서 시장이 커졌다. 그런 사항에서 2004년 페이스북이 등장한다.

프렌드스터나 마이스페이스가 '익명주의'인 데 반해 페이스북은 '실명주의'였다. 익명으로 무엇이든 할 수 있는 것을 당연하게 여기던 인터넷 세상에서 실명으로 자신의 사진을 내걸고 사실만을 기재하는 문화를 도입한 것이다. 그 당시 사회는 익명이 주는 자유로움이 악용되면서 점점 사이버 상에서도 '신뢰'가 중요하다는 인식이 싹트기 시작한 시점이다. 시대의 흐름은 절대적이다. 흐름을 거스르면 너무 빨라도, 너무 느려도 거부당한다.

주커버그의 페이스북은 시대의 흐름에 순응한 결과물이다.

"개인이 가지고 있는 지식을 끌어내어 공유하면 더 뛰어난 지식으로 집대성
　할 수 있다."

　페이스북이 등장한 2004년, 인터넷 세계의 최강자는 구글이었다. 그로
부터 불과 6년 뒤인 2010년, 페이스북이 구글을 제치고 인터넷 사이트
접속 세계 1위로 올라섰다. 페이스북이 구글 제국 속에서 새로운 제국을
건설할 수 있었던 이유는 무엇일까?

　그것은 '풀Full'과 '푸시Push'의 차이다. 어떤 단어를 검색해 수백, 수천에
이르는 결과가 표시되면 사용자가 그중에서 스스로 답을 찾는 것을 '풀
모델'이라 한다. 구글의 목표는 전 세계의 웹페이지를 모두 모아서 사용자
가 원하는 답을 제공하는 것, 그것도 가능하다면 단 하나의 완벽한 답을
제공하는 것이다. 이에 반해 페이스북은 '푸시 모델'이다. 이는 친구들이
서로 정보를 가르쳐주며 서로 추구하는 방향으로 등을 '밀어주는' 방식이
다. 이렇게 하면 손쉽게 원하는 답을 얻을 수 있다.

　인터넷을 이용하면 다양한 지식을 가지고 있는 사람의 힘을 빌릴 수
있다. 그렇게 하면 예전처럼 끙끙 앓을 필요가 없이 무엇이든 할 수 있다.
구글은 '가장 많이 링크된 것이 최고의 해답'이라고 생각했고, 페이스북은
친한 친구의 지식을 활용하거나 모으는 데 중점을 두었다. 네이버의 '지식
인'도 대표적인 '푸시 모델'의 대표적인 사례이다.

"필요한 정보를 모두 제공하는 것은 기술적으로는 가능하다. 그러나 아무도 그러
　기를 원하지 않는다. 사람들의 관심사는 정보를 자기 손으로 통제하는 것이다."

"사용자의 관점에서 생각하라.", "흐름을 파악하라."라는 말은 종종 사용된다. 하지만 구체적으로 어떻게 해야 하는지에 대한 답을 주기는 어렵다. 아직 세상에 없는 것을 내놓을 때는 설문조사를 한 들 의미가 없다. 숫자를 늘어놓은들 미래는 보장되지 않는다.

2005년 페이스북 사용자가 500만 명을 돌파할 무렵 새로운 기능을 추가했는데, 바로 사진 공유 서비스였다. 당시 카메라가 내장된 휴대전화가 급속하게 보급됨에 따라 사진 촬영횟수가 비약적으로 늘었고, 사람들은 방대한 양의 사진을 어떻게 즐기고 활용할지가 관심사였다. 이에 주커버그는 사진을 페이스북에 업로드하고 함께 찍은 사람의 이름을 태그로 달 수 있도록 했다.

다만 친구로 승인받은 상대의 이름만 태그로 달 수 있게 했으며, 자신의 이름이 태그로 달린 상대에게는 알림 메시지를 보내도록 했다. 이 아이디어는 큰 성공을 거두었다. 주커버그는 이처럼 모두가 공유하고 싶어 하는 것, 알고 싶어 하는 것이 중요하다고 생각했다. 하지만 한편으론 사람에게는 공유하고 싶지 않은 정보도 있다.

사람은 모든 정보에 접근하고 싶은 욕망을 품고 있다. 그러나 한편으론 자신에 관한 정보는 접근이 가능한 것과 불가능한 것으로 명확히 나눠서 통제하고 싶어 한다. 주커버그는 그런 모순적인 욕구의 귀결점을 페이스북에 각종 기능을 추가함으로써 하나하나 손에 넣었다.

03

IT 혁명을 이끈 제프 베조스

우리가 흔히 말하는 '아마존'은 남미에 있는 세계 최대의 강을 말한다. 지구 최대의 생태계를 자랑하는 아마존은 광활한 '소비의 시대'에도 그대로 적용된다. 바로 닷컴 신화인 아마존닷컴이 모든 것을 하나씩 만들어 가고 있다. 온라인 서점에서 세계 최대의 전자상거래업체로 성장한 아마존은 일반 상품에서 IT 서비스 및 콘텐츠와 디바이스 유통까지 소비자가 원하는 것을 찾아내고 판매한다.

- 이름 : 제프 베조스(Jeff Bezos)
- 출생 : 1964년 1월 12일
- 학력 : 프린스턴대학교 컴퓨터공학
- 국적 : 미국/뉴욕
- 가족 : 부인 매킨지 터틀
- 경력 : 2014 현재 아마존닷컴 CEO
  1994 아마존닷컴 설립

꿈을 위한 도전, 우주항공

2010년 이후로 아마존의 변신은 가속화되고 있다. 종이책의 유통에서 전자책의 유통으로, 물리적 재화에서 디지털 재화로 그들의 비즈니스 생태계를 재구성하고 있다. 이러한 아마존의 힘은 과연 어디에서 나오는 것일까? 아마존 창업 때부터 사업 전략의 키워드는 'Get Big Fast'이다. 아마존은 이런 철학을 기반으로 구축한 강력한 플랫폼을 무기로 삼아 전 세계 시장을 점유하기 위해 시작했다.

아마존의 상품 카테고리는 지구 상에서 선택권이 가장 큰 것으로 유명하다. 사업의 확장성 또한, 무궁무진하다고 볼 수 있다. 그중 재미있는 사업 모델은 블루오리진Blue Origin이라는 회사를 운영하면서 우주항공 산업에까지 손을 댄 것이다.

머지않은 시점에 아마존의 우주여행 상품이 나올지 모른다. 블루오르진은 우주선 제작 비용을 줄여 비싸지 않은 가격으로 안전한 우주여행을 할 수 있도록 제프 베조스가 사비를 투자해 2000년에 창업한 우주선 제작 및 발사 회사다.

베조스는 블루오리진의 인수를 통해 우주항공의 꿈을 실현 중이다.

제프 베조스는 인간을 영원히 우주에서 머무르게 한다는 꿈을 이루기 위해 물리학자, NASA를 그만둔 과학자, 우주산업 기업을 차렸다가 망한 사람, 평생 로켓에 관심을 보여온 공상과학 소설가 등을 블루오리진의 로켓 연구진으로 채용했다.

제프 베조스 자신도 끝없는 도전을 매우 중요하게 생각한 사람이라 이런 식으로 우주항공 산업 관련 경험자들과의 프로젝트는 아마존 내 프로젝트와는 또 다른 도전 욕구를 강하게 불러일으키기에 충분했다.

그는 기존의 닷컴 기업들이 가보지 않은 길을 걷고 있으며, 우주산업에 진출한 첨단 기술 기업가 대열 선두에 서 있다. 도전과 모험을 거부하지 않는 기업가다운 강한 자신감으로 무장한 베조스는 최신 IT 기술을 이용해 정부기관의 기술자들보다 훨씬 저렴한 비용으로 우주비행을 할 수 있는 신개념의 로켓을 만들 수 있다고 확신하고 사업을 추진 중이다.

블루오리진은 회사 설립 이후 경영정보를 거의 공개하지 않다가, 2007년 1월 2일 공식 홈페이지에 실험용 우주선인 '고다드Goddard'호의 동영상과 사진을 공개했다. 고다드 호는 2006년 11월 텍사스 서부 지역의 컬버슨카운티의 시험 발사장에서 성공적으로 시험 비행을 마쳤다.

베조스는 유년시절부터 NASA의 인공위성 발사와 달 탐사를 보며 우주비행사의 꿈을 키웠다. 2012년 4월, 그는 1969년 아폴로 11호의 발사 추진체를 찾기 위해 사재를 투자하기도 했다. 태평양 심해에 떨어진 아폴로의 로켓 잔해는 이미 위치 추적이 완료되어 안전하고 정밀한 발굴을 통한 복원이 진행될 예정이다.

아마존의 역사 제프 베조스

제프 베조스는 1964년 1월 미국 뉴멕시코 앨버커키에서 태어났다. 당시 그의 어머니는 17세의 고등학생이었다. 그녀는 1년 6개월 후 싱글맘이 되었고, 쿠바에서 탈출한 이민자 미구엘 베조스와 재혼했다. 양아버지인 미구엘 베조스는 부지런한 성품과 뛰어난 두뇌로 훗날 석유기업인 엑손Exxon의 경영진까지 오르는 등 그의 든든한 롤모델이 되었고, 향후 아들이 사업하는 데도 큰 영향력을 끼친 가슴 따뜻한 아버지였다.

제프 베조스는 어린 시절부터 남다른 아이로 여겨질 만큼 우수한 재능을 보였다. 세 살 때 어른 침대를 사용하겠다며 자신의 아기 침대를 분리해서 어른 침대로 바꾸려고 드라이버를 들었던 일화도 있다. 초등학생 시절 자기 방 출입문에 사이렌 경보장치를 달아서 동생들이 들어오면 알람이 켜지게 하는 등 아이디어와 기술에 뛰어난 재능을 보이기도 했다.

고등학교 시절에는 플로리다대학에서 주최한 과학교육 프로그램에 참여해서 실버 기사상을 수상하기도 했다. 그는 고등학교 시절 SF소설을 주로 탐독하고, 우주인이 등장하는 '스타트렉' 시리즈도 즐겨봤다. 프린스턴대학에 입학해서 이론물리학을 전공했지만, 최고의 수재들 사이에서 좌절하고, 이후 컴퓨터과학과 전기공학에 더 애착을 보여 최우수등급으로 졸업했다.

졸업반 시절 앤더슨컨설팅, 인텔 등 세계적인 기업의 제안을 거절하고, 신생 벤처회사인 피텔이란 회사에 취직했으나, 곧 월스트리트의 금융회사인 뱅커스 트러스트로 이직했다. 그 후 그의 능력을 입증한 곳은 세 번째 직장인 헤지펀드 '디이 쇼DE Shaw'에서였다.

베조스는 디이 쇼에서 만난 매킨지 터틀과 결혼했다.

디이 쇼의 창업자인 데이비드 쇼는 예술적인 재능과 더불어 직관력과 분석 능력을 두루 갖춘 인물이었고, 제프 베조스와 업무 호흡이 잘 맞아 인간적 교감을 나눌 수 있을 만큼 돈독했다.

베조스는 당시 디이 쇼의 동료였던 매킨지 터틀Mackenzie Turtle과 결혼한 후 네 명의 자녀를 두었다. 매킨지는 현재 소설가로 활동 중이며 2006년에는 전미서적협회 최우수도서상을 수상하기도 했다. 베조스가 매킨지와 결혼한 1993년은 온라인으로 월드와이드웹 서비스가 시작된 해였다. 당시 베조스는 빠른 속도로 성장 중인 인터넷 분야에서 유망 사업을 찾는 중책을 맡았다. 베조스가 창업자인 데이비드 쇼에게 제시한 신사업 아이템은 인터넷 도서 판매 사업이었다.

베조스는 전자상거래의 잠재력을 감지하고, 직감적으로 컴퓨터, 소프트웨어, 음악, 의류, 책 등이 전자상거래에 적합한 상품이라고 판단했다. 특히 그는 음악 산업이 몇 개 회사에 의해 지배되고 있었지만, 서적유통 사업은 지배적인 사업자가 별로 없다는 사실에 주목했다.

최종 결정 당시 그의 판단 기준이 된 것은 그 유명한 '후회 최소화 프레임워크Regret Minimazation Framework'였다. 그는 자신이 여든 살이 되었을 때를 가정해봤다. 그리고 지금이 그때 시점이라면 인생을 되돌아보면서 후회할 일을 가장 줄이는 방법을 생각해보기로 한 것이었다. 아마존의 역사는 이렇게 시작되었다.

그는 다양한 분석을 토대로 인터넷 전문가가 많고, 대형 서적도매상인 인그램Ingram과 베이커&테일러Baker & Tailor가 있는 시애틀로 향했다. 1994년 7월 5일, 아마존의 전신인 '카다브라Cadabra'를 설립하였다.

1994년 11월부터 1995년 2월 사이에 제프 베조스와 창립 멤버들은 소프트웨어를 만들기 위해 쉬지 않고 일했고, 아마존Amazon이라는 회사

이름도 이때 탄생했다. 베조스는 세계에서 가장 큰 강인 아마존의 규모를 빗대어 "2등 경쟁자보다 10배 더 큰 회사를 만들고 싶다."라는 포부를 품고, A로 시작하는 이름이면 인터넷 검색 엔진 사이트에서 최상위 랭킹에 오를 수 있을 것이라는 생각으로 아마존이라는 이름을 붙였다.

제프 베조스는 아마존 사이트 오픈 초기에 주문 대응력을 신속하게 진행하기 위해 고객이 인터넷을 통해 책을 주문할 때마다 벨이 울리도록 시스템을 만들었다. 하지만 고객 방문과 주문이 쇄도하며 벨소리가 끊이지 않고 울려대자 결국, 벨 소리가 나지 않도록 수정한 일화로 유명하다.

아마존은 웹사이트에 5개 만점의 별점 평가방식의 독자 리뷰를 도입하면서 업계의 관심을 끌었고, 도서 간의 연계성을 분석하고 적용해 고객의 편의성을 최대화했다. 이후 1995년 7월에는 미국 50개 주와 전 세계 45개국에 도서 판매 채널을 확장하는 등 빠른 속도로 성장 궤도에 오르기 시작했다.

제프 베조스는 사이트 운영 45일 만에 폭발적인 판매량을 감당하지 못해 파산위기에 몰렸지만, 실리콘밸리의 유명한 벤처캐피털인 KPCB로부터 1996년 800만 달러의 현금 투자를 받으며 기사회생했다.

1997년 5월 아마존은 1주당 18달러로 주식시장에 상장했다. 기존 오프라인 중심의 출판 유통업계를 평정한 것은 그의 원대한 꿈의 첫 단계에 불과했다. 아마존은 1997년 6월 CD와 DVD를 판매하는 음악 서비스를 오픈했다. 사업 아이템을 확대하면서 1998년에 장난감과 게임, 소프트웨어와 각종 선물까지 상품 카테고리를 확장해 나갔다. 이러한 제프 베조스의 벤처 정신을 높이 산 [타임]지는 그를 사이버 상거래의 왕이라 칭하며 1999년 '올해의 인물'로 선정했다.

　그러나 2000년 닷컴 버블 붕괴로 아마존의 주가도 100달러에서 6달러로 곤두박질치며 절체절명의 위기에 빠졌지만, 특유의 낙천적인 성격으로 베조스는 종합 인터넷 쇼핑몰 구축을 위한 사업 다각화를 멈추지 않았다. 결국, 창업 후 9년이 흐른 2003년, 아마존은 창업 이후 최초로 3,500만 달러의 순이익을 기록하며, 인터넷 기업의 거품 붕괴에서 살아남은 몇 안 되는 최고의 기업으로 평가되었다.

　항상 한발 앞서 트렌드를 읽고 새로운 사업 기회를 찾아내는 것은 베조스와 아마존이 가진 최대 장점이다. 많은 사람이 위험하고 불안정하다고 피할 때, 아마존은 더욱 강력하게 도전하고 핵심에 집중하면서 난국을 돌파하는 힘이 있었다.

　2000년대 초반부터 시작한 아마존웹서비스AWS는 기업이나 개인에게 웹사이트 구축부터 결제, 배송에 이르는 전 과정에 필요한 플랫폼을 제공해 수익을 창출해 나갔다. 또한, 그는 2007년 킨들Kindle을 처음 선보이며 "책은 사리지지 않는다. 다만 디지털화될 뿐."이라고 말하면서 전자책 시장의 패러다임을 뒤흔들었다. 1995년 51만 달러의 매출을 기록한 아마존은 2009년 말에는 2,015억 달러의 매출을 기록하기에 이른다.

　'아마존은 곧 제프 베조스이고, 제프 베조스는 곧 아마존'이라는 등식이

성립될 정도로 아마존의 성공에는 베조스의 밝은 성격에 경쟁을 좋아하는 완벽주의가 심어져 있다. 오프라인 기반의 유통산업과 첨단 IT 산업의 두 개의 거대한 축을 끝없는 도전과 용기 그리고 성공으로 만들어 가는 제프 베조스와 아마존호의 미래에 더욱 기대된다.

아마존의 경영철학

제프 베조스에게 아마존의 혁신기업으로서 DNA는 뭐냐고 물어보면 뭐라 대답할까?

베조스는 아마존이 창의적 사람으로 둘러싸여 있다고 한다.

베조스는 아마존에 입사를 원하는 지원자 모두에게 물어본다.

"당신이 개발해낸 것을 말씀해 주시겠어요?"

베조스는 이렇게 설명한다.

"지원자들이 만든 건 사소한 것일 수도 있어요. 이를테면, 작게는 식기 세척기에 그릇 넣는 법일 수도 있고, 크게는 고객 체험을 개선하는 제품 기능이나 프로세스일 수도 있지요. 단지 나는 지원자들이 새로운 것을 시도해 보는 사람인지 알고 싶을 뿐입니다."

CEO가 전체 지원자에게 뭔가를 만들어 본 적이 있는지 묻는다는 것은 창의력을 기대하고 중시한다는 뜻이다.

"저는 또한 자신이 세상을 바꿀 수 있다고 믿는 사람을 찾습니다. 세상이 변할 수 있다고 생각한다면, 당신이 그러한 세상의 한 부분이 될 수 있다고 믿는 것도 지나친 일은 아니겠지요."

베조스는 실험 프로세스가 중요하다면서 이렇게 말한다.

"저는 직원들이 실험하도록 격려합니다. 실제로 우리에겐 웹 랩Web Lab이라는 그룹이 있는데, 고객 체험 개선법을 알아내기 위해 웹사이트에서 사용자 인터페이스를 지속적으로 실험해보는 책임을 지고 있지요."

마지막으로 베조스는 문화가 얼마나 중요한지 언급하면서, 대부분 기업의 큰 실수는 능동적으로 범하는 '작위 행위acts of commission'가 아니라 수동적으로 범하는 '부작위 행위acts of omission'에 있다고 말했다.
"부작위 행위는 기존에 해온 행동을 계속하려는 것과는 상반되는 의미입니다. 즉 기존에 하던 것을 하지 말아야 할 때 괜스레 매달리는 것이지요."

그래서 베조스는 직원들에게 새로운 무언가를 출시해야 할지 고민할 때 'Why not?'하는 질문을 하도록 격려한다.
베조스는 자신처럼 새로운 것을 해보려는 자세를 지닌 사람을 찾는다. 베조스는 혁신적 아이디어를 만들어내기 위해 개인적으로 실험을 즐긴다. 직원들이 실험하는 것을 적극적으로 권장하기 위해 아마존의 프로세스를 만들어갔다. 그는 또 '~하면 안 될까?'라고 이의를 제기하면서 도약하려고 노력한다.
결국, 이 철학은 아마존 문화의 한 축이 되어 직원들 역시 '~하면 안될까?'라고 반추하며 도약을 꿈꾸게 되었다.

04

마우스의 창시자 엥겔바트

현재 우리는 컴퓨터를 사용하는 데 없어서는 안 되는, 아니 매우 불편한 도구가 있다. 마우스다. 1984년, 컴퓨터의 역사상 기념비적인 PC가 등장한다. 애플이 선보인 매킨토시다. 1984년 1월, 전 미국 시민을 상대로 중계한 슈퍼볼 게임에서 애플이 선보인 TV 광고는 1억 명에 가까운 시청자가 볼 수 있었다. 이 광고에 등장한 매킨토시 한쪽에 이전 컴퓨터에서는 볼 수 없었던 손바닥보다 작은 크기의 조그만 기기가 있었다. 마우스다.

- 이름 : 더글라스 엥겔바트(Douglas Engelbart)
- 출생 : 1925년 1월 30일~2013년 7월 2일
- 학력 : UC 버클리
- 국적 : 미국/오레곤주
- 가족 :
- 경력 : 2005년 컴퓨터 역사박물관 연구원
  1989년 부트스트랩 연구소

혜성처럼 나타난 마우스의 존재감

"애플은 1월 24일 매킨토시를 소개합니다. 1984년은 [1984]와 다를 것입니다."

1984년 1월 22일, 제18회 슈퍼볼 대회의 중계방송에 삽입된 이 짧은 광고는 영화 '에일리언'을 감독한 리들리 스콧이 만든 것으로 CBS 방송을 타고 1억 명의 전 미국 슈퍼볼 시청자에게 전파되었다. 이는 그 당시 PC 시장을 주도하고 있던 빅브라더 격인 IBM에 과감하게 도전하는 애플을 상징적으로 나타낸 기념비적인 광고다.

CBS는 이 광고를 단 한 차례 내보냈으나, 이 광고를 본 수많은 시청자의 문의 전화가 방송사와 애플에 빗발쳤다. 그러나 이 광고보다 더 혁명적인 것은 매킨토시 한쪽에 얌전히 놓인, 이전 컴퓨터에서는 볼 수 없었던 손바닥보다 작은 크기의 조그만 기기였다. 바로 마우스다.

1984년에 출시한 애플의 매킨토시 컴퓨터와 마우스

애플의 매킨토시와 함께 혜성처럼 나타난 마우스에 대한 언론의 호평과 악평이 쏟아졌다. 어느 일간지 칼럼니스트는 "매킨토시는 '마우스'라고 부르는 실험적인 포인터를 사용해야 한다. 하지만 사람들이 이것을 사용하고 싶어 한다는 증거가 없다. 나는 이 새로운 기기를 사용하고 싶지 않다."라고 말하며, 이 파괴적 혁신을 가져다준 기기에 독설을 퍼부었다.

호평도 있었다. 시사주간지 〔타임〕지에서 월스트리트 분석가 울릭 웰일Uric Well은 리사II의 마우스에 대해 호평을 내놓았다. 그는 "마우스로 제어되는 컴퓨터 리사는 사람과 기계가 통신하는 방법을 영원히 바꿀 것"이라고 말했다.

이전의 컴퓨터는 DOS 방식의 명령어 입력으로 키보드를 이용하여 정보를 처리했지만, 애플의 매킨토시는 그래픽에 의한 정보처리 방식이라는 획기적인 아이디어를 선보였는데, 여기에서 큰 역할을 차지한 것이 바로 마우스였다.

마우스를 움직여 아이콘을 선택하는 방식은 컴퓨터 언어에 대해 잘 모르는 사람도 쉽게 접근할 수 있도록 하였다. 매킨토시 컴퓨터 못지않게 마우스는 그 자체적으로 존재감을 과시하였다. 그러나 마우스는 이로부터 16년 전인 1968년에 만들어졌으며, 그 발명자는 애플이 아니었다.

모든 데모의 어머니, 엥겔바트

1968년 12월 9일, 샌프란시스코 시민회관 대강당, 컴퓨터 콘퍼런스에는 천여 명의 관객이 객석을 채우고 있었다. 22인치 화면을 뒤로하고 무대에 선 43세의 스탠퍼드 연구센터SRI 연구원은 관객 앞에서 새로운 컴퓨터를 영상을 통해 시연하기로 되어 있었다. 그의 이름은 더글러스 엥겔바트Douglas Engelbart로, 그 순간 자신의 시연이 컴퓨터 역사에 길이 남을 것이라고는 짐작하지 못했다.

당시 언론에 실린 시민회관 발표회에 대한 기사 내용과 시연장면

당시 발표회에서 볼 수 있는 프레젠테이션 화면이라고 해야 슬라이드를 보여 주는 것이 고작이었다. 엥겔바트가 들고 나온 것은 동료들과 연구해 오던 원격 화상회의 원형인 온라인 시스템 즉 NLS_{oN Line System}였다.

무대 위에 설치된 NLS 터미널은 거기에서 40km 떨어져 있는 스탠퍼드대에 있는 스탠퍼드 연구센터와 연결되어 있었다. 당시의 통신속도는 형편없는 수준이었으나, 카메라 두 대를 연구센터에, 또 다른 두 대는 시민회관 무대 위에 각각 설치했다. 무대 위의 카메라 한 대는 엥겔바트의 얼굴을, 다른 한 대는 그가 마우스와 키보드를 다루는 모습을 잡았다.

대형화면에는 엥겔바트와 연구센터에 있는 동료의 모습이 번갈아 비쳤으며, 메시지를 주고받는 컴퓨터 화면의 모습도 나타났다. 컴퓨터 화면에 나타난 글자는 조악하기 그지없었지만, 하이퍼텍스트 링크까지 포함된 이 날의 시연은 다음 해부터 본격적으로 시작될 인터넷 혁명의 예고편이었다.

"제가 클릭하고 바로 점프해 보겠습니다. 마술 같죠?"

엥겔바트가 마우스를 이용해 스크린 상에서 텍스트를 하이퍼텍스트로 링크했다. 화면을 여러 개의 창으로 나눠 쓰거나 서로 관련된 문서를 순식간에 보여 주는 하이퍼텍스트 기능은 사람을 놀라게 하기에 충분했다. 이 것은 엥겔바트의 팀이 개발해온 NLS의 일부이자 1년 후 실현될 아파넷 APRNET의 기초가 되는 기술이었다. 엥겔바트는 이날 양방향 화상 회의까지 시연하면서 NLS 기술을 맘껏 뽐냈다.

90분 동안의 시연이 끝나자 긴 충격에서 깨어난 관객은 엥겔바트의 발표 종료와 함께 기립박수를 보냈다. 또한, 같은 컴퓨터 공학자인 브라운대의 밴 댐 교수가 보기에도 믿을 수 없을 정도로 엥겔바트의 시연은 충격적이었다. 밴 댐 교수는 후일 이 시연에 대해 '모든 시연의 어머니Mother of All Demos'라고 부르면서 이 위대한 발명에 찬사를 보냈다.

마우스, 획기적인 포인팅 디바이스

1963년 엥겔바트가 스케치한 최초의 마우스는 나무로 된 사각형 기기 아래 서로 수직으로 향한 원반 2개를 버튼으로 가로, 또는 세로로 이동시키며 조작하는 것이었다. 스탠퍼드 연구센터에서 개발한 마우스가 나오면서 1968년에는 3개의 버튼을 가진 모델이 등장했다.

최초의 마우스와 엥겔바트

2008년 〔텔레그래프〕지가 마우스 등장 40주년을 기념해 시도한 인터뷰에서 엥겔바트는 마우스 개발의 원천에 대해 이야기하였다. 그는 1948년 필리핀에서 레이더병으로 근무하던 시절의 경험에서 착상된 것이라 말하며, 당시 미국 첨단 국방 기술의 아버지이자 물리학 사령관이라는 버니버 부시Vennevar Bush가 쓴 '우리가 생각하는 것처럼As We May Think'이란 글을 읽은 이후 큰 충격을 받았다고 한다.

특히, 그는 '미멕스MeMEx'라는 하이퍼텍스트와 인터랙티브 기계에 대한 버니버의 구상에 큰 영감을 얻었다. 미멕스는 '기억을 확장해 주는 기계

MeMory Extender'의 준말로, 기계를 통해 자료를 찾아내는 색인 방식을 만들고, 색인에 표시된 책의 코드를 키보드로 입력해 해당하는 책의 페이지가 바로 화면에 투영되도록 하는 기계였다. 이른바 하이퍼텍스트의 선구적인 개념을 담은 기계였다.

> "레이더가 조작자의 입력을 받아들일 수 있듯이 컴퓨터도 그럴 것이라 봤죠. 나는 우리가 컴퓨터를 훨씬 더 효율적으로 사용할 방법이 있을 것으로 생각했어요."

피아노 건반같이 생긴 다섯 개의 키를 사용하는 이른바 '코드 키보드'가 컴퓨터 일반 자판 키보드와 함께 사용되고 있던 시절이었다. 초기의 마우스가 오늘날의 모습을 갖추기까지는 오랜 시간이 걸렸다. 그의 연구팀은 아주 단순한 것부터 시작했다. 컴퓨터가 스크린 상의 아무 위치에서나 객체를 만들 수 있는지, 커서를 그 밖의 다른 곳에 놓을 수 있는지 등을 체크하는 것부터 시작했다. 그 결과 마우스가 모든 다른 컴퓨터 입력기구보다 빨리 작동된다는 것을 알아냈다.

전대미문의 새로운 발명품인 이 기기는 이전보다 작업 속도를 현저하게 빠르게 높여 주었다. 컴퓨터 조작 상의 실수도 대폭 줄여 주었다. 그 이후로 수차례에 걸쳐 테스트가 이어졌고, 그러는 사이 누가 맨 처음 '마우스'라고 명명하기 시작했는지 아무도 기억하지 못했다.

어느덧 마우스가 세상에 나온 지도 반세기가 되었다. 그러나 엥겔바트가 미래에도 살아남을 것이라 믿었던 마우스도 새로운 기술의 도전을 받고 있다. 아이폰 출시 이후 스마트폰에서 사용되고 있는 터치스크린 기술이나 마이크로소프트가 개발한 키넥트라는 무접촉 동작인식 기술이 빠르게 마우스를 대체하고 있다.

05

집단지성의 선구자 지미 웨일즈

집단지성의 힘은 엄청났다. 위키피디아는 누구든지 인터넷 사이트에 접속해서 직접 지식과 정보를 올릴 수 있으며 기존에 등록된 정보를 수정, 보완할 수 있는 새로운 형식의 백과사전이다. 영어판 위키피디아에 의하면, 2012년 12월 현재 285개 언어의 위키피디아가 있다고 한다. 위키피디아는 네트워크 상에서 이루어지는 지식과 정보의 협동적인 생산 또는 공유라는 집단지성의 원리가 가장 잘 반영된 것으로 200년이 넘는 브리태니커의 권위를 무너뜨린 장본인이다.

- 이름 : 지미 웨일즈(Jimmy Wales)
- 출생 : 1966년 8월 7일
- 학력 : 앨라배마 대학 석사
- 국적 : 미국/앨라배마주 헌츠빌
- 가족 : 배우자 크리스틴
- 경력 : 2004 위키아 CEO
        2006 위키미디어 재단 명예이사

집단지성에 무너진 MS와 브리태니커

"2009년 12월 31일 이후로 MSN 엔카르타 웹사이트는 폐쇄될 예정입니다. 그리고 마이크로소프트 학생판과 엔카르타 프리미엄 소프트웨어 제품은 6월까지만 판매합니다."

2009년 3월 30일, 마이크로소프트가 발표한 내용이다. 10년 전 펑크 & 웨그널스 사의 백과사전을 인수해 야심차게 키워왔던 CD롬 백과사전 사업과 온라인서비스 사업의 폐지를 선언한 것이다.

마크 앤드리센의 넷스케이프를 인터넷 익스플로러로 단숨에 꺾어 버린 MS가 태어난 지 8년밖에 안 된 무명의 무료 온라인 백과사전인 위키피디아Wikipedia에 밀려 결국 항복하고 말았다.

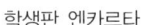

학생판 엔카르타   엔카르타 프리미엄 소프트웨어   엔카르타 웹사이트

2004년 7월 28일, 영국 [파이낸셜타임스]의 기사를 본 전 세계 사람은 눈을 의심하지 않을 수 없었다. 집단지성을 모토로 한 온라인 백과사전 '위키피디아'가 백과사전의 대명사인 '브리태니커'를 압도하고 있다는 내용이다. 위키피디아의 영단어 수록 건수가 브리태니커의 3배인 30만 건을 넘어섰고, 하루 평균 870만 건수를 기록하며, 조회 건수도 브리태니커를 크게 앞질렀다는 내용이다.

그로부터 2년 후, 위키피디아의 색인 항목 수는 브리태니커의 5배로 늘어났다. 이는 200년이 넘는 전통을 자랑하는 브리태니커가 침몰하기 시작했음을 알리는 경종이었다.

천하의 마이크로소프트와 브리태니커를 침몰시킨 장본인은 증권 및 선물거래인 출신의 지미 웨일즈Jimmy Wales란 청년이었다. 그는 닷컴 신화의 상징인 넷스케이프의 성공에 자극받아 인터넷이라는 새로운 기회의 땅에 매혹되었다. 1996년, 서른 살의 나이로 '보미스'라는 포르노사진 웹사이트를 만들었는데 결국 실패하고 만다.

1768년에 최초 발간한 브리태니커 백과사전

위키피디아의 탄생과 지미 웨일즈

1998년, 지미 웨일즈는 백과사전을 편집해 온라인에서 서비스하는 아이디어에 착안했다. 처음에는 전통적인 종이 백과사전 편집방식을 따랐는데, 1년간 12만 달러를 투입했지만, 성과가 없었다. '누피디아Nupedia'라는 이름이 붙은 이 사전이 작성 목록은 달랑 24개였다. 전문가들을 위촉해 주제별로 검토하고 승인하는 7단계를 거쳐야만 해당 항목이 등록되었다.

당연히 발간은 지체될 수밖에 없었다. 이런 상황에서 누피디아가 도태되는 것은 시간문제였다. 그런데 누피디아가 폐쇄되기 직전에 한 직원이 아이디어를 냈다. '검토, 승인 과정을 생략하고 누구라도 글을 올리고 편집할 수 있도록 하자.'는 것이었다. 결과는 놀라웠다.

2001년 1월 15일, 지미 웨일즈는 웹에 위키피디아를 올렸다. 첫해에만 16,800개의 항목이 확보되었다. 그의 부모가 살던 하와이에서 쓰는 '위키Wiki'라는 의미는 '빨리'라는 뜻이었다.

　그러나 집단지성의 개념을 적용하여 열린 백과사전을 추구한 위키피디아는 정보의 신뢰성을 어떻게 확보하느냐가 중요한 문제로 떠올랐다. 익명성이 문제였다. 익명성을 악용해 거짓 정보나 음란물, 특정인의 명예를 훼손하는 등 인터넷 질서를 파괴하는 '반달리즘Vandalism'이 나타나기 시작한 것이다. 반달리즘이란 5세기 초 유럽의 민족 대이동 때 아프리카에 왕국을 세운 반달족이 지중해 연안에서 로마에 이르는 지역까지 약탈과 파괴를 일삼는 데서 유래된 프랑스어다.

　실제로 2007년 8월 15일, 영국 BBC의 조너선 필데스 기자는 "미국 중앙정보국과 로마교황청이 전 세계 인터넷 이용자가 사용하는 온라인 백과사전인 '위키피디아'의 편집을 조작하고 있다."라고 폭로했다. 세부적인 근거까지 제공하는 등 파장이 컸지만, 그것은 빙산에 일각이었다.

　또한, 정보의 정확성에 대한 논쟁도 있었다. 2005년 12월 14일, 과학 전문 잡지인 [네이처Nature]가 각계 전문가에게 브리태니커 백과사전과 위키피디아의 과학 관련 항목 50개의 정확성을 비교 검토한 결과를 기사화한 것이다. 기사는 "브리태니커에서는 123군데, 위키피디아에서는 162군데의 오류가 나왔다."라고 전했다. 이에 대해 브리태니커는 기사 내용이 과장되었다고 반박하며 조사발표문 철회를 요구했다.

　위키피디아는 결국, 모든 항목에 대해 열린 정책을 고수하기가 힘들었다. 2005년 12월 위키피디아는 이전까지 언제든지 고칠 수 있는 항목 수정 권한을 제한하는 정책을 시행하게 됐다. 또한, 2009년에는 생존 인물에 한해 편집자 승인을 거쳐 정보를 게재하도록 '사전검토제Flagged revisions'를 도입했다.

2011년 설립 10주년을 맞이한 위키피디아는 정보의 품질을 높이는 작업의 하나로 16개 대학과 파트너십을 맺고 대학의 학생들이 교수의 지도로 공공정책에 대한 글을 쓰고 올리는 작업을 하게 하는 등 지속적인 노력을 기울이고 있다.

위키노믹스의 탄생과 집단지성의 미래

일반 대중에 의한 협업과 집단지성의 표출에 의한 위키피디아의 등장과 성공은 인터넷 환경에 새로운 조류를 형성했다. 캐나다의 돈 탭스콧은 위키피디아로부터 시작된 인터넷 협업이 만들어 낸 '위키노믹스Wiki + Economics'로 불리는 새로운 경제 패러다임의 도래를 예고했다.

위키노믹스의 사례로 금광회사인 '골드코프'의 성공사례를 볼 수 있다. 폐쇄성이 강한 금광업계에서 과감하게 자신의 정보를 공개함으로써 일반인의 관심을 유도하고 더 값진 정보를 얻어낸 경우였다. 즉 새로운 금맥을 찾지 못해 도산위기에 몰리자, 사장인 매큐언이 상금을 내걸고 일반인을 대상으로 인터넷 공모를 한다. 골드코프가 공개한 지질 정보를 토대로 금맥이 있을 만한 후보지를 110곳이나 찾아내고, 이 가운데 새 금맥을 찾아내 극적으로 회생하였다.

또한, 위키피디아가 보여준 것은 정보생산의 새로운 개념이다. 이전까지 브리태니커 백과사전을 비롯해 언론 출판사가 보여 준 정보 생산의 틀은 전문가에 의한 생산으로 정보 생산자와 소비자가 구별되는 구조였다.

그러나 위키피디아는 정보 생산이 소셜 네트워크와 인터넷을 활용하는 일반 사용자에게 넘어가고 있으며, 정보 생산자와 소비자의 구별이 없어지고 있음을 보여 준다.

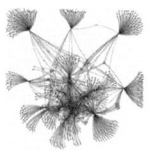

위키피디아는 이 시대의 대표적인 문화 코드로 자리 잡았다. 이러한 성공은 폭로전문 사이트인 '위키리크스Wikileaks'의 탄생에도 기여했다. 위키리크스는 비밀 정보를 같이 캐내고 공유한다는 메시지를 사람에게 쉽게 각인시키고, 인터넷의 집단지성의 새로운 분야를 개척하고 있다.

혁신의 방법으로 회사 내에 숨어 있는 천재들과 집단지성을 활용하는 사례도 있다. CEO가 아무리 똑똑해도 수십, 수백 명의 직원이 내는 아이디어와 그들의 집단 창의성을 뛰어넘을 수는 없다. 미국 로드아일랜드에 있는 라이트 솔루션즈Rite Solutions는 고도의 정밀함이 요구되는 미군의 군사용 소프트웨어와 금융거래 관련 소프트웨어를 개발하는 회사이다. 라이트 솔루션즈가 어떻게 쟁쟁한 경쟁자들을 물리치고 최고 수준의 소프트웨어를 개발할 수 있었을까?

라이트 솔루션즈는 뮤추얼 펀Mutual Fun이라는 사내 주식시장을 운영하고 있다. 직원들은 직종과 관계없이 자신의 아이디어를 사내 주식 시장에 상장할 수 있고, 상장된 아이디어 가운데 성공 가능성이 높은 주식에 자금을 투자하거나 팀을 만들어 프로젝트에 동참할 수 있다. 주식 시장에서는

가장 높은 평가를 받은 아이디어 20개가 매일 업데이트된다. 성공 가능성
이 높은 아이디어에 더 많은 사람과 투자금이 몰리고 아이디어가 실제로
상품화되어 수익을 거두면 참여자끼리 동등하게 배분한다.

지난 2009년에 라이트 솔루션즈는 뮤추얼 펀을 통해 50여 건의 아이디
어를 발굴했고, 이 가운데 15개가 상품화에 성공했다. 이들 제품이 전체
매출에서 차지하는 비중도 무려 20%에 달했다고 한다. 직원들의 집단지
성을 활용한 뮤추얼 펀이 회사의 혁신을 이끈 보물창고가 된 것이다.

라이트 솔루션즈의 혁신을 다룬 미디어와 서적

130만 건의 특허를 소유하고 있는 IBM도 집단지성을 활용하고 있다.
IBM이 세계 최고의 특허 기업이 된 것은 이노베이션 잼Innovation Jam이라
는 일종의 화상 브레인스토밍 회의 덕분이다. 전 세계의 15만 명에 이르
는 IBM 직원들은 해마다 이노베이션 잼 행사를 통해 72시간 동안 각종
아이디어를 쏟아 내고 활용 방안에 관해 토론한다. 이 같은 평직원들의
토론이 끝나면서 다시 50명의 임원으로 구성된 팀이 일차적으로 가능성
이 있는 기술을 추려 내고, 다시 임원들이 회의를 열어 가장 성공 가능성
이 높은 프로젝트를 선발하고 집중적으로 지원한다. 스마트 헬스케어와
무인점포 은행 시스템 등이 모두 이런 과정을 거쳐 개발됐다.

IBM의 Innovation Jam 행사 프로그램

컴퓨터 천재 아이언맨 엘론 머스크

IT에 종사하는 사람 중에는 다양한 천재들이 존재한다. 또한, 그중에는 성공과 함께 부와 명예를 얻고 승승장구하는 사람이 많다. 엘론 머스크는 테슬라, 스페이스엑스, 솔라시티의 CEO이며, 영화 아이언맨의 토니 스타크의 모티브가 된 실존인물로 유명하다. 최근 뉴스에서 그는 뉴욕에서 LA까지 30분 만에 주파하는 '슈퍼 트레인'을 만든다는 계획을 내놓기도 했다.

- 이름 : 엘론 머스크(Elon Musk)
- 출생 : 1971년 6월 28일
- 학력 : 스탠퍼드대학교 응용물리학과 중퇴
- 국적 : 남아프리카공화국
- 경력 : 2008.10 테슬라모터스 CEO
  2006 솔라시티 회장

세상을 흔드는 페이팔 마피아

페이팔 마피아는 엘론 머스크Elon Musk를 중심으로 설립한 페이팔Paypal 출신을 일컫는 말로 유튜브You Tube가 구글에 인수되면서 처음으로 세상에 알려졌다. 페이팔을 이베이eBay에 매각하면서, 페이팔 마피아 대부분은 엄청난 돈을 벌었다. 그 후 각자의 길을 가는데, 그들의 성공신화는 시작에 불과했다.

페이팔 부사장 출신인 레이드 호프만은 현재 페이스북, 트위터 등과 함께 대표적인 소셜 웹 서비스로 이름을 날리고 있는 링크드인Linked in을 설립하고 CEO로 활동 중이다.

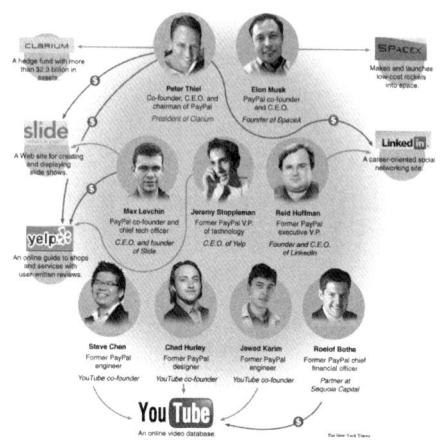

PayPal 마피아의 창업 랠리

피터 씨엘은 엘론 머스크와 페이팔을 창업한 사람으로 페이팔을 매각하면서 번 돈으로 클라리엄 캐피털이라는 헤지펀드를 설립해 운영하고 있다. 클라리엄 캐피털은 설립 당시 자산규모는 1,100만 달러 정도였지만, 2006년 하반기에는 자산규모 23억 달러가 넘는 엄청난 성공을 거두었다.

페이팔의 COO로 일했던 데이비드 삭스는 룸9 엔터테인먼트라는 영화제작사를 만들었다. 담배회사를 풍자한 '흡연, 감사합니다!'란 영화를 만들어 2,400만 달러 수익을 올렸다.

페이팔 CFO로 일했던 인물은 로엘로프 보사다. 그는 페이팔 매각 후 실리콘밸리의 대표적인 벤처캐피털인 세콰이어 캐피털 파트너로 일을 시작했다. 유튜브에 투자하여 구글에 매각될 때 큰돈을 벌게 된다.

페이팔 출신 16명이 2004년 어느 여름, 샌프란시스코에 있는 베트남 식당에서 모임을 하고 있었다. 이들은 한참 재미있는 이야기를 하다가 '좋은 치과의사를 찾는 게 얼마나 어려운가?'에 대한 이야기를 하기 시작했다. 이때 인터넷 사용자에 의한 평판 서비스에 대한 아이디어 논의가 있었고, 이후 구체적인 비즈니스 모델로 나온 것이 스마트폰 기반의 위치기반 서비스인 '옐프'이다.

이처럼 페이팔 마피아는 여느 성공한 기업가들의 행태와는 달랐다. 젊은 나이에 많은 돈을 벌었지만, 이를 쓰면서 편하게 살기보다는, 기업가 정신으로 여전히 새로운 도전을 계속하며, 서로에게 지속적인 자극을 주었다.

남아공 출신 컴퓨터 천재 엘론 머스크

페이팔 창업자 중 한 명인 엘론 머스크는 1971년 남아프리카 공화국에서 태어나 어린 시절을 보냈다. 그의 아버지는 남아프리카 사람으로 엔지니어였고, 어머니는 캐나다 출신으로 뉴욕에서 다이어트 전문가 겸 모델로 활동했다. 아버지 밑에서 자란 머스크는 자연스레 여러 기계를 쉽게 접할 수 있었으며, 그의 나이 열 살 때 처음 컴퓨터를 살 수 있었다. 독학으로 컴퓨터를 익혀 열두 살에는 자신이 개발한 블라스타라는 게임을 500달러에 팔기도 했다.

1988년 고등학교를 졸업한 머스크는 부모에게 독립을 선언하고, 미국으로 건너갈 결심을 한다. 하지만 일단 어머니가 있는 캐나다로 떠난다. 이후 사촌이 운영하는 농장에서 일을 배우며 적응하기 시작했고, 통나무를 베거나 보일러 청소를 하는 등 막노동을 하며 삶을 꾸려 나갔다.

1992년에는 미국 동부의 명문 펜실베이니아 대학교 경제학과에 입학하는데, 1년 연장과 함께 물리학을 복수 전공하게 된다. 그는 언젠가 토머스 에디슨 같은 사회 혁신가가 되기를 원했고, 경제, 경영뿐만 아니라 다양한 학문을 익히며, 자신의 미래 꿈을 세 가지로 정의하였다. 그것은 바로 '인터넷', '청정에너지', 그리고 '우주'였다. 놀랍게도 그는 이렇게 다른 세 영역에서 세계적인 회사를 설립하고 성공적으로 이끌고 있다.

1995년 엘론 머스크는 캘리포니아로 자리를 옮기고, 동생과 함께 온라인 콘텐츠 출판 소프트웨어 회사인 '집2'를 설립한다. 이후 이 회사는 1999년 검색엔진으로 유명한 알타비스타가 인수하면서 머스크는 첫 사업에서 큰돈을 번다.

회사를 성공적으로 창업해서 매각했지만, 그의 창업 정신은 막을 수 없었고, 1999년 3월 온라인 금융서비스와 이메일 결제를 하기 위한 '엑스닷컴'이라는 회사를 창립한다. 1년 뒤에는 '콘피니티'라는 전자금융 솔루션 회사와 합병하는데, 이 회사가 바로 오늘날 주목받는 글로벌 페이먼트 서비스 회사인 '페이팔PayPal'이다.

페이팔은 2001년 2월 공식적으로 출범하면서 승승장구하는데, 세계적인 온라인 쇼핑몰인 '이베이eBay'에서 가장 확실하고 널리 사용하는 지불방식이 되면서 회사의 가치는 수직 상승하게 된다. 페이팔의 가치를 알아본 이베이는 엘론 머스크 등 창립 멤버들을 설득하여 2002년 10월, 이베이 주식 15억 달러 상당으로 교환한다. 엘론 머스크와 페이팔 공동창업자들 또한 이베이의 가치를 알아보았다.

스페이스 엑스, 우주로 가는 꿈을 꾸다

2002년 6월, 엘론 머스크는 이베이와 인수협상을 하는 과정에서 세 번

째 회사인 '스페이스엑스'를 창립한다. 그는 일반인들이 우주여행을 한다
는 공상과학소설 같은 이야기를 실현하고 싶었다. 스페이스엑스가 처음으
로 시작한 일은 로켓을 개발하고 제작하는 것이었다.

그가 개발한 로켓은 '팔콘1'과 '팔콘9'이라 불렸고, 우주선은 '드래곤'
이라 불렸다. 2008년 12월, 스페이스엑스는 그동안 개발된 기술로 미
항공우주국NASA 측으로부터 16억 달러 상당의 우주 왕복에 대한 계약
을 성사시킨다. 그는 이를 통해 우주개발은 반드시 국가가 하는 것이
아니라는 선입견을 깨고, 2010년 첫 번째 로켓 발사를 성공적으로 성
사시킨다.

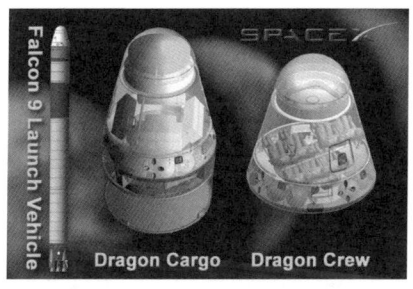

그는 인간은 언젠가는 우주로 나가야 한다는 생각을 오래전부터 가지고
있었다. 지구에 안주해서는 인간의 멸종을 막을 수 없고, 인간이 적극적으
로 우주개척을 통해 미래를 개척해야 한다고 역설했다. 작은 소행성과의
충돌이나 엄청난 규모의 화산폭발로 전 인류가 멸망할 수도 있는데, 가만
히 있다는 것은 일종의 직무유기로 본 것이다.

전기자동차와 청정에너지로 지구를 구한다

페이팔을 통해 인터넷에서 성공하고, 스페이스엑스로 우주로 나가는 꿈을 이루어 가는 과정에서 마지막 남은 꿈인 청정에너지와 관련된 사업을 전기자동차에서 찾았다.

그는 앞으로 자동차는 전기의 힘으로 움직이게 될 것이라는 굳은 믿음을 바탕으로 2004년 '테슬라 모터스'를 설립했다. 현재 이 회사는 세계에서 가장 주목받는 회사가 되었다.

테슬라의 첫 번째 상용차인 스포츠카 형태의 '로드스터'는 이미 상당한 성공을 거두었고, 좀 더 저렴한 세단을 만드는 중이다. 그는 저렴한 전기자동차를 만들어 기존의 자동차 시장을 완전히 대체하는 것을 꿈꾸고 있으며, 초기의 어려움을 극복하고 축적된 기술과 자본력을 바탕으로 순항 중이다.

전기 페라리라 불리는 테슬라의 로드스터

테슬라는 전기자동차와 함께 청정에너지 사업으로 '솔라시티'라는 태양광 관련 회사에 투자했다. 솔라시티는 태양광 발전 기술을 개발하는 회사로 테슬라와 함께 전 지구적인 환경재앙과 지구 온난화를 막아낼 것으로 기대하고 있다.

엘론 머스크는 이처럼 뛰어난 사업가이지만, 동시에 전 세계를 무대로
한 광범위한 자선활동으로도 유명하다. 그가 설립한 '머스크재단'을 통해
과학교육, 어린아이의 건강, 청정에너지와 관련한 부분에 대해 많은 돈을
지원하고 있고, 엑스 프라이즈 재단, 우주재단 등을 통해 첨단과학과 우주
에 대한 활동도 활발히 하고 있다. 그가 바로 영화 '아이언맨'의 주인공인
토니 스타크의 실제 모델이다.

07

미처 꽃피지 못한 비운의 천재들

IT의 영웅들은 세상을 바꾸는 사람들이다. 그들은 인류를 앞서 나가게 했다.
어떤 사람들은 이들을 미친 사람들이라고 부르지만, 우리는 이들을 천재라고
부른다. 이들은 세상을 바꿀 만큼 충분히 미친 생각을 했기 때문에 세상을
바꾸고, 그에 따라 부와 명예를 얻었다. 하지만 세상을 바꾸는데 천재적인
기여를 했음에도 불구하고, 당연히 따라야 할 부와 명예를 얻지 못한 사람들
이 있다. 우린 그들을 비운의 천재라 부른다.

IBM과의 계약실패로 눈물 흘린 개리 킬달

오늘날의 마이크로소프트가 있게 된 계기는 앞에서도 언급한 바와 같이
IBM과 맺은 컴퓨터의 운영체제 MS-DOS의 라이센스 계약이다. IBM
이 내놓은 PC의 운영체제로 개리 킬달이 개발한 CP/M을 사용했다면 IT
의 역사는 새롭게 써야 할 것이다.

애플이 애플II를 내세워 잘나가던 시절에 8bit 퍼스널 컴퓨터 세계에서
는 개리 킬달이 만든 CP/M이라는 운영체제가 지배했다. 하지만 한순간
의 선택으로 자신의 회사인 '디지털 리서치'를 세계 최고의 소프트웨어 회
사로 올려놓을 기회를 놓쳐 버렸다.

개리 킬달은 시애틀의 명문인 워싱턴 주립대학을 나와 실리콘밸리 근처

인 몬터레이에 있는 미국 해군 대학원에서 해군을 가르치면서 군 복무를 대신했다. 그의 인생을 바꾼 것은 인텔이 개발한 세계 최초의 마이크로프로세서 4004였다. 킬달은 이 마이크로프로세서를 구매해서 실험적인 프로그램을 이것저것 만들어 보았다. 이런 프로그래밍 실력을 인정한 인텔은 그에게 컨설턴트로 일해 달라고 부탁했다.

1973년 인텔과 계속 일하면서 플로피 디스크가 세상을 바꿀 것으로 예측하고, 8008과 8080 프로세서를 이용해 마이크로프로세서에서 작동하는 고수준 프로그래밍 언어를 최초로 개발했는데, 이것이 PL/M이다. 같은 해 인텔의 8080 프로세서를 이용해서 플로피 드라이브를 완벽하게 제어할 수 있는 범용 디스크 운영체제도 개발했다. 이것이 바로 8bit 운영체제 천하를 통일한 CP/M이다.

컴퓨터 천재 개리 킬달　CP/M 광고 내용　CP/M 프로그램 매뉴얼　　CP/M 패키지

그러나 인텔은 CP/M의 우수성을 보지 못하고, PL/M 프로그램 언어와 컴파일러의 판매권만 사서 시장에 내놓는 우를 범한다. 킬달은 아내와 함께 '디지털 리서치'라는 회사를 설립하고, CP/M 운영체제를 컴퓨터나 전자제품을 조립하는 취미잡지에 광고하기 시작했다.

제일 먼저 관심을 보인 임사이Imsai8080을 비롯해서 수많은 회사가 서로 다른 컴퓨터에 CP/M을 포팅해주기를 원했는데, 이때 킬달이 정립한 개념은 기본 입출력 체계BIOS만 수정하면 CP/M은 어느 컴퓨터에서나 작동한다는 것이었다. 이런 강점으로 CP/M은 8bit 운영체제로서 거의 독점적 지위를 차지했다.

CP/M은 놀랄 만한 성공을 거두었다. 디지털 리서치는 무려 3천 개가 넘는 컴퓨터 모델에 CP/M을 작동시켰고, 매년 수백만 달러가 넘는 매출을 올릴 수 있었다. 유일하게 정복하지 못한 컴퓨터 모델은 애플이었다. 애플은 독자적으로 개발한 운영체제를 고수했기 때문이다.

1980년, 컴퓨터 업계의 거인 IBM이 PC 사업을 시작했다. 플로피 디스크가 기본으로 내장된 IBM PC에서 가장 중요했던 것은 운영체제였다. 당시만 해도 운영체제에 대해 전혀 아는 것이 없었던 빌 게이츠는 IBM 측에 디지털 리서치의 CP/M을 라이선스하는 것이 좋겠다고 조언했다. 이에 IBM은 16bit용 운영체제인 CP/M-86을 자사의 기본 운영체제로 삼겠다고 결론내리고 디지털 리서치를 방문했다.

IBM이 방문할 당시 개리 킬달은 마침 소프트웨어 전달을 위해 집을 비운 상태였고, 계약에 관련된 것은 모두 아내인 도로시에 맡겨 놓은 상태였다. IBM의 실무진은 디지털 리서치와의 협상을 시작하기 전에 의례 하던데로 '비밀준수계약'을 하기를 원했다. 그러나 도로시는 개리 킬달이 없다는 이유로 비밀준수계약을 거절하고 말았다.

이에 단단히 화가 난 IBM은 디지털 리서치와의 계약을 포기하고, 대신 빌 게이츠에게 마이크로소프트가 운영체제를 개발하거나 대안 운영체제를 찾아 달라고 부탁했다.

당시 빌 게이츠는 이미 IBM에 베이식 언어 인터프리터를 포함한 몇 개의 프로그램을 개발해 납품하기로 합의한 상태였고, 시애틀에 위치한

한 작은 회사가 CP/M을 복제한 86-DOS라는 운영체제를 개발했다는 것을 알게 되었다.

폴 앨런은 즉시 이 운영체제의 사용권을 단돈 5만 달러에 구매해서 IBM과의 협상에 임했다. 86-DOS는 IBM에 성공적으로 포팅되었고, IBM은 이를 PC-DOS로 명명했다. 86-DOS가 킬달이 만든 CP/M-86의 복사본이라는 것을 알았지만, 킬달은 변호사의 말에 따라 소송 대신 소비자의 선택을 받기로 결정한다.

하지만 기술적으로 CP/M-86이 훨씬 나았고, 성능도 뛰어났지만, 4배에 달하는 가격 차이로 소비자 대부분은 PC-DOS를 선택했다. 이와 함께 IBM 호환기종을 내놓은 업체들 역시 오리지널 IBM PC와 완벽히 호환하기 위해서 대부분 MS-DOS를 채택하면서 절대 저물지 않을 것 같은 디지털 리서치의 CP/M 신화는 막을 내렸다.

비운의 컴퓨터 선구자 앨런 튜링

"에니그마Enigma를 풀어라."

1939년 9월 4일, 영국이 2차 대전을 일으킨 독일에 선전포고를 하면서 참전을 선언한 다음 날, 런던 북쪽 64km 떨어진 지점의 블레츨리 파크 Bletchley Park에 전국 각지로부터 모여든 괴짜 수재들에게 긴급 임무가 전달됐다. 이들은 영국 전역에서 모여든 사람들로, 체스 챔피언, 십자말풀이 전문가, 수학 천재 등 다양한 재능을 가진 인물들이었다. 영국 정부의 암호해독팀에 의해 선발된 이들이 받은 특명은 독일군의 암호기계, 즉 '에니그마'의 비밀을 푸는 것이었다.

에니그마는 1918년, 독일의 발명가 아르투르 쉬르비우스와 그의 친구인 리하르트 리터가 개발한 암호 생성기계였다. 이 기계는 자판, 스크램블러, 램프보드 등 세 개의 원판 톱니바퀴와 반사경으로 이뤄져 있는데, 이 톱니바퀴를 장착하는 순서에 따라 전혀 다른 암호체계를 만들 수 있었다.

상상할 수 없는 무수한 경우의 수를 생성하는, 그야말로 수수께끼 같은 이 기계에 독일군은 절대적으로 신뢰하고 있던 만큼, 전 세계에서 본국으로 보내는 비밀문서 전송이나 군 작전용 통신에도 어김없이 이 암호체계를 사용했다.

에니그마 초기 모델　　　경우의 수를 생성하는 3개의 톱니　　　에니그마로 무선하는 독일군

블레츨리 파크의 멤버들은 폴란드를 통해 건너온 에니그마를 바탕으로 '울트라Ultra'라는 암호해독 프로젝트에 들어갔다. '울트라' 프로젝트를 성공적으로 이끈 주역은 26세의 앳된 청년, 앨런 튜링Alan Turing이었다. 울트라 프로젝트팀은 '붐베Bombe'라는 암호해독기를 만들어 독일 잠수함 U보트의 이동상황을 파악해 사전에 대비할 수 있게 되었고, 178개의 독일 암호 메시지를 해독하기도 했다.

앨런 튜링은 '튜링기계'라고 불리는 일종의 만능기계Universal Machine를 구상했는데 이것은 오늘날의 컴퓨터와 매우 흡사한 컨셉이었다. 그는 이 '가상의 기계'를 이용해 매우 난해한 수학 공식을 증명해 냈고, 기계를 이용해 수학적인 풀이를 가능케 한 결과 독일군이 생성한 암호를 해독하는데도 활용되었다.

"독일군이 암호를 바꾸었소, 튜링 박사, 독일군의 암호 텔레타이프를 해독해 주시오."

1943년 영국 국방성은 그에게 새로운 임무를 부여했다. 독일 해군이 에니그마 암호체계를 바꿔버리면서 기존 암호 해독기가 무용지물이 된 것이었다.

1년여 만에 새 암호 해독기를 만들어 냈다. 바로 진공관으로 작동되는 전자식 암호해독기 '콜로서스 마크 I Colossus Mark I'이었다. 이로써 영국군은 독일군 텔레타이프 암호의 90%가량을 해독할 수 있게 되었다. 1주일 걸리던 것이 몇 시간에 가능해진 것이다.

콜로서스는 암호 해독을 위해 만들어진 기계이지만, 오늘날 그 의미를 되돌아볼 때에 프로그래밍이 가능한 최초의 컴퓨팅 기계라고 볼 수 있다. 기계의 성능개선에 박차를 가한 튜링은 1944년 6월 개량된 콜로서스 마크II를 내놓았다.

콜로서스로 수집된 정보들은 노르망디 해안에 배치된 독일군 해안포대 위치를 지도로 만들 수 있을 정도였다. 이런 사실을 모르고 있었던 독일은 연합군이 칼레 해안에 상륙할 것으로 예상하고 병력을 그곳으로 집중시켰고, 그 결과 독일군은 연합군에 노르망디에서 대패하여 연합군이 독일로 진격할 수 있는 교두보를 내주고 말았다.

제2차 대전이 끝난 이후, 영국 정부는 보안상의 이유로 블레츨리 팀의 존재를 극비에 부쳤다. 콜로서스의 존재가 세상에 공개된 것은 1974년으로 울트라 프로젝트에 참여했던 윈터보덤 대위가 [울트라 시크릿]이라는 책을 내면서였다. 영국 정부는 1975년 콜로서스 사진을 공개했고, 비로소 블레츨리 암호 해독가들의 공로가 공식적으로 인정을 받게 되었고, 최초의 프로그래밍이 가능한 컴퓨터인 '콜로서스'의 존재도 드러났다.

더욱 정교해진 에니그마　　프로그래밍이 가능한 컴퓨터 콜로서스　노르망디에 상륙하는 연합군

　청년 튜링이 구상한 '만능기계'는 당시의 에니그마에서 보듯 타자기처럼 생긴 기계로 스캐닝하고, 읽고, 종이테이프에 실린 무한한 명령어 장치를 이용한 기계를 만들어 다양한 기능을 수행케 하는 것이었다. 이렇게 구상된 기계는 계산 순서를 입력하기만 하면 컴퓨터가 알아서 그 순서대로 내용을 처리하는 방식이 내장된, 그야말로 만능기계였다.

　이 기계에서 프로그램만 바꾸면 계산기로도, 스프레드시트로도, 워드프로세서로도 자유자재로 바꿀 수 있다는 개념이었다. 튜링이 고안한 이 만능 기계는 바로 현대적 컴퓨터였던 것이다. 이 개념은 후일 에니악ENIAC의 개발로 이어졌고, 뒤이어 스페리 랜드의 유니박UNIVAC, IBM의 메인프레임 시스템360, DEC의 PDP-8, 애플컴퓨터, IBM PC 등으로까지 이어져 내려갔다.

비운의 천재 알렌 튜링　　　튜링기계 모형　　　튜링기계의 개념도

　　그러나 수학의 천재이자 컴퓨터의 선구자인 앨런 튜링에게는 치명적인 오점이 있었다. 두 번의 커밍아웃이 그것이다. 튜링은 17살인 1929년 나이가 좀 많은 남자 동급생 크리스토퍼 모콤에게 애정을 느꼈으나 그가 갑작스럽게 결핵으로 사망하자, 함께 수학, 과학적 역량을 길러가고자 했던 동반자의 죽음에 절망했다.

　　그 후 1952년, 아놀드 머큐리란 19세 된 남자와 하룻밤을 보낸 것이 발단이 되어, 그의 친구들에 의해 집이 털린 사건이 발생했으며 결국 영국 사회에 그의 동성애 행각이 발각되었고, 이듬해에 독이 든 사과를 먹고 자살함으로써 32세의 짧은 삶을 마감했다.

　　아이폰으로 세계 IT 업계에서 가장 잘 나가고 있는 애플의 '한 입 베어 문 사과'가 앨런 튜링의 사과를 상징한 것이란 얘기가 애플의 공식적인 부인에도 불구하고 끊이지 않고 나오고 있다. 이는 앨런 튜링이 현대 컴퓨터 역사에서 얼마나 중요한 인물인지를 방증하는 사례이다. 또한, 그가 세상을 떠난 지 12년 뒤인 1966년 '컴퓨터 부문의 노벨상'으로 불리는 튜링상이 제정되어 해마다 컴퓨터 분야에 공헌한 사람에게 상을 주며 비극적으로 삶을 마감한 튜링의 업적을 기리고 있다.

PART 05

숨 가쁘게 달려온 IT의 역사

WWW 프로젝트는 정보 검색기술과 하이퍼텍스트를 결합해, 직관적이고 강력한 지구적 정보시스템을 만들기 위한 것입니다. 이 프로젝트는 전문적인 정보가 누구에게나 자유롭게 도달할 수 있어야 한다는 철학에 따른 것입니다.

- 팀 버너스 리 -

정보기술 혁명을 이야기하다

19세기부터 20세기 초반에 일어난 제1차 산업혁명은 와트의 증기기관과 포드의 컨테이너 작업에서 촉발되었다. 20세기 중반에는 전기적 증폭기인 트랜지스터와 대량생산 기술인 집적회로 기술, 그리고 이를 바탕으로 태동한 반도체 기술과 디지털 기술이 합쳐져 정보기술 혁명이 일어났다. 이는 20세기 가장 큰 기술혁신으로 제2의 산업혁명이라고 불렸다.

정보기술 산업은 정보를 생산하고, 가공하고, 저장, 전달, 재생하는 다섯 개의 산업 섹터가 있다. 정보 생산 분야로는 컴퓨터, 카메라, 스마트폰 등 데이터를 생산하는 센서와 콘텐츠를 만들어 내는 인터넷, 소셜 등을 들 수 있다. 정보가공 및 처리 분야로는 마이크로프로세서CPU, 운영 소프트웨어 등이 있으며, 정보 저장으로는 반도체 메모리, 하드디스크 등이 있다. 교환기와 통신 네트워크 등은 정보 전달에 활용되고 있고, 디스플레이, 미디어로 대표되는 정보재생 산업이 있다.

그리고 이 모든 분야에는 반도체 기술혁신이 직간접적으로 지대하게 공헌했다. 1971년 인텔의 4bit CPU와 16Kb D램이 등장하면서 대형서버로부터 개인용 컴퓨터 그리고 모바일로 이어지는 정보통신기술 혁명이 일어났다. 지난 50여 년간에 걸쳐 일어난 이러한 정보기술 혁명은 마침내 지금의 디지털융합 기술과 산업으로 발전하게 되었으며, 기존 및 신규 산업 전반적으로 많은 변화를 주도하고 있다.

미디어 관련 IT 산업을 보면 데이터, 오디오, 비디오에서 디지털 컨버전스가 일어났다. 방송, 통신, 네트워크 등 정보 유통 채널에도 컨버전스가 일어나서, 전통적으로 전혀 관련이 없어 보이는 방송회사가 통신회사와 경쟁하게 되었다. 그리고 디바이스 측면에서도 가전과 컴퓨터, 통신 산업 간에 경계가 사라지고 있다. 또한, 콘텐츠 생산, 저장, 전달, 검색

등과 같은 서비스에서도 컨버전스가 일어나고 있다.

이러한 IT 내부 컨버전스 이외에 에너지, 환경, 바이오테크놀러지 등의 비IT 산업에서도 많은 IT 컨버전스가 일어나고 있다. IT의 역할이 지식과 정보의 창출, 공유, 재생산 및 지능, 제어 등에 있기 때문에 IT는 모든 산업과 기술 컨버전스에서 가장 중추적인 역할을 하게 되었다.

이렇게 모든 산업 분야에서 직간접적으로 영향을 미치고 있는 IT의 지난 역사를 돌아보며, 현재의 IT의 역할과 미래의 활약상을 예견해 보기로 한다.

컴퓨터 혁명시대

세계 최초의 컴퓨터는 1943년, 영국의 수학자인 튜링이 만든 '콜로서스'라는 계산기이다. 이 기계는 난공불락으로 악명 높았던 독일의 견고한 암호, 에니그마를 해독하고자 영국의 일급 과학자들이 런던 근교의 블레츨리 파크에 모여 비밀리에 완성한 것으로서, 1975년이 되어서야 비로소 공개되었다. 덕분에 전쟁 막바지 무렵, 독일의 암호를 해독한 연합국은 승리의 교두보가 되었던 '노르망디 상륙작전'을 성공적으로 이끌 수 있었다. 이렇게 해서 산업혁명 이후 정보기술 혁명을 이끌었던 컴퓨터가 탄생되었고, 이후 에니악과 알테어8800의 출현으로 인류의 문명은 새로운 국면을 맞이하게 된 것이다.

에니악, 컴퓨터 역사의 이정표를 세우다

1946년 2월 14일 미국 펜실베이니아 대학교 내에 있던 특별실험실에 국방부 관계자, 보도진, 학교관계자 등 모두 200여 명이 몰려들었다. 이 자리는 존 모클리John Mauchly 교수와 대학원생 프레스퍼 에커트 주니어John Adam Presper Eckert Jr가 3년 동안 연구해 세계 최초의 일반목적용 전자식 계산기 '에니악ENIAC'을 완성하여 공식 시연회를 여는 자리였다.

전원 스위치를 올리자 27톤이나 나가는 거대한 기계가 움직이기 시작했다. 17,468개의 진공관이 일제히 깜빡이며 연산작업을 수행하기 시작하였다. 참석한 과학자와 수학자들의 입에서 탄성이 쏟아졌다. 에니악은 그 때까지 유능한 수학자들이 수작업으로 일곱 시간에서 많게는 스무 시간이나 걸려 해결했던 포탄 탄도 계산 문제를 단 30초 만에 풀어 해답을 내놓은 것이다. 당시로는 발사된 포탄이 목표 지점에 도달하기도 전에 이처럼 정확한 계산 결과를 낸다는 것은 상상조차 하기 어려운 일이었다.

에니악은 과거에 비해 1,440배나 빠른 연산속도를 과시했다. 그것은 당시까지 존재했던 그 어떤 컴퓨터와 비교해도 1천 배 이상 빠른 속도로 연산할 수 있는 괴력을 가진 기계였다. 기존 컴퓨터에 사용된 스위치와 릴레이 Relay 대신에 진공관을 사용하면서 속도가 비약적으로 향상된 것이다.

사실, 이러한 기계가 필요했던 것은 순수한 산업 목적보다는 군사적 목적이 더 강했다. 미 육군의 유도탄연구소에서 대포의 탄도 계산 단 하나의 목적으로 개발되었기 때문이다. 유도탄 연구소는 이 기계의 개발 적임자로 펜실베이니아 대학교의 존 모클리 교수를 선택한 것이다.

존 모클리 교수는 세계 최초의 전자식 컴퓨터인 아타나소프 베리 컴퓨터 Atanasoff Berry Computer의 원리에 기반을 둔 컴퓨터를 설계했고, 여기에 사용된 진공관으로 컴퓨터 속도를 높이는 데 전력을 기울였다. 대학원생 에커트가 기존 컴퓨터에 사용되던 진공관의 수를 늘리고 각 진공관의 소비전력을 기존의 75%나 줄이는 데 성공하면서, 비로소 에니악이 탄생하게 되었다.

모클리와 에커트　　에니악과 배선작업을 하는 여인들　17,468개의 진공관이 사용된 에니악

1943년 5월 31일, 이들은 미 육군과 계약을 맺었고, 설계하는 데에만 1년이 걸린 이 프로젝트는 실제 제작하는 데 다시 18개월의 시간과 50만 달러의 세금이 들어갔다. 그러나 에니악은 1945년 종전과 함께 폐기될 운명에 처한다. 당시만 해도 에니악은 전쟁터에서 포탄 탄도 계산용으로 만들어진 컴퓨터였기 때문이다.

하지만 종전 후에 납품된 에니악은 이후 수소폭탄 설계용 계산, 날씨예측, 우주선연구, 풍동설계 등 이전까지는 생각도 하지 못했던 다양한 분야의 컴퓨팅에 사용되기 시작했다. 이처럼 에니악이 다양한 분야에서 쓰이게 되면서 에니악의 탄생은 20세기 컴퓨터 개발사에 가장 기념비적인 사건으로 기록될 수 있었다.

알테어8800, 세계 최초의 개인용 컴퓨터

"모든 가정에서 컴퓨터를 사용하는 시대가 도래했습니다."

'독보적인 존재 알테어8800'이란 제목과 함께 1975년 1월에 발간된 파퓰러 일렉트로닉스Popular Electronics지는 무려 50만 부가 판매되는 경이적인 기록을 세워 세상을 깜짝 놀라게 했다. 바로 잡지 표지에 실린 알테어 8800의 사진과 광고 덕분이었다.

알테어8800Altair 8800은 지금의 기준으로 본다면 조악하기 짝이 없는 기계였지만, 개인용 PC에 대한 소비자의 열망은 대단하였다. 당시 컴퓨터는 군사작전이나 인구조사 등의 행정업무를 위한 목적으로 주로 사용됨에 따라 연구소나 정부기관, 대학교, 대기업 등에 설치되어 있었다. 더군다나 메인프레임 컴퓨터는 방 하나를 차지할 만큼 덩치가 컸고, 이어서 개발된 미니컴퓨터는 말만 '미니'였지 오늘날의 컴퓨터와는 비교도 안 되게 컸다.

그러니 일반인은 컴퓨터를 한 번 구경하기도 힘든 것이 현실이었다. 그러나 컴퓨터의 놀라운 기능이 연일 공개되고, 1952년에는 미국 대선결과를 기가 막히게 예측하면서 일반인의 관심은 폭증하게 되었다. 알테어 8800은 이런 시대적 분위기와 절묘하게 맞아떨어지면서 일반인으로부터 초미의 관심을 끌어모은 것이다.

당시 1969년에 로켓 제작키트를 만들기 위해 설립한 MITS Micro Instrumentation and Telemetry Systems의 에드 로버츠는 군 동료였던 빌 예이츠Bill Yeats와 함께 설계한 이 기계는 인텔의 8080칩을 내장한 것으로, 인텔은 개당 360달러인 칩을 대량 판매하는 조건으로 75달러라는 파격적인 가격에 제공한 것으로 유명하다.

1975년 1월호 표지   Altair 8800   Altair 8800과 Bill Gates

알테어8800은 전면 패널의 조그만 계기판에 36개의 빨간 LED 지시등과 스위치가 달려 있었고, 사용자와 기계가 교류하는 유일한 방법은 전면의 깜빡이는 불빛이 전부였다. 이 기계는 전원을 올린 뒤 그걸로 뭔가를 하려면 스위치를 눌러 50개의 연속 명령어를 입력한 뒤 부팅시켜야 했다. 만일 그 명령어 중 하나라도 잘못 입력되면 기계는 전혀 작동하지 않았다.

하지만 이렇게 제작된 알테어8800은 빌 게이츠를 포함한 전 세계 젊은 이들의 마음에 불을 댕겼다. 또한, MITS는 수백 대 정도가 판매될 것으로 생각했지만, 제작된 키트와 완성품이 순식간에 동나는 대성공을 거두었다. 알테어8800은 1975년 8월이 되기 전에 이미 5,000대가 넘게 팔렸고, MITS는 직원을 20명에서 90명까지 늘려야 했다.

애플Ⅱ, 컴퓨터 대중화 시대의 주역이 되다

1977년 4월, 샌프란시스코 시빅센터에서 제1회 웨스트코스트 컴퓨터전시회WestCoast Computer Exhibition가 개막되었다. 오전 10시 전시회장이 문이 열렸고, 거의 200개에 이르는 모든 부스가 발 디딜 틈 없이 가득 찼다. 전시장 안으로 들어가자 사방이 기묘한 기계음으로 꽉 차 있었고, 프린터의 찍찍거리는 소리, 여러 컴퓨터에서 나오는 소리 등이 뒤범벅되어 있었다.

애플은 행사장 입구 가장 눈에 띄는 곳에 자리를 잡고 애플Ⅱ를 선보였다. 애플Ⅱ는 커다란 디스플레이 모니터에 만화 같은 비디오 그래픽 프로그램을 띄우고 있었다. 애플 부스 앞에 모인 관람객은 난생처음 보는 멋진 퍼스널 컴퓨터를 경이로운 눈으로 쳐다보았다.

애플Ⅱ를 가동하자 대형화면에 역동적인 이미지가 선명하게 떠올랐다. 이것이 과연 이 작은 컴퓨터에서 구현한 것이란 말인가? 정장 차림의 스티브 잡스가 뒤에 대형컴퓨터를 숨겨두지 않았다는 것을 증명하기 위해 부스 뒤의 장막을 계속 걷어 올렸다.

애플이 최초로 만든 컴퓨터 애플Ⅰ은 알테어에 비하면 사용하기 편리했지만, 조립하기가 쉽지 않아 일반인이 사용하기엔 어려웠다. 잡스와 워즈니악은 애플Ⅰ을 추가로 생산하기보다 사용자가 사용하기 편리한 컴퓨터를 만들기 위한 연구를 시작했다. 그렇게 탄생한 애플Ⅱ는 예쁜 플라스틱

케이스와 키보드를 통합한 형태로 디자인되었고, 벽돌 깨기 게임을 실행할 수 있게 컬러를 지원하도록 구현되었다.

이처럼 애플Ⅱ는 게임을 좋아하고 벽돌 깨기를 사랑했던 워즈니악에 의해 게임을 즐기기 쉬운 컴퓨터로 재탄생 된 것이다. 결국, 이러한 다양한 기능을 추가했기 때문에 애플Ⅱ용으로 수많은 컴퓨터 게임이 등장했고, 애플Ⅱ가 PC 시장의 최강자로 군림하는 결과를 낳았다.

| Apple I | Macintosh와 잡스 | Apple II |

당대 최고의 천재인 잡스와 워즈니악은 각자의 장점과 특기를 최대한 발휘해 만든 애플Ⅱ를 1977년 4월 일반에 공개했고, 새로운 애플 로고와 함께 전 세계는 PC 열풍에 빠져들었다.

IBM5150, PC 혁명의 시작을 알리다

애플이 PC 시장을 선도하기 이전에 '컴퓨터의 원조'라고 불린 기업은 '빅 블루'라는 애칭으로 유명한 IBM이었다. 토마스 왓슨이 설립한 IBM은 기술 분야 최초의 대형 기업으로, 설립 이후 시종일관 업계를 지배했다. 그러나 IBM은 개인용 컴퓨터를 위시한 소형 컴퓨터의 부상을 지나치게 과소평가했고, 그 결과로 자신들이 최고라고 생각했던 컴퓨터 시장에서 애플 및 코모도, 탠디 등 8bit PC 생산업체에 주도권을 빼앗기고 말았다.

IBM은 자신의 최초 데스크톱 컴퓨터 IBM 5100을 1975년에 소개했는
데 문제는 가격이었다. 그 당시 무려 2만 달러에 이르는 기계로 대기업이
나 대학교 이외에는 시장을 형성하지 못했다. 그렇지만 개인용 컴퓨터 시
장에 참전하기로 하면서 지지부진하던 IBM의 행보가 빨라지기 시작했다.

IBM 5100

CPU of IBM 5100

IBM 5100 잡지 광고

IBM은 1950년대 이후 메인프레임Mainframe이라고 불리는 중대형 컴퓨
터로 돈을 거둬들이면서 컴퓨터 제국의 황제로 군림하고 있었다. 하지만
1980년대에 들어서면서 시장은 온통 PC 얘기로 넘쳐흘렀다. 이미 중소
업체 100여 곳이 뛰어들어 경쟁이 치열하였고, 그중 애플Ⅱ가 단연 베스
트셀러였다. 이런 상황에서 그동안 IBM이 만들어 낸 것은 고작 1975년
에 출시한 5100시리즈와 데이터마스터 등 형편없는 제품뿐이었다.

IBM의 PC 사업은 플로리다 주 팜비치에 있는 한적한 마을 보카 레이
튼의 비밀 프로젝트 연구소에서 진행되었다. 나중에 '사나운 12인'이라 불
리게 되는 엔지니어 12명은 세계 IT 역사에 길이 새겨질 IBM PC 신화
탄생의 주역이었다. 이들은 '체스 프로젝트Project Chess'라는 이름 아래 개인
용 컴퓨터 개발 프로젝트를 수행하였다.

짧은 시간에 새로운 제품을 만들기 위해 IBM은 모든 것을 직접 만들던
방식에서 벗어나 기존 부품을 모아서 생산하고, 외부 자원을 최대한 활용
하는 전략을 사용했다. PC용 모니터와 프린터 디자인 등도 OEM 방식으
로 생산하였고, 핵심부품인 CPU는 인텔의 제품을, 운영체제는 마이크로

소프트가 개발한 MS-DOS를 채택하였다. 만약 이때 IBM이 자체적으로 개발한 CPU를 탑재하고, 유닉스 기반 운영체제를 내장해서 PC를 내놓았더라면 마이크로소프트는 탄생할 수 없었을 것이다. 그리고 세상은 지금과는 전혀 다른 방향으로 발전했을지도 모른다.

IBM의 개방형 정책은 수많은 제조사로 하여금 IBM PC와 호환되는 제품을 만들도록 유도하였다. 초기 IBM PC는 대성공을 거두었다. 하지만 그들의 성공은 호환 제품군을 생산하는 많은 회사와 마이크로소프트라는 거대한 소프트웨어 왕국을 길러내는 데는 커다란 기여를 했지만, 결국에는 오늘날 PC 사업에서 손을 떼는 결과를 낳았다.

클라이언트-서버 혁명

IBM의 성공적인 PC 시장 진입 이후 PC 사업에서의 주도권 상실로 소비자 시장에서 촉발된 소위 'PC 혁명'은 기업 시장에서의 '클라이언트-서버 혁명'으로 이어졌다. 클라이언트-서버 구조는 다수의 PC를 네트워크를 통해 좀 더 강력한 성능을 갖는 서버 컴퓨터에 연결하여 전체 시스템을 구성하는 구조였다. 클라이언트 역할을 하는 PC는 메인프레임 시스템에 사용되는 터미널보다 강력한 성능을 갖고 있었기 때문에 서버 측의 컴퓨터는 메인프레임보다는 낮은 성능을 가진 워크스테이션급 컴퓨터를 사용할 수 있었다.

PC와 워크스테이션을 중심으로 한 클라이언트-서버 구조의 시스템이 메인프레임 시스템을 대체하게 되자 IBM의 컴퓨터 사업은 근본적으로 흔들리기 시작했다. 워크스테이션의 강자인 썬 마이크로시스템은 서버 부문에서, IBM 호환 PC 제조업체의 선두주자인 컴팩은 클라이언트 부문에서 IBM에 필적하는 경쟁자로 떠올랐다.

클라이언트-서버 구조 시스템이 확산되면서 전체 기업을 연결하는 대규모 시스템보다는 데스크톱 PC와 개인의 생산성 향상에 더 초점이 맞춰졌고, 통합된 솔루션보다는 특정 기능에 우수한 기능을 제공하는 모듈을 구매하는 경향이 강해졌다.

이에 따라 마이크로프로세서는 인텔, 운영체제는 마이크로소프트, 네트워킹은 노벨, 하드디스크는 시게이트, 프린터는 HP, 데이터베이스는 오라클처럼 각 부문에 특화된 기업들이 컴퓨터 산업의 주도권을 잡기 시작했다.

02

소프트웨어 혁명시대

애플 II와 IBM PC의 출시, 그리고 1984년 1월 매킨토시가 등장하기까지 숨 가쁘게 이어지던 애플과 IBM의 대결은 엉뚱한 승자를 만들었다. IBM PC 호환기종을 등에 업은 마이크로소프트가 전장을 지배하면서 진정한 승자는 마이크로소프트로 귀결되었고, 전 세계 컴퓨팅 환경은 마이크로소프트와 IBM 호환기종 제조사 및 강력한 주변기기 회사들이 지배하기 시작한다.

마이크로소프트, 운영체제로 날개를 달다

컴퓨터가 세상을 지배할 때 운영체제로 대변되는 소프트웨어는 주목을 받지 못했다. 하지만 앞에서 언급했듯이 IBM과 마이크로소프트 간의 계약은 향후 PC 사업 주도권의 향방을 결정하였다. 마이크로소프트는 IBM에는 PC-DOS라는 이름으로, IBM 호환 PC 제조업체들에는 MS-DOS라는 이름으로 운영체제를 라이선스했다. PC 시장이 폭발적으로 성장하면서 MS는 1984년경 연매출 1억 달러를 넘는 기업으로 성장했다. MS는 1986년에 주식을 상장했고, 1년 만에 주가가 3배 이상 오르면서 빌 게이츠는 불과 31세의 나이에 억만장자의 대열에 올랐다.

PC 사업 초기의 소프트웨어업체로는 드물게 MS가 대기업으로 성장할 수 있었던 것은 일반 사용자가 아닌, 기업에 로열티를 징수한 것이 중요한 역할을 했다. MS는 IBM 호환 PC 업체들과 출하되는 PC 1대당 일정액의 로열티를 받는 계약을 했는데, 이러한 계약을 맺은 업체들은 마이크로소프트의 운영체제 설치와는 상관없이 PC를 출하할 때마다 마이크로소프트의 운영체제 이외에 다른 운영체제는 아무리 기능이 뛰어나더라도 PC에 설치하려고 하지 않았다.

마이크로소프트는 애플의 GUI를 보고 그대로 흉내 낸 윈도 1.0을 1985년 선보였다. 윈도 1.0은 포인팅 및 클릭만 지원하는 수준으로 애플의 GUI와는 비교할 수 없는 수준으로 시장에서는 느리고 무겁고 버그가 많다는 혹평을 받았다. 윈도 1.0과 2.0이 큰 호응을 받지 못했지만, 윈도 3.1에 이르러서는 가상 메모리와 가상 디바이스 드라이버 기능 향상을 바탕으로 제대로 된 멀티태스킹을 지원하면서 MS-DOS의 한계를 뛰어넘기 시작했다.

많은 성능을 가지고 매출도 높았던 윈도 3.1이었지만, 결국, MS-DOS 위에서 돌아가는 응용 소프트웨어에 불과했고 MS-DOS 자체 문제로 더는 발전을 기대하기 어려운 상황이었다. 이런 상황에서 빌 게이츠는 과감히 MS-DOS를 버리고, 윈도 중심의 운영체제 개발에 집중적인 투자를 하기 시작한다.

마이크로소프트는 코드명 '시카고'라는 프로젝트팀을 발족하고 윈도 그 자체가 직접적인 운영체제가 되는 윈도 95를 1995년에 개발한다. 윈도 95는 롤링 스톤즈의 히트곡인 '스타트미 업'으로 대대적인 광고와 캠페인을 벌이며 그 모습을 드러냈고, 이 음악은 윈도 95의 상징인 '시작' 버튼을 의미했으며, 완전히 새로운 운영체제라는 것을 강조하였다.

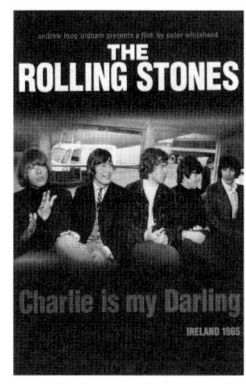

윈도 95의 광고와 캠페인을 담당한 미국 최고의 록그룹 롤링스톤즈

윈도 95는 세계적 히트상품이 되었고, 컴퓨터와 관련된 수많은 하드웨어의 표준을 제시하였다. 이에 따라 많은 기기를 표준적인 방법으로 작동시킬 수 있었고, 우수한 개발도구를 활용해서 멋진 소프트웨어가 나올 수 있는 토양을 제공했다. 이런 점에서 윈도 95는 컴퓨터와 관련해서 우리 인류를 한 단계 전진시킨 커다란 이정표를 만들었고, 뒤이어 나온 윈도 98, 윈도 XP 및 윈도 7이 빅히트를 치며 마이크로소프트를 소프트웨어 왕국으로 굳건하게 유지해 주었다.

비지캘크를 꺾은 로터스 1-2-3

애플II의 성공에는 스티브 잡스와 스티브 워즈니악이라는 천재의 역할이 절대적이지만 또 다른 숨은 공로자는 1978년 '비지캘크VisiCalC'를 만든 댄 브리클린과 밥 프랭크스턴이다. 비지캘크는 소프트웨어 역사에서 '최초'라는 수식어를 달고 다니는 제품이다. 역사상 최초의 '킬러 애플리케이션Killer Application'이자 최초의 스프레드시트이다. 비지캘크가 정형화한 스프레드시트 형태는 현재까지도 그대로 이어지고 있다.

이런 강력한 소프트웨어를 꺾은 것은 IBM PC가 MS-DOS와 함께 위세를 떨치면서 나타난 로터스 1-2-3이었다. 로터스 1-2-3은 1983년 1월 출시되었는데, 경쟁자였던 비지캘크에 비해 월등히 빠른 실행속도를 보여주며 단숨에 시장을 장악했다.

또한, 비지캘크는 IBM PC와 같은 하드웨어 환경이 아니면 제대로 실행되지 않는 특성을 보여, IBM PC 호환기종을 테스트할 때 활용되기도 했다. 스프레드시트는 특성상 얼마나 많은 데이터를 처리할 수 있는지도 중요했다. 당시 MS-DOS는 640KB라는 메모리 용량의 한계가 있었고, 이를 극복하기 위해 확장 메모리라는 기술이 필요했는데, 이 점에서도 1-2-3은 비교우위를 가지고 있었다.

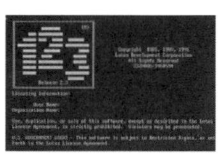

최초의 스프레드시트 비지캘크　　　　로터스 1-2-3　　　　MS의 엑셀

그러나 당대 최고의 소프트웨어로 꼽히던 비지캘크를 성능으로 꺾고 시장의 우위를 차지한 1-2-3에도 강력한 라이벌이 나타난다. 기술력으로 무장한 소프트웨어 회사인 볼랜드Borland의 퀴트로 프로Quattro Pro로 로터스 1-2-3을 거의 완전히 흉내 낸 메뉴를 제공했다. 여기에 더해 키보드 매크로를 실행하는 기능도 제공했는데 빠른 실행속도와 호환성을 무기로 로터스 1-2-3의 강력한 라이벌로 성장한다.

볼랜드의 퀴트로 프로가 턱밑까지 쫓아오자 로터스 사는 볼랜드를 상대로 지적재산권 침해소송을 제기한다. 이 소송은 메뉴 구조의 도용에 대한 첫 번째 사례이기 때문에 이후 지적재산권에도 커다란 영향을 미쳤다. 그 후 몇 년에 걸쳐 미국 소프트웨어 역사상 가장 치열한 법정 싸움이 펼쳐진다. 결국, 그 사이에 쿼트로 프로는 노벨에 매각되고, 로터스 역시 마이크로소프트의 엑셀과 힘겨운 싸움으로 소송은 무의미하게 끝나고 만다. 그러나 이 사건은 추후 소프트웨어의 지적재산권 침해와 관련한 재판에 커다란 영향을 미친다.

이렇게 한 시대를 풍미한 소프트웨어인 1-2-3은 이후 마이크로소프트의 엑셀이라는 강력한 도전자에 밀려 결국 사라졌다. DOS 시절 강력한 성능을 보여줬던 1-2-3의 강점은 표준 인터페이스와 운영체제 지배력이 강화된 윈도 시대에는 도리어 걸림돌로 작용하며 경쟁에서 이길 수 없었던 것이다. 로터스는 IBM에 매각되어 소프트웨어 브랜드로 남게 된다.

전통의 워드스타와 워드퍼펙트

윈도에서 마이크로소프트의 워드가 세상을 장악하기 이전 DOS 시절에 잘 나가던 워드 프로세서 듀오가 있었으니, 워드스타와 워드퍼펙트이다.

워드스타는 마이크로프로 인터내셔널에서 제작한 것으로, 처음에는 8bit 운영체제인 CP/M용으로 나왔다. 당시 워드스타는 애플Ⅱ의 인기와 함께 쉬우면서도 강력한 기능으로 사실상 워드프로세서 시장을 완전히 장악했다. IBM PC 호환기종이 전시된 곳에서는 언제나 데모 프로그램으로 워드스타를 보여줄 정도로 대표적이 소프트웨어로 인정받았다.

1980년대 중반까지 워드스타는 DOS 워드 프로세서 시장에서 커다란 인기를 끌었다. 하지만 잘 나가던 워드스타는 '워드스타 2000'의 실패로 시장에서 워드퍼펙트에 추격당한다.

워드퍼펙트는 1979년 미니컴퓨터 시스템용 워드 프로세서를 만든 새틀라이트 시스템 인터내셔널사에서 개발한 소프트웨어다. 이 프로그램을 1982년 IBM PC용으로 포팅한 '워드퍼펙트 2.20'을 발표하면서 DOS용 워드프로세서 시장에 뛰어들었다.

초창기에는 워드스타의 아성에 밀려서 큰 빛을 보지 못했지만 1986년 출시한 워드퍼펙트 4.2 버전이 자동단락 넘버링 기능, 긴 주석 자동 나눔 기능 등과 같은 독특하고 편리한 기능으로 인기를 끌었고, 워드스타의 부진이 맞물려 인기 소프트웨어로 급부상했다.

1989년에는 워드퍼펙트 5.1을 출시했는데, 이 소프트웨어는 처음으로 매킨토시 스타일 풀다운 메뉴를 구현하고, 스프레드시트와 유사한 강력한 표 기능을 지원하면서 명실상부한 워드프로세서 최강자로 군림했다.

워드스타   워드퍼펙트 5.1   MS의 워드2003

이때 발표한 워드퍼펙트 5.1 버전의 데이터 포맷은 한동안 전 세계에서 가장 중요한 문서 포맷으로 여겨졌으며, 이후 다른 회사에서 개발한 워드프로세서 대부분도 이 포맷을 읽어 들이는 기능을 필수적으로 집어넣었다.

이렇게 잘 나가던 워드스타와 워드퍼펙트는 모두 마이크로소프트 윈도 3.0과 함께 등장한 마이크로소프트 워드의 윈도 친화적인 환경을 이

기지 못하고 윈도 버전에서는 처절한 실패를 하면서 워드에 왕좌를 내주었다.

인쇄 혁명을 일으킨 어도비

1980년대 중반 이후 IBM PC 호환기종과 마이크로소프트의 MS-DOS가 세상을 지배하기 시작하고 워드프로세서와 스프레드시트 등 킬러 소프트웨어도 이들 플랫폼을 중심으로 경쟁하기 시작하면서, 애플은 특화시장을 중심으로 틈새시장을 노리는 전략을 편다. 이 과정에서 가장 중요한 협력자로 나타난 업체가 어도비다.

어도비Adobe는 제록스 파크 연구소 출신의 존 워녹과 찰스 게쉬케가 실리콘밸리 차고에서 설립한 회사다. 두 사람은 포스트스크립트라는 인쇄용 언어를 개발하고 판매했는데 서체에 관심이 많았던 스티브 잡스는 이 기술을 라이선스해서 1985년 레이저라이터에 구현했다.

포스트스크립트가 레이저 프린터와 같은 인쇄 혁명을 일으키는 데 큰 역할을 하지만 그 뒤를 이어 어도비가 개발한 타입 1이라는 디지털 폰트 포맷은 애플이 개발한 트루타입과 경쟁 관계가 되었다. 타입 1은 여전히 그래픽, 인쇄 분야에서는 표준으로 남았지만, 나머지 비즈니스 분야는 트루타입이 장악했다. 어도비와 애플과의 애증관계는 이때부터 시작했다고 해도 과언이 아니다.

트루타입 때문에 갈등이 조금 있었지만, 어도비와 애플은 정말 환상의 짝꿍과도 같은 동반자 관계를 유지했다. 포스트스크립트와 DTP^{Digital Textile Printing}로 확실한 틈새시장을 선점한 데 이어 어도비는 1980년대 중반 드로잉 소프트웨어인 일러스트레이터를 발표하면서 포스트스크립트 기반의 레이저 프린터와 함께 그래픽 및 출판업계 시장을 확고하게 차지한다.

뒤를 이어 1990년 2월에는 전설적인 소프트웨어로 평가받는 포토샵 Photoshop을 발표하면서 매킨토시와 함께 마이크로소프트가 넘볼 수 없는 아성을 구축했다.

03

인터넷 혁명시대

애플Ⅱ와 IBM PC의 출시, 그리고 1984년 1월 매킨토시가 등장하기까지 숨 가쁘게 이어지던 애플과 IBM의 대결은 엉뚱한 승자를 만들었다. IBM PC 호환기종을 등에 업은 마이크로소프트가 전장을 지배하면서 진정한 승자는 마이크로소프트로 귀결되었고, 전 세계 컴퓨팅 환경은 마이크로소프트와 IBM 호환기종 제조사 및 강력한 주변기기 회사들이 지배하기 시작한다.

팀 버너스 리와 웹의 시작

1990년, 팀 버너스 리는 마우스를 클릭하는 것만으로 하이퍼텍스트 문서를 편집할 수 있는 소프트웨어를 완성했다. 그리고 1년 만에 하이퍼텍스트를 클릭해 전 세계 인터넷 콘텐츠를 연결해 공유할 수 있도록 해주는 검색 시스템을 만들었다.

1991년 8월 팀은 'alt.hypertextgroup'이라는 뉴스 그룹에 글을 보내 새로운 기술 시대의 탄생을 세상에 알렸다.

"WWW 프로젝트는 정보 검색 기술과 하이퍼텍스트를 결합해, 직관적이고 강력한 전 지구적 정보 시스템을 만들기 위한 것입니다. 이 프로젝트는 전문적인 정보가 누구에게나 자유롭게 도달할 수 있어야 한다는 철학에 따른 것입니다."

팀은 세계 최초로 발명한 이 본격적인 하이퍼텍스트 시스템에 '월드와이드웹World Wide Web'이라는 이름을 붙였다. 이제 사용자는 컴퓨터를 통해 인터넷에 접속하면, 보통 밑줄이 쳐진 파란 글씨로 된 꼬리표, 즉 '하이퍼텍스트Hypertext'를 만날 수 있게 되었다. 또한, 웹 주소인 'URL Uniform Resource Locator'을 통해 인터넷상의 어떤 자료나 웹페이지도 서로 연결할 수 있게 되었다. 팀은 마지막으로 하이퍼텍스트 문서들을 연결하기 위해 '주파수를 맞춘' 규약, 즉 'HTTP Hyper Text Transfer Protocol'를 만들었다.

팀 버너스 리의 웹이 소개된 1991년, 인터넷에서는 또 다른 정보 검색 시스템인 '고퍼Hyper Gopher'가 한창 인기였다. 하이퍼텍스트 기능만 없을 뿐, 그 밖에는 고퍼가 월드와이드웹보다 나아 보였다. 특히 월드와이드웹의 웹 서버 프로그램이 넥스트 컴퓨터에서만 가동되었던 반면, 고퍼는 다양한 컴퓨터에서도 가동될 수 있었기에 더욱 인기였다.

이에 따라 팀은 사람들이 월드와이드웹을 받아들일 수 있도록 월드와이드웹 관련 소프트웨어와 그 소스를 모두 공개였다. 월드와이드웹은 점차 사람들의 관심을 끌기 시작했다. 이듬해 월드와이드웹이 인터넷 서비스의 표준이 되는 데 결정적인 계기가 찾아왔다. 스물한 살짜리 일리노이대 학생인 마크 앤드리센이 월드와이드웹을 마음껏 검색할 수 있는 브라우저를 개발한 것이다. 브라우저 이름은 넷스케이프의 전신인 '모자이크'였고, 월드와이드웹은 더욱 빠른 속도로 퍼져 나갔다.

닷컴 신화를 낳은 넷스케이프

1994년 3월, 마크 앤드리센은 자신이 개발한 모자이크Mosaic 브라우저를 상용화하기 위해, 넷스케이프의 전신이 되는 모자이크 커뮤니케이션스를 설립했다. 넷스케이프는 곧 다가올 인터넷 시대에 정보의 망망대해를 안내해 주는 항해자내비게이터가 되어 전 세계 PC에 설치되었다. 마크 앤드리센은 또한, 일반인을 위한 브라우저인 넷스케이프Netscape 내비게이터Navigator를 만들고 1995년에 이를 상장해, 억만장자의 대열에 들어선다.

1995년 8월 9일, 넷스케이프의 기업공개는 증권가의 최고 화제였고, 이후 5년간 이어지는 닷컴 붐의 시작을 알리는 축포와도 같았다. 개장 첫날 주당 14달러로 시작한 주가는 폐장 직전 75달러까지 수직 상승하였다. 그러나 상장 3년 만에 넷스케이프는 브라우저 시장에서 항로를 잃고 닷컴 거품이라는 불명예와 함께 사라져 가고 있었다.

최초의 브라우저 모자이크

넷스케이프의 내비게이터

MS의 익스플로러

넷스케이프의 브라우저인 내비게이터는 어느 OS와도 호환이 가능한 제품으로, MS의 OS에서만 운영되는 인터넷 익스플로러보다 훨씬 더 우수한 소프트웨어였다. 그런데 이것이 바로 소프트웨어 시장의 최상위 포식자이자 IT 업계의 공룡인 MS의 사냥감이 된 이유였다.

MS의 공세는 무서웠다. MS는 윈도95에 인터넷 익스플로러를 끼워 파는 것도 모자라 윈도95에서 넷스케이프의 내비게이터가 아예 작동할 수 없도록 만들었다. 게다가 윈도95 가격에 고스란히 반영된 것이긴 하지만 인터넷 익스플로러의 값은 매겨져 있지 않았다.

이후 마이크로소프트에서 개발한 인터넷 익스플로러가 웹 브라우저 시장을 평정하면서 넷스케이프의 천하는 짧은 역사를 마감하게 되지만, 마크 앤드리센과 모자이크 브라우저는 IT 역사에서 절대 빼놓을 수 없는 중요한 발자국을 남겼다.

야후의 탄생

스탠퍼드 대학원생이었던 제리 양Jerry Yang과 데이비드 파일로David Filo는 1994년 초 모자이크 브라우저를 이용해서 전 세계 웹 사이트를 돌아다니며 정보를 얻는 재미에 푹 빠졌다. 이들은 자신이 얻은 정보를 다른 사람과 나누려는 생각에 수많은 웹 사이트를 종류에 따라 분류해서 목록을 만들고, 이 목록을 하이퍼링크 형태로 웹에 공개했다. 이것이 훗날 야후가 되는 '제리와 데이비드의 인터넷 안내서'이다.

같은 해 4월 이 웹사이트를 야후로 개명하면서 처음으로 인터넷 포털 사업을 시작했고, 1995년 1월 역사적인 'yahoo.com' 도메인을 획득한다. 1995년 3월 1일, 정식으로 회사를 창업한 이들은 인터넷이 폭발적으로 성장하자 정보를 찾는 사람들에게 대문 역할을 톡톡히 하기 시작했다.

그러나 너무 많은 사람이 한꺼번에 몰리자 인터넷 접속량을 감당할 수 없는 지경에 몰리자 넷스케이프트의 마크 앤드리센이 지원을 자원했다. 내비게이터의 폭발적인 인기와 함께 인터넷 최강자가 된 넷스케이프의 입장에서도 야후의 번성은 도움이 되었다.

　이런 협력관계도 야후가 1995년 세콰이어 캐피털로부터 거액의 투자를 유치하면서 깨지기 시작했다. 그 당시 불문율로 여겼던 것은 상대방이 투자한 회사에는 투자를 하지 않는다는 것이 있었다. 넷스케이프에 투자한 회사는 KPCB^{Kleiner Perkins Caufield & Byers}로 세콰이어 캐피털과는 라이벌 관계였다.

　야후는 창업한 지 1년 만인 1996년 4월 12일, 나스닥에 상장한다. 야후는 '웹 포탈=야후'라는 이미지를 심으면서, 포털 사이트의 최강자로서의 입지를 공고히 했다.

　야후는 닷컴 거품을 일으킨 다른 회사들과는 달리 적극적인 브랜딩 전략을 펼치면서 배너를 중심으로 한 광고모델로 인터넷을 대표하는 기업으로 성장했다. 그러나 2000년 들어 닷컴 회사의 가치에 대한 회의론이 빠르게 확산되면서 닷컴 버블이 빠지기 시작했다. 광고주의 대부분을 차지했던 이들이 퇴장함으로 야후 역시 심각한 어려움에 빠진다.

아마존과 이베이, 인터넷을 사업공간으로 만들다

　아마존의 창업자 제프 베조스는 1990년대 인터넷에서 판매하기 좋은 아이템을 찾던 중 고민 끝에 선택한 것이 '책'이었다. 그는 책이 수백만 권 있는 서점을 실제로 만드는 것이 불가능하다는 것에 착안해 이를 가능하게 만드는 초대형 가상서점인 아마존을 1995년에 설립했다.

　이베이를 창업한 피에르 오미디아르는 실리콘밸리에 있던 꿈 많은 프로그래머로 인터넷 기술을 이용해서 사람을 한곳에 모이게 하면 아주 훌륭한 시장이 될 거라고 믿었다. 이런 단순한 아이디어에서 시작해 일정한 사람이 모여 경쟁하는 시장을 만들면 사업이 될 것으로 생각했고, 전통적인 경매시장보다 인터넷 경매시장이 공정하고 접근성이 높을 것이라 믿었다.

　제프 베조스와 오미디아르는 인터넷을 사업 공간으로 생각했다. 제프 베조스는 아마존을 연지 한 달 만에 몰려드는 주문을 소화하기 위해 전 직원이 달려들었고, 전 세계 45개국에 선적하는 호황을 누린다. 또한, 오미디아르도 사이트를 연 지 몇 달 만에 수천 달러의 수수료 수입을 올리는 성과를 보였다.

　사실 월스트리트에서는 이들이 단기간에 엄청난 성장을 이루는 것을 보고 깜짝 놀랐다. 이제까지 역사에 없었던 방식으로, 그전에 보았던 다른 기업들과는 전혀 다른 형태로 발전하는 이들을 바라보면서 애널리스트들 상당수는 두려움을 느끼기까지 했다.

핫메일, 세계 최대 웹메일 서비스의 시작

핫메일 서비스는 사비어 바티아와 잭 스미스가 시작한 최초의 웹메일 서비스다. 1996년 7월 4일에 서비스를 시작하는데, 이들은 당시까지 주류였던 망 접속 서비스인 ISP에서 독립한 웹메일을 제공한다는 의미에서 독립기념일을 서비스 시작일로 잡았다.

초기 저장 공간은 2MB로 오늘날과 비교하면 형편없이 적은 서비스였지만, 당시 이메일은 텍스트 기반으로 그리 크지 않았기 때문에 큰 인기를 끌었다. 1997년 12월에 가입자 수가 850만 명에 달하며 대표적인 웹메일 서비스로 자리를 잡았다. 우리나라 최초의 웹메일 서비스이자 다음의 전신인 한메일이 1996년에 시작했으므로 우리나라도 웹메일 서비스는 미국과 비교해 전혀 뒤지지 않게 시작했다.

마이크로소프트는 핫메일을 1997년 12월 4억 달러를 주고 인수했다. 마이크로소프트의 적극적인 지원에 힘입어 핫메일은 1999년 2월에는 3천만 명이라는 가입자 수를 확보했다.

1999년 7월, 마이크로소프트는 핫메일과 더불어 오늘날 마이크로소프트가 시행한 인터넷 전략 중 가장 성공적인 서비스인 메신저 서비스 MSN를 시작한다. MSN 메신저는 버전 업그레이드를 거듭하면서 인터넷을 이용한 음성통화VoIP와 화상통신 등을 지원하고, 광고모델로 새로운 수익도 발

생하면서 마이크로소프트의 차세대 인터넷 서비스에서 가장 중요한 핵심 자원으로 자리를 확고히 굳혔다.

우리나라 새롬기술의 다이얼패드는 1999년 서비스를 시작하여, MSN 메신저의 인터넷 음성통화 서비스보다 빨리 시작하였지만, 인터넷 버블이 꺼지고 비즈니스 모델을 제대로 찾지 못하면서 우위를 이어가지 못한 비운의 서비스였다.

여전히 마이크로소프트의 핵심투자 부문인 MSN은 윈도 라이브로 이름을 바꾸고, 미래의 클라우드 서비스를 제공하기 위한 인프라로 그 발전 방향을 잡았다. 앞으로 그 발전성에 대해 기대하게 하는 부분이다.

검색의 제왕 구글의 탄생

1999년 6월, 실리콘밸리의 양대 벤처캐피털로부터 엄청난 투자를 받은 구글은 본격적으로 검색 시장을 장악해 나갔다. 1999년 초만 해도 구글의 하루 검색 건수는 50만 건 정도였는데, 2000년이 되자 평균 700만 건이 넘었다.

그러나 잘나가던 실리콘밸리의 닷컴 기업들이 수익 구조를 찾는 것이 힘들 것이라는 전망과 함께 주가가 엄청나게 폭락하기 시작했다. 2000년에 발생한 '닷컴 버블 붕괴'의 시작이다. 대표적인 기업이었던 야후는 잘나갈 때 주가가 119달러에 이르기도 했지만 버블 붕괴와 함께 주가가 4달러까지 떨어지는 날개 없는 추락을 했다.

다행히 구글은 그 당시 비공개 기업이었기 때문에 이런 위기를 비켜갈 수 있었지만, 문제는 검색이 늘어나면서 손실도 커지기 시작한 것이다. 2000년 구글의 손실은 1,470만 달러에 달한다. 이 시기 구글의 두 창업자는 이후 비즈니스에 있어 중요한 아이디어를 제공하는 사람을 만나는

데, 그가 바로 오버추어Overture를 창업하고 야후에 이 회사를 매각한 빌 그로스Bill Gross다.

빌 그로스는 1996년 아이디어랩Idealap을 창업하고 검색광고라는 모델을 처음으로 만들어낸 사람이다. 그는 이 아이디어를 구현하기 위해 고투 닷컴GoTo.com이라는 회사를 설립했다. 검색엔진에서 검색된 결과에 대응하는 광고를 붙여주고 이 검색광고를 클릭하면 클릭당 광고비를 광고주에게 받는 방식을 구현하는 것이다. 이후 이름을 오버추어로 변경하고 2003년 16억 3천만 달러에 회사를 야후로 매각했다. 국내에서도 다음과 네이버에 검색광고 서비스를 제공하는 등 큰 성공을 거둔 회사다.

오버추어와 구글의 에드워즈   국내 포털에 검색광고 서비스를 제공하는 오버추어

구글은 2000년 빌 그로스의 아이디어를 변형하여 에드워즈 광고 모델을 내놓았다. 오버추어는 2002년 구글을 특허 침해로 고소하며 법정 다툼이 벌어지지만, 2003년 오버추어를 인수한 야후가 구글의 주식 270만 주를 받는 것으로 종결되며, 구글이 빌 그로스의 아이디어를 일부 가져갔다는 걸 인정했다.

구글은 그 후 에드워즈와 애드센스 등 비즈니스 모델을 성공적으로 적용하면서, 기술만 있었던 기업에 드디어 수익이란 날개가 달리면서 검색시장에서 제왕으로 군림하게 되고 하늘로 날아가기 시작한다.

04

소셜 혁명시대

"외모로 하버드에 입학했습니까? 아니요! 다른 사람의 외모를 평가하길 좋아하시나요? 네!" 2003년 11월 2일, 미 하버드대 기숙사에서 컴퓨터공학과 학생 하나가 막 가동한 웹사이트의 메인에 적어놓은 글이다. 사이트 이름은 굉장히 노골적인 '페이스매시'. 하버드 9개 기숙사에 있는 모든 학생의 얼굴을 비교해 최고 얼짱을 가리도록 한 사이트였다. 이것이 현재 소셜의 최강자인 페이스북을 탄생시킨 마크 주커버그의 시작을 알리는 단초가 되었다.

소셜 웹의 원조 대한민국

소셜 웹의 원조가 대한민국이라면 믿어지는가? 오늘날 최고의 주가를 자랑하는 페이스북의 원조는 우리나라의 '아이러브스쿨'이었다. 1999년 10월에 시작한 '아이러브스쿨'은 학연을 중심으로 옛친구를 찾아주는 소셜 웹의 시초였다. 아이러브스쿨은 서비스를 시작한 지 1년도 안 된 2000년에 하루 5만 명에 이르는 신규 가입자가 생길 정도로 폭발적인 성장을 하면서 총 회원이 천만 명에 이르렀다.

2001년에는 야후에서 거액의 인수제안을 할 정도로 대단한 인기를 끌었으나, 새로운 재미를 주거나 회원의 이탈을 막는 서비스로 발전시키지 못하면서 초기의 성공을 이어가지 못하고, 뒤에 나온 '싸이월드'라는 개인

미니 홈페이지 서비스에 주도권을 빼앗겼다.

싸이월드는 1998년, 서울 홍릉 KAIST 테크노경영대학원의 석박사과정 6명이 결성한 창업동아리 EBIZ클럽에서 시작했다. 싸이월드는 창업당시에는 클럽 서비스를 중심으로 시작해 큰 인기를 끌지 못했지만, 2001년 미니홈피 프로젝트를 통해 개인 홈페이지 서비스로 변화하면서 큰 인기를 끌기 시작했다. 이후 미니룸, 도토리와 같은 싸이월드 서비스를 줄줄이 구현했고, 비즈니스 모델까지 갖추면서 성공적인 서비스로 도약했다.

싸이월드는 일 촌이라는 개념을 도입해 관계지향 서비스 소셜 웹을 처음 상용화했으며, 도토리라는 개념을 통해 비즈니스 모델까지 만들었다. 이후 전 세계 글로벌 서비스가 싸이월드의 여러 모델을 벤치마킹하는 등 세계적으로 영향력을 미쳤다.

싸이월드는 그 이후 최고의 소셜 웹으로 이름을 날리며 2004년 SK커뮤니케이션즈에 인수된 후에도 꾸준한 인기를 누렸으나, 최근엔 스마트폰이 활성화되면서 '카카오톡'에 밀리는 양상을 보이고 있다.

프렌스터와 마이스페이스의 탄생

미국에서 처음으로 소셜 웹 서비스로 인기를 끌기 시작한 것은 '프렌스터Frenster'다. 2002년에 서비스를 시작하고 2003년에 KPCB 등에게 자금을 지원받아 설립한 이 회사는 새로운 사람을 안전하고 효과적으로 사귈 수 있는 공간을 만들자는 취지로 서비스를 시작했다. 사용자가 자신의 프로파일을 올리고 이를 검색하여 연결할 수 있었고, 친구와 친구를 연결하는 방식을 이용하며 친구 네트워크로 인기가 높았다.

2003년 3월 서비스를 시작하자 몇 달 만에 3백만 명에 이르는 사람이 가입하면서 친구 네트워크가 획기적으로 전파되는 위력을 보이며 [타임] 등 유수 잡지에 소개되기도 했다. 이 서비스를 유심히 보던 구글이 2003년 3천만 달러의 인수제안을 하지만, 프렌스터의 경영진은 이 제안을 거부했다.

그러나 프렌스터는 마이스페이스My Space가 등장하면서 미국 시장에서는 경쟁에 밀려 급격한 퇴조를 보이며, 아시아 시장에 주력하게 되고 결국, 2008년 12월 말레이시아 회사인 MOL에 인수 합병된다.

프렌스터 이후 등장한 마이스페이스는 e유니버스라는 회사에서 만들었다. e유니버스가 보유한 2천만 명 회원에게 이메일 마케팅을 벌이며 적극적으로 서비스를 프로모션 한 결과 프렌스터를 따돌리고 미국 최대 소셜 네트워크 서비스로 등극한다.

마이스페이스는 인디 음악가들이 서비스에 적극적으로 참여하며, 친구들 사이에 음악을 돌려 듣는 서비스가 큰 인기를 끌며 확산속도가 커졌다. 음악가들과 서비스가 서로 공생하는 상호협조 관계를 만들면서 음악가에게는 없어서는 안 될 서비스로 발전하며 승승장구했다.

2005년 1월, 미디어의 황제 루퍼트 머독이 이끄는 뉴스코퍼레이션이 마이스페이스와 e유니버스를 5억 8천만 달러라는 거액에 인수하며 큰 화제를 불러일으켰고, 지속적으로 성장해 2006년에는 월 방문자 6,000만 명을 돌파한다.

하지만 마이스페이스는 더 뻗어나지 못하고 정체되면서 페이스북에 발목을 잡히며, 음악과 관련된 서비스만 강화하는 반쪽 서비스업체로 전락하고 만다. 실패의 주원인은 개방형 혁신과 서비스를 하지 못한 것으로 드러났다. 즉, 유튜브를 비롯한 다양한 콘텐츠 제공업체가 마이스페이스와 연계를 꾀했지만, 콘텐츠 서비스업체들이 마이스페이스의 유통 네트워크를 타고 커지고 나면 이들에게 끌려다니게 될 것을 우려한 결과 제휴를 거절했다.

이에 비해 페이스북은 개방과 협력을 선택한다. 누구나 페이스북에 적합한 응용 프로그램, 서비스 및 콘텐츠를 제공하도록 했고, 수익이 나면 이를 개발자에게 나누어주는 수익 공유를 실현했다. 그 결과 많은 협력업체가 개발한 서비스와 애플리케이션이 페이스북의 가치를 올려주고, 결과적으로 페이스북이 성공할 수 있는 기틀을 다져주었다.

진정한 소셜 웹의 승자 페이스북

마이스페이스의 실패와 페이스북의 성공은 소유권을 주장하면서 자신만의 세계에서 외부와의 협력보다 돈만 밝히는 과거 지향적인 회사는 오래갈 수 없다는 것을 보여주었다. 이처럼 사용자 경험을 무시하고 비즈니스와 돈만 원하는 시도를 하면 결국, 오래가지 못하고 실패하는 사례를 우리는 많이 보아왔다.

〔타임〕지는 페이스북을 창업한 마크 주커버그를 2008년 세계에서 가장 영향력이 있는 사람 중 하나로 선정했다. 페이스북은 2004년 2월 공식적으로 오픈한 뒤 하버드 인맥을 중심으로 그 세를 여러 대학을 통해 급격하게 늘린 뒤, 2005년 실리콘밸리에 입성하면서 거침없는 성장을 지속했다.

2008년 올해의 인물로 선정된 주커버그 　　페이스북?

2010년 8월 페이스북은 전 세계 5억 명이 넘는 회원을 가지고 있었고, 야후는 페이스북에 10억 달러에 이르는 매수 제안을 했다. 그렇지만 이렇게 엄청난 제안을 받고도 주커버그는 거절했다. 프렌스터가 2003년 구글의 거액 매수 제안을 거절하고, 그 이후 엄청나게 하락한 것을 생각하면, 쉽지 않은 결정이었다.

주커버그는 단순히 페이스북을 더욱 비싸게 팔기 위해 그런 결정을 내린 것은 아니다. 그는 장기적인 비전을 가지고 있었다. 주커버그는 오픈 마인드와 협업정신, 정보의 공유를 생명으로 하는 소셜 네트워킹이 세계를 훨씬 살 만한 곳으로 만들 것이라는 확신을 가지고 있었다.

140자의 기적 트위터의 시작

트위터의 전신인 오비어스Obvious의 공동창업자는 에반 윌리엄스, 비즈 스톤 그리고 잭 도시다. 이들은 원래 팟캐스트 서비스를 계획했었다. 우리 나라에서는 초고속 인터넷이 조기에 보급되면서 팟캐스트 시장 자체가 성숙하지 못했지만, 미국에서는 생방송 스트리밍 서비스를 할 수 있는 인프라가 부족한 탓에 동영상이나 음원을 파일 단위로 다운로드 받고, 이를 거래하는 팟캐스트가 비즈니스 재료가 되었다.

그러나 오비어스는 생각보다 잘되지 않았다. 위기를 느낀 잭 도시와 비즈 스톤은 2주의 시간을 가지고 다른 것을 만들어 데모했는데, 그것이 트위터의 시작이다.

트위터는 사실 잭 도시가 2000년에 얇은 노트에 아이디어의 윤곽을 그리고 당시의 블랙베리Blackberry 초기 모델인 RIM850에서 짧은 이메일을 주고받으면서 가능성을 테스트 해 봤다. 그러나 'STATUS'라 명명한 이 서비스는 고가인 RIM850을 가지고 있는 사람이 적어서 그 후 5년 간 묵혀 있었다.

트위터를 처음 고안한 잭 도시　잭 도시가 스케치한 트위터 초안　블랙베리 RIM850

2006년도에 시작한 트위터 프로젝트가 잘될지에 대해서는 모두 확신이 없었다. 그러던 어느 주말 청소를 하고 있던 비즈의 휴대폰이 울렸는

데, 에반 윌리엄스가 자기가 지금 포도주를 마시고 있다고 올린 트윗이었다. 비즈는 그 트윗을 보고 이 서비스가 잘 될 것이란 느낌을 받았다.

서비스 초기에 트위터가 재미있지만, 전혀 유용하지 않고 쓸데없어서 힘들겠다고 하는 사람이 많았다.

그때마다 윌리엄스는 "아이스크림도 별로 유용하지 않아."라고 응답했는데, 이 말은 유명해졌다. 트위터가 처음 가능성을 보인 것은 사람들이 'SXSW 2007'이라는 미국 서남부 지역을 중심으로 하는 꽤 유명한 행사를 요약해서 내용을 트위팅 하고, 그에 대한 반응을 보인 사건에서였다.

초기의 트위터는 단문메시지 서비스에 초점을 맞추어 디자인했다. 140자로 제한한 것도 그 때문이었고, 단지 간단한 입력창만 있을 뿐이었다. 이들은 서비스를 시작하면서 버락 오바마가 분명 이용할 것이고, 오프라 윈프리 쇼에 나갈 수 있다고 확신했다. 사실 2008년은 그야말로 트위터의 해였다. 그해 11월 4일, 트위터의 활약 속에 미국은 최초의 '소셜 미디어 대통령' 버락 오바마를 탄생시켰다.

05

스마트폰 혁명시대

삼성전자와 LG전자의 세계 스마트폰 시장 점유율 합계가 처음으로 40%를 넘어설 것이라는 전망이 나왔다. 시장조사업체 스트래티지애널리틱스^{SA}는 2014년 1분기 제조사별 세계 스마트폰 시장 전망 보고서에서 삼성전자 36.2%, LG전자가 5.9%의 점유율을 기록해 양사 합계가 42.1%를 기록할 전망이라고 20일 발표했다. 놀라운 일이다. 2007년 IT 역사상 가장 혁신적이며, 전 세계를 스마트폰 열풍으로 몰아넣은 애플의 아이폰이 나온 지 7년 만에 국내 전자업계가 전 세계의 스마트폰 시장을 장악한 것이다.

애플, 아이폰으로 새판을 짜다

스티브 잡스는 애플에 복귀한 후, 아이팟으로 성공하자, 곧바로 비밀리에 애플의 미래를 책임질 새로운 프로젝트인 아이폰 개발을 지시했다. 잡스는 아이폰의 성공을 위해 새로운 인터페이스가 필요했고, 동시에 전화 기능이 포함된 새로운 기기를 창조하고자 했다.

당시 애플 내부에는 전화 관련 기술이 없었다. 잡스는 부동의 1위 업체인 버라이즌을 절치부심 뒤 쫓고 있던 싱귤러 와이어리스와 접촉했다. 비밀리에 상호 협력하기로 하고, 아이폰의 독점 통신사업자 권한을 상당기간 유지해주기로 했다.

1997년 1월 9일, 애플은 샌프란시스코 맥월드에서 역사적인 아이폰을 공개한다. 30개월간의 개발기간과 약 1억 5천만 달러가 소요된 것으로 알려졌다. 그야말로 애플의 미래를 건 프로젝트였다. 이런 필사적인 노력의 결과로 애플은 구글, 마이크로소프트를 제치고 시가총액 세계 1위로 뛰어오른다.

아이폰 판매 당일, 미국 전역의 애플 스토어에는 아이폰을 사기 위해 기다리는 사람들로 텐트까지 치며 장사진을 이룬다. 뒤이어 영국, 프랑스 등 2008년 7월에는 전 세계적으로 22개 국가에서 판매하기 시작했다. 애플은 아이폰 판매한 지 1년 만에 600만대 이상 팔았고, 2009년 말 기준으로 3,375만 대라는 기록적인 판매량을 보였다.

잡스와 싱큘러 CEO 스탠 시그만

애플이 통신사인 싱큘러 와이어리스에 요구한 것은 아이폰 하드웨어 및 소프트웨어 개발 전반에 대한 자유였다. 이는 이동통신사가 재량권을 가지고 하드웨어와 소프트웨어 전권을 가지고 있던 관행을 송두리째 바꾼 것이었다. 결국, 그동안 휴대폰 사업이 통신사업자가 주도하는 것이었다면, 아이폰 프로젝트는 제조사와 개발자 그리고 소비자가 주도하는 방향으로 가는 것이었다.

또한, 2008년 4분기를 기점으로 당시 스마트폰의 1위 업체였던 캐나다 리서치 인 모션RIM사의 블랙베리를 넘어서면서 세계 최고 스마트폰 자리를 차지했고, 그 기세는 현재까지 지속되고 있다.

구글, 안드로이드를 삼키다

구글이 스마트폰 운영체제 회사인 안드로이드를 인수 합병한 것은 2005년 7월이다. 당시 안드로이드는 캘리포니아에서 막 시작한 스타트업 기업이었다. 이 회사의 공동창업자인 앤디 루빈, 리치 마이너 등은 합병을 계기로 구글에 합류했다.

구글이 안드로이드를 인수한 시기는 아이폰이 실제로 출시되어 세계적인 히트를 기록한 2007년보다 2년 앞선 일로, 구글 역시 IT 업계의 판도 변화와 본격적인 혁신이 스마트폰과 함께할 것으로 예상하고 선투자를 감행한 것이다.

구글은 하드웨어를 직접 제조하거나, 이동통신 서비스 사업을 하기 위해서 안드로이드를 인수한 것은 아니다. 그렇다면 구글이 노리는 것은 무엇일까? 구글이 원하는 것은 스마트폰을 통해 인터넷 연결을 쉽게 할 수 있게 하면서, 모바일 광고 부분도 장악하는 것이었다.

특히, 유선광고보다 무선광고는 위치정보를 비롯해 훨씬 개인화된 특성이 있고, 전자상거래와 연결도 가능하므로 광고 가치도 높을뿐더러 훨씬 더 막강한 수익모델을 만들 수 있다고 생각했다.

아이폰의 성공, 구글의 전략

아이폰의 대성공으로 PC 중심의 컴퓨팅 환경이 드디어 모바일 중심으로 옮겨가면서, 구글이 오랫동안 꿈꾸어왔던 소비자 중심 컴퓨팅이라는 환경 변화를 앞당기는 것처럼 보였다. 그러나 구글의 고민은 이런 대성공과 함께 커졌다.

구글은 모바일 컴퓨팅의 시대가 오면 가장 적합한 광고를 만들어 전달하는 서비스의 중심에 서고 싶었지만, 아이폰이 지배하는 세상이 된다면 구글은 결국, 애플의 그늘에 놀아야 한다는 두려움이 생기기 시작했다.

아이폰의 성공을 보면서 구글은 비밀리에 안드로이드 프로젝트를 집중적으로 지원하기 시작했다. 계속 아이폰이 세상을 장악하도록 내버려 두면 안 된다고 생각한 것이다. 구글은 하드웨어와 소프트웨어가 지배하는 세상보다는 모바일 환경에서도 웹이 지배하는 세상이 낫다고 생각했다.

2007년 11월, 구글은 삼성, 인텔, T-모바일 등을 포함한 33개의 회사와 협력해 모바일기기에 적합한 개방형 OS 개발을 완료하고, 무상으로 안드로이드 소스를 공개한다고 발표했다. 휴대폰 제조업체나 이동통신사가 마음대로 변형할 수 있는 운영체제인 안드로이드는 스티브 잡스에게 있어서는 악몽과 같은 사건이었다.

스티브 잡스는 구글에 '배신감'을 느꼈고, 전통적인 우호 관계였던 애플과 구글의 갈등이 시작되는 순간이었다.

아이폰 이후의 세계

아이폰으로 촉발된 스마트폰 세상은 구글이 개방형 OS인 안드로이드를 무료로 공개함으로써 전 세계 각 나라의 주요 단말기 제조업체가 안드로이드 플랫폼과 운영체제를 지원하는 단말기를 만들기 시작하며 춘추전국시대로 접어들었다.

아이폰이 처음 세상에 나온 후 7년이 지난 2014년 현재 전통의 휴대전화 강자인 노키아와 블랙베리 및 모토로라는 주도권을 뺏기고 역사의 뒤안길로 사라져 가고 있고, 놀라운 기술력과 스피드한 적응력으로 우리나라의 삼성과 LG는 스마트폰 시장을 석권하였다.

스마트폰은 휴대폰과 PC의 기능을 합친 것으로, 휴대전화기에 인터넷 접속 등의 데이터 통신과 컴퓨터의 정보처리 기능을 통합시킨 것이라 정의할 수 있다. 휴대폰이 스마트라는 단어와 결합하여 정보처리 능력이 부가된 지능형 휴대폰이 된 것이다.

그러나 스마트폰은 강력한 이동성과 휴대성이란 강점을 가지고 있는 반면 화면 크기의 제한으로 콘텐츠 활용에는 한계가 있다. 그런 이유로 아이패드를 위시 한 태블릿 PC 시장이 어느 정도의 부족한 부분을 채워줄 것으로 보인다. 더불어 미래에는 스마트 TV가 중요한 시장을 형성할 것으로 기대한다.

PC, 휴대폰 그리고 TV는 이제 콘텐츠의 생산과 소비에 함께 공존해야 하는 연결성이 만들어지고 있다. 각각의 단점을 보완해 주고 강점을 특화시키는 방향으로 함께 발전할 운명이다. 스마트 PC와 스마트폰, 그리고 스마트 TV가 연동하면서 콘텐츠 생산과 소비가 유기적으로 이루어지는 것이 미래 콘텐츠의 흐름이 될 것이다.

이 세 기기가 항상 연동하면서 이동하는 도중이나 야외에서는 스마트폰을 사용하던 소비자들이 고정된 장소, 즉 가정에서는 스마트 TV를 그리고 회사 등에서는 PC를 통해서 콘텐츠를 소비하는 것이다.

2007년 애플은 애플 TV를 발표했다. 이제 막 스마트 TV가 나오는 시점인데, 이미 7년 전에 애플 TV를 발표한 것이다. 물론 지금 생각하는 스마트 TV와는 전혀 다른 셋톱박스에 불과했지만, 그 당시 스티브 잡스에게는 미래의 스마트 TV가 구상되었을 것이다. 다만 당시의 기술과 콘텐츠가 성숙되지 않았기 때문에 좀 이른 감이 있었던 것으로 파악된다.

아이폰으로 시작된 스마트폰 시장은 정점에 다다른 듯하다. 매년 놀라운 속도로 매출 증대를 보이던 스마트폰 시장도 매출 감소를 보이며 성숙기에 들어갔다. 이제 그 다음 시장은 스마트 TV가 대체하지 않을까? 소비자들은 작은 화면에 실증을 느낄 시간이 되었다.

IT의 미래와 우리가 해야 할 일

존재하고 있는 것이 무엇인지를 사유하면서 체험하지 못하는 한 우리는 결코 장차 존재하게 될 것에 속하지 못하게 될 것이다.

– 마르틴 하이데거 –

미래 기술, 인간중심의 IT 융합

　오늘날 이메일, 스마트폰, 소셜 미디어 등을 이용한 멀티태스킹이 우리 두뇌를 바꾸어 놓을지 모른다는 생각을 해 보았는가? 과학자는 현대인이 날마다 다루는 컴퓨터 및 스마트폰을 활용한 온라인 작업 때문에 정신의 두뇌 배선이 수정되고 있다고 주장한다. 2010년 [뉴욕타임스] 기사를 보면 그 사실은 여러 과학자가 주장하는 바이다.

　과학자들은 "이메일, 전화, 그 밖의 여러 정보가 인간이 생각하고 행동하는 방식을 바꿀 수 있다고 본다."고 전했다. 또한, "정보 홍수 속에서 인간의 집중력이 약해지고 있다."고 경고했다.

　2001년, 미국이 '인간 활동의 향상을 위한 기술의 융합'이라는 과학재단 보고서를 통해 처음으로 융합 기술을 정의한 이래, 선진국은 앞다투어 융합 기술의 연구개발을 활발하게 전개하고 있다. 그 융합보고서가 발표된 이후 10여 년의 시간이 흐른 지금도 지속해서 IT, NT, BT 등 첨단기술의 융합화가 가속화되고 있다. 한 가지 분명한 것은 그 기술의 지향점이 '인간중심'이라는 것이다.

　과거의 기술은 사람이 기술로 다가가는 기계 중심이었다면, 미래 기술은 기술이 사람에게 다가오는 인간중심의 기술이다. 최근 화두가 된 유비쿼터스도 현재의 컴퓨터 중심의 사용자 환경을 인간중심 환경으로 바꾸자는 것이다. 그 핵심은 두 가지다. 하나는 무수한 컴퓨터가 어디에나 존재한다는 것이고, 또 하나는 존재하더라도 그 존재를 인식할 수 없는 상황으로 발전한다는 것이다. 이렇게 되면 인간이 수동적으로 기술에 다가가는 것이 아니라, 기술이 사람의 현재 상황과 환경을 스스로 인식해 사람이 원하는 최적의 서비스를 제공하게 된다.

그러나 아무리 좋은 기술이라도 사회가 그것을 모두 수용하는 것은 아니다. 기술과 사회 간의 자연스러운 융화는 물질적이든 정신적이든 사람이 행복을 증대시킬 때 이루어진다. 그렇다면 21세기를 살아가는 우리가 준비해야 할 인간중심의 IT 융합의 지향점은 무엇일까?

★ 보편적 커뮤니케이션 증진

인간의 가장 기본적인 욕구인 보편적 커뮤니케이션을 증진시켜야 한다. 인터넷을 통해 국경을 초월한 커뮤니케이션이 가능하게 되고, 사람 간에 존재했던 시공간의 벽을 허물어 버렸다. 그러나 '보다 잘 연결하고 싶다'는 인간의 욕망은 끝이 없다. 세계의 언어를 실시간으로 번역, 통역해주는 만국 언어 도우미 기술이 상용화돼 인간 커뮤니케이션의 새로운 지평을 열어 줄 날도 멀지 않다.

★ 안락하고 안전한 사회보장

인간에게 더욱 안락하고 안전한 사회를 보장하는 일도 인간중심의 기술이 갖는 핵심가치가 될 것이다. 우리의 생활환경 곳곳에 장착된 지능형 센서에 의한 자동인식과 처리 기술 등으로 범죄, 재난, 교통사고 등의 위험에서 벗어날 수 있고, 견고하고 복구 가능한 재료 기술 등으로 건축물이 더욱 안전해질 때 인간은 과학기술에 무한한 신뢰를 보낼 것이다.

★ 미래 생활 스타일 선도

지속 가능한 산업 및 사회기반 체계 구축을 배려하면서 이에 기반을 둔 미래 생활 스타일도 선도해 가야 한다. 동시에 기술혁신의 성과가 신속하게 사회로 환원되고 그것이 인간의 행복으로 연결되도록 기술, 사회, 인간 간의 건강한 혁신생태계Innovation Ecosystem를 정착시켜야 한다. 이렇듯 우리가 지향하는 미래 기술은 IT를 중심으로 NT, BT, ET 등이 융합된 기술이 사람에게 다가가서 편리한 생활을 하게 해주는 것이다.

01

빅데이터가 미래의 경쟁력이다

스마트폰이 대중화되고 소셜 미디어가 활발하게 활용되면서 데이터의 폭발적인 증가가 나타나고 있다. 얼마 전까지 텔레비전 광고에서 메가급이란 용어가 자주 등장하였다. 하지만 현재는 '기가급'이란 용어도 무색한 세상이다. '테라급' '페타급'이 언급되고 있기 때문이다. IT의 일상화로 우리는 서로 메시지를 주고받으며 하루를 시작한다. 전날에 온 대량의 스팸메일을 지우고, 각종 뉴스와 정보를 스캔하고, 초 단위로 세상에 어떤 일이 벌어지고 있는지에 대한 호기심을 발동시키며, 트윗과 페이스북에 접속함으로써 세상에 데이터를 생성하는 데 일조한다.

빅데이터로 세상의 변화와 트렌드를 읽다

21세기에 들어 IT 산업은 눈부신 발전을 거듭했다. 이제 우린 인터넷과 SNS를 벗어난 삶을 상상하기조차 힘들어졌다. 사람들은 하루에도 수차례씩 인터넷을 통해 이메일을 보내고, 대화를 나누고, 쇼핑하고, 금융거래하며, 뉴스를 본다. 인터넷에 접속하는 순간 각가지 데이터가 쏟아지기 시작한다.

개인은 이미 스마트폰 같은 모바일 단말기로 트윗이나 페이스북, 카카오톡 등 SNS를 통해 자신의 관심사와 정보를 마구 흘리고 다닌다. 기업들은 IT 기술의 발전으로 이 데이터를 잘 활용함으로써 경영에 도움을 받는 시대가 열릴 것이라 기대하고 있다.

빅데이터란 "데이터의 양, 생성주기, 형식 등에서 과거 데이터보다 규모가 크고 형태가 다양하여 기존의 방법으로는 수집, 저장, 검색, 분석이 어려운 방대한 크기의 데이터"를 말한다.

스마트기기와 SNS의 확산으로 이런 빅데이터가 급증하고 있다. 그리고 이 빅데이터는 새로운 가치를 창출하는 원천으로 고려되고 있으며, IT 기술과 저장, 분석 기술의 비약적인 발전으로 기술적인 문제는 없다.
빅데이터는 세상의 변화를 말해준다. 넘치는 데이터에는 사람의 흔적이 있고, 전문가는 이런 데이터에 흐름이 있다고 한다. 사람의 손끝 하나로 만들어진 정보는 한 개인의 스토리가 된다. 데이터 그 자체는 아무런 의미가 없지만 거기서 패턴과 스토리를 읽어 낼 수만 있다면, 그 데이터는 무용지식에서 유용한 지식으로 바뀐다.
그렇다면 패턴을 찾아내어 사람의 생각과 행동의 변화를 읽어 낸다면 무엇이 달라질까? 무수히 떠다니는 데이터의 흐름을 분석하여 미래를 예측할 수 있다면 무엇이 유익하고, 무엇이 해로울까?

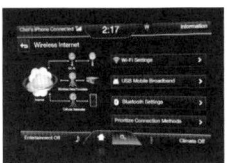

빅데이터를 활용하면 '가까운 미래 예측'이 가능하다. 최근 포드자동차는 운전자의 목적지를 예측하여 최적의 연료 배분을 제안하는 하이브리드 자동차용 주행 시스템을 개발했다. 여기에는 구글이 무료로 제공하는 '구

글 드라이버"라는 클라우드 서비스가 기반이 되었다. 이 주행 시스템이 개발된 배경은 머지않은 미래에 가솔린 엔진의 이용을 제한하는 '그린존 Green zone'이 유럽을 시작으로 설치될 것이기 때문이다.

빅데이터 활용의 또 다른 사례는 변화의 감지 예측이다. 한 사람의 개별 정보라도 수억 건씩 모이면 새로운 패턴이 감지될 수 있음을 알 수 있다. 구글의 웹사이트에서 제공되는 '독감 유행 정보Flu trend'가 있다. 독감 증상이 있는 사람이 늘면 '감기' 관련 주제를 검색하는 빈도가 증가하는 것에 착안해 구글의 검색엔진은 시간과 지역별로 독감 유행 정보를 제공한다.

빅데이터로 '현 세태의 흐름'을 읽을 수도 있다. 사례로 다음소프트가 빅데이터 분석으로 우리나라의 음주문화가 커피문화로 이전하는 세태 흐름을 보여준 것은 유명하다.

이처럼 일반 기업은 웹사이트 방문기록이나 온라인 검색 통계, 소셜 미디어 소통 기록 등을 긁어모아 미래 경영에 활용할 수 있다. 또한, 스마트폰 보급 이후 위치정보와 결합한 '맞춤정보'를 제공하는 광고, 마케팅 기법이 비즈니스의 새로운 금맥으로 급부상 중인데, 여기에도 데이터 분석 활용이 가능하다.

빅데이터, 크기가 다가 아니다

앞서 언급했듯이 데이터에서 어떤 패턴을 찾아낼 때 비로소 빅데이터에 활용 가치가 부여된다. 아무리 복잡해 보이는 현상도 일정한 패턴과 트렌드를 가지고 있다. 그래서 무질서한 흐름 속에서 숨겨진 패턴을 찾아내는 일이야말로 빅데이터를 의미 있고 가치 있게 만드는 작업이다.

빅데이터에 대한 개념정의는 처음에는 데이터 규모와 기술적 측면에서 시작되었으나, 점차 빅데이터의 가치와 활용 효과 측면이 강조되면서 그

개념도 확대되는 추세이다. 일반적으로 관찰되는 빅데이터는 3대 특징을 가지고 있다. 세계적인 리서치 기관인 가트너는 여기에 한 가지를 더 붙여 4가지 특징을 정의했다.

★ 데이터 규모는 데이터 관리 및 분석에 대한 개념이다

디지털 정보량이 해마다 폭증하여 제타바이트zetabyte=1,000조 megabyte 시대로 진입했다. 그런데 데이터 규모는 특징상 데이터 크기이나 물리적 크기만을 말하는 것이 아니다. 예를 들어 웹로그 데이터나 지메일 데이터는 수 페타바이트petabyte=1,000 terabyte=10억 magabyte 이상이지만, 트위터 데이터는 수십 기가바이트 미만 수준이다. 전자의 데이터에서 가장 중요한 것은 안정적 저장이지만, 후자의 경우는 실시간 분석과 처리가 이슈이다.

따라서 단순히 물리적 크기만이 아닌 데이터의 속성이 더 중요하며, 그것을 처리하고 분석하는 데 어려움이 있느냐 없느냐가 더 중요하다. 다시 말해 큰 규모Big Volume만을 빅데이터로 보기보단 큰 가치Big Value를 얻을 수 있는 정도를 봐야 한다.

★ 다양성은 정형과 비정형을 포함하는 개념이다

전통적 기업의 데이터 분석은 기업 내부에서 발생하는 운영 데이터인 ERP, SCM, CRM, DW 등 이미 시스템에 저장된 정형화된 데이터 정도를 대상으로 삼는다. 그러나 최근에는 기업 외부에서 발생하는 SNS, 블로그, 뉴스, 게시판 등의 데이터나 사용자가 업로드한 파일, 콜센터의 고객상담 내역 등 비정형 데이터까지도 처리할 수 있는 능력이 필요하게 되었다.

★ 생성속도는 데이터 추출 및 분석에 관한 개념이다

배치 분석만을 의미하는 것은 아니다. 필요에 따라 수많은 사용자 요청을 실시간으로 처리한 후 처리 결과를 반환해주는 기능도 포함한다. 사물정보, 스트리밍정보 등 실시간성 정보가 증가하고 있고, 이러한 실시간성으로 인해 데이터 생성 및 이동 속도가 증가하고 있다. 또한, 이러한 실시간 정보의 활용을 위해 데이터 처리 및 분석 속도가 더욱 중요해지고 있다.

★ 데이터 작업 자체의 복잡성이 이슈이다

동시 작업, 다양한 유형의 작업, 병렬 작업 등 작업이 복잡해지면서 신속한 실행을 요구하는 민첩성이 필요해진다. 즉 데이터 종류의 확대, 외부데이터의 활용으로 관리 대상이 증가하고, 데이터 관리 및 처리의 복잡성이 심화하면서 새로운 기법이 요구된다.

가치 창출의 근간에는 빅데이터가 있다. 빅데이터 시대에는 대규모 데이터에서 의미를 찾고 지식을 만들어 내는 능력이 경쟁력이다. 사용자의 참여와 정보 공유, 그리고 개방된 기술 환경이 전개될수록 지식의 활용이 중요해지며, 그럴수록 데이터 분석 능력이 경쟁자들과 경쟁할 수 있는 가장 큰 차별화 요소가 될 것이다.

빅데이터, 숨겨진 욕망을 읽다

기업은 예나 지금이나 급변하는 시장경제 속에서 고객의 요구를 빠르게 파악하고 대응해야 한다. 또한, 경쟁력을 유지하고 강화하기 위해 곳곳에 퍼져 있는 고객의 선호와 행동 패턴에 대한 정보를 수시로 읽어 내는 능력이 필요하다. 다행히 고객들도 진보된 기술 환경을 토대로 더 민첩하게 움직이고, 자신이 손끝으로 자신의 위치와 행동을 스스로 노출하고 있다.

구글, 애플, 아마존, 페이스북 같은 인터넷 서비스 기업에서 빅데이터의 활용은 기업 경쟁력의 원천이다. 이들은 천문학적인 양의 빅데이터를 축적하고 있으며, 관련된 인프라 기술을 확보했거나 구축 중이다. 구글은 지난 10여 년간 검색과 위치정보 앱 및 미디어 서비스를 통해 전 세계 이용자의 성향에 대한 막대한 빅데이터를 구축했고, 예측 모델링을 만들어 타 기업에 공개 제공한다.

구글 등의 IT 기업이 이러한 인프라 기술을 무상으로 공개하기 시작하면서 하드웨어와 소프트웨어의 상당수가 범용화되고 있다. 빅데이터 분석을 위한 인프라가 IT 영역이라면 '데이터'에서 인사이트를 도출하기 위해서는 통계학이나 사회학, 인문학 영역이 필요하다. 따라서 구글 등이 제공하는 범용화된 인프라 기술을 잘 활용하면, IT 기업뿐만 아니라 일반 기업도 고객이 미처 생각지 못한 요구를 먼저 감지하고 실시간으로 대응할 수 있다.

의미 있는 데이터를 추출하여 가치 창출을 선순환시키는 대표적 사례가 '구글 번역'서비스이다. 구글 번역의 전 세계 월 이용자 수는 2012년 초에 2억 명에 육박했다. 구글은 약 100만 권의 도서에 해당하는 텍스트를 번역하고 있고, 번역 언어도 지속해서 확대되고 있다. 구글은 이를 통해 확보한 사용 흔적 데이터를 재활용해 모바일 단말에서 촬영한 사진 속의 텍스트 번역, 유튜브의 비디오 자막 그리고 스마트폰을 통한 통역 서비스 등에 활용한다. 이것은 의미 있는 가치 창출이며 동시에 가치의 재창출이다.

소셜 데이터는 사람 간의 관계에 의해 생성되는 비정형 데이터이다. 소셜 데이터 기반의 분석은 아직 사회 이슈나 트렌드 분석 위주로 사용되지만, 인간의 욕망을 가장 분석하는 원천이 되므로 앞으로 빅데이터 활용이 가장 많은 분야가 될 것이다.

소셜 분석의 대표적 사례들을 찾아보면 대부분 트위터에 대한 분석이다. 트위터가 이처럼 주목을 받는 이유는 무엇보다 대부분 데이터와 API[Application Program Interface]가 공개되어 있기 때문이다. 그런데 전 세계적으로 트위터보다 이용자가 더 많고 더 많은 정보가 쌓여 있는 페이스북 데이터가 잘 이용되지 않고 있는 이유는 여기에 올라온 내용이 주로 친구 공개로 작성된 경우가 많기 때문이다.

소셜 분석에 의한 사례로는 개인 맞춤형 추천 서비스가 있다. 예컨대 남자 친구와 헤어져 집에 들어와 음악을 듣고 싶을 때, 기분을 얘기하고 음악을 들려 달라고 입력하면 적절한 음악이 추천되어 흘러나온다. 이는 개인 기호에 대한 정보를 축적해 놓았다가 제시되는 조건에 맞게 데이터 마이닝 하기 때문에 가능하다.

또한, 소셜 분석을 통해 사회에 대한 이해나 트렌드를 감지하게 되는데, 즉 '지난 2년간 주류별 관심도 차이'라든가 '3년 간 가장 많이 증가한 아웃도어', '감기와 음료 연관어' 등의 소비자 및 사회에 대한 이해라든지 '카페의 감성 변화' '휴대폰의 연관어 순위 변화' 등의 트렌드 감지 및 예측 등이 일반적인 예이다.

이처럼 빅데이터에 숨겨진 정보를 분석하다 보면 다양한 가치를 발견하게 되고, 소비자의 숨겨진 욕망을 파악하여 비즈니스에 활용할 수 있게 된다.

빅데이터가 펼치는 미래사회

폭증하는 데이터를 분석하여 어떻게 활용할 것인가? 어떻게 보면 현재의 정보기술 환경으로 보면, 기술적인 문제는 없어 보인다. 다만 어떻게 분석하고, 어떤 목적으로 활용하여, 어떤 형태로 인간의 삶이 윤택해질 것인가?를 연구하고 고민할 뿐이다.

빅데이터를 잘 활용하면, 건강하고, 투명하며, 안정적이고 창의적인 사회로 가는데 이바지할 것이다. 그런 측면에서 빅데이터가 가져다 줄 미래사회를 살펴보기로 하자.

★ 빅데이터가 만드는 웰빙 세상

빅데이터 분석의 목적과 역할이 분명하다면 고객인 개인은 그 가치를 '나도 모르게' 향유하게 된다. 다소 추상적으로 들릴 수 있지만 똑똑한 빅데이터 분석으로 사람들이 웰빙Well-being하는 세상이 펼쳐질 수 있다. 웰빙이란 한마디로 육체와 정신의 조화를 통해 행복하고 안락한 삶을 지향하는 삶의 유형이다.

이와 관련된 사례로 '구글의 무인자동차'를 소개하고 싶다. '구글 무인자동차'는 일명 '구글카'라 불리는데, 미국 네바다 주에서 자동차 운전면허를 취득했다. 네바다 주 교통부는 2012년 5월 7일 세계에서 최초로 구글카에 운전면허를 발급했다.

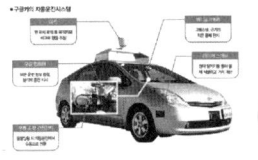

이 '스스로 운전하는 자동차'는 도요타 프리우스 하이브리드 모델을 개조한 것인데, 동영상 촬영 가능 카메라, 레이더 센서 등을 장착해 주변 보행자와 차량을 감지하고, 가상의 완충 지역을 만들어 피해 갈 수 있도록 설계되었다. 운전 요령과 사고 피하는 법 등은 운행 경력이 많은 차량에서 수집한 데이터베이스를 활용했다.

★ 빅데이터, 인간을 건강하게

고령화 시대로 빠르게 전개되고, 인간의 건강에 대한 관심이 높아지면서 유전자DNA 정보를 개방하는 추세가 나타나고 있다. 의료 데이터와 보험 등 기업 데이터 등이 융합된 빅데이터 처리 기술 및 제도적 환경이 향상되면 건강 IT 분야가 핵심 비즈니스로 자리 잡을 것이다.

인간의 바이오정보 중 가장 중요한 DNA 정보는 날로 증가 속도가 무섭고, 비용도 많이 들기 때문에 선진국은 국가 차원에서 통합 관리 체계를 구축하고 있다. 이에 미국 국립보건원은 수십 개 기업 및 기관과 파트너십을 통해 2008년부터 '1000 유전자 프로젝트'를 추진 중이다. 이 프로젝트는 미국 정부의 지원으로 DNA 데이터 분석을 하며, 인간이 유전적 다양성과 질병의 상관관계를 연구 중이다.

또한, 최근 유럽연합이 실시간 모니터링 기반의 만성 질병 환자용 '스마트 티셔츠'를 개발 추진 중인 것으로 보도되었다. 가벼운 재질로 만들어진 티셔츠에 심장박동, 호흡, 활동 등 환자의 신체 상태를 모니터링하는 센서가 부착돼 있고, 디지털 체중계, 혈당 측정계, 혈압계 등 모바일 앱과 연동된다.

이 티셔츠 때문에 환자는 가정에서 손쉽게 건강 상태를 체크할 수 있고, 의사는 환자의 신체 상태는 물론 일상적인 식생활이나 운동습관 등에 관한 정보를 실시간으로 받아, 더욱 정확한 처방을 할 수 있게 된다.

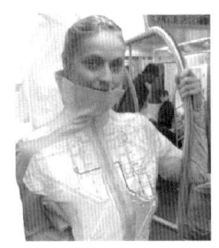

이처럼 미래에는 첨단 의료기술, 데이터, IT 솔루션 및 통신기술이 패키지 형태로 개발되면 국민에게 질 높은 의료 서비스를 실시간으로 제공할 것으로 기대한다.

★ 빅데이터, 사회를 투명하게

2011년 말〔매일경제신문〕은 경제통계에 잡히지 않는 우리나라의 지하경제 규모를 250조 원으로 추정한 바 있다. 1,000조 원 경제 규모를 고려할 때 우리 사회의 불투명성 정도가 매우 심각한 수준이라고 할 수 있다. 불투명하고 부패한 사회가 지속되면, 경제 발전에도 악영향을 미친다.

빅데이터 분석을 활용하면 '탈세예방'이 가능하다. 미국 국세청은 최근 세법 위반 행위 적발과 사전방지를 위해 '탈세 및 사기 방지 시스템'을 구축하였고, 분석 툴로 유명한 SAS 솔루션을 적용하였다. SAS 솔루션은 빅데이터에서 이상 징후를 찾아내고, 예측 모델링으로 과거 행동정보를 분석해 사기 패턴과 유사한 행동을 파악한다. 이 시스템 구축을 통해 미국 국세청은 연간 3,450억 달러에 달하는 세금 누락과 불필요한 세금 환급을 줄일 수 있을 것으로 추정하고 있다.

이에 따라 우리나라에서도 D 보험회사가 '보험 사기방지 시스템'을 구축하여, 보험사기 청구에 대한 데이터 분석을 토대로 사기 징후를 사전에 감지하는 기준을 마련하였으며, B 카드사도 '신용카드 사기방지 시스템'을 구축하여 카드 사기를 방지함은 물론이고, 카드 승인 관련 로그 분석결과 한도 부족에 따른 승인 불능이 잦은 원인을 찾아 한도 조정에 적용함으로써 매출 확대에도 기여한 사례가 있다.

★ 빅데이터, 사회를 안전하게

안전과 관련되는 키워드 중 가장 먼저 떠오르는 단어는 범죄 예방과 보안, 재난 대응 등이다. 범죄예방 사례로, 미국의 FBI는 유전자정보 은행인 CODISCombined DNA Index System를 구축해 과거 범죄자의 DNA 데이터를 기반으로 범죄자를 색출하고 있다. 유죄 판결을 받은 혐의자의 혈액, 정액 및 기타 법의학적 증거에서 추출된 DNA 분석표 데이터가 이용된다.

샌프란시스코의 범죄 예방 시스템의 사례도 있다. 샌프란시스코의 경찰청의 범죄지도Crime Map를 기반으로 과거 8년 동안 범죄가 발생했던 지역과 유형이 세밀하게 분석되고 있는데, 이를 통해 샌프란시스코는 안전한 지역사회를 창출하고 있다. 여기서는 후속 범죄 가능성을 예측해 범죄를 사전 예보하는 방식이 이용된다.

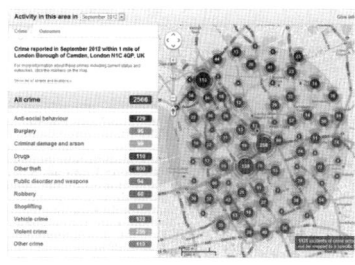 

범죄 유형별로 빈도를 나타낸 런던의 범죄 지도

귀넷이 제공한 아틀란타 한인지역 범죄 빈도 지도

재난 대응에 관련해서는 전 세계적으로 자연재해와 인위적 재난으로 인한 피해가 급증함에 따라 체계적인 재난 통신 인프라 구축에 대한 관심이 높다. 지진 위험국인 일본의 경우 지진, 해일, 태풍과 같은 자연재해 등으로 인한 인위적 재난 상황에 노출됨에 따라 빠른 피해 복구와 인명 피해 최소화를 위해 정부와 공공기관 간 협력 체계 구축이 잘 되어 있다.

국가 차원의 '방재 기본 계획'에 따라 일본은 일찍부터 지진방재 대책 및 재난관리 업무를 지원한다. 특히 잦은 재난에 따라 실시간 기상정보 제공이 더욱 중요해지면서 통신 기업인 NTT도코모가 2012년 7월 전국 약 4,000여 곳에 설치한 환경 센서 네트워크에서 수집한 관측정보를 기반으로 기상정보를 실시간으로 제공하는 웹사이트 '도코모 환경 라이브'를 출시했다.

잠들지 않는 빅브라더

빅브라더Big Brother는 영국의 소설가 조지 오웰의 소설 '1984'에서 나왔던 용어로, 선의의 목적으로 사회를 돌보는 보호적 감시인 동시에 음모론에 입각한 권력자들의 사회 통제의 수단을 뜻하는 양면적 성격의 용어이다. 정보의 독점을 통해 사회를 통제, 지배하는 권리 권력 또는 사회 체계를 암시한다. 미래에 CCTV 이상의 모니터링 체계가 등장할수록 빅브라더의 존재 가능성은 더욱 커지고 있다.

미래의 어느 날, 신원 미상의 환자가 응급실로 후송되었다고 가정해 보자. 신분증도 없어 누구인지, 긴급하게 수혈을 해야 하는데 혈액형이 무엇인지, 기존에 가지고 있던 질병은 없는지 등 아는 정보가 없는 상태이다. 당장 목숨이 위급한 상황에서 환자의 신원을 확인하고, 기존 병력을 확인하는 과정에서 소요되는 일분일초가 아까운 상황이다.

이때 만약 이런 정보가 모든 사람의 몸속에 보관되어 있다면 어떻게 될까? 즉, 사람의 신상정보는 물론 중요한 모든 정보가 작은 칩으로 몸속에 보관되어서 필요한 경우 뽑아서 쓸 수 있다면 어떻게 될까? 의사는 환자의 보호자를 찾거나, 환자의 병력을 찾기 위한 노력과 이에 소요되는 시간을 낭비하지 않아도 된다.

미래에는 $1mm^2$ 미만의 RFID가 만들어질 것이며, 쉽게 설치되고 제거될 수 있을 것이다. 즉 스마트 더스트Smart Dust 수준으로 점점 작아지는 RFID 칩은 용도를 점점 다양하게 해준다. 안개처럼 공중을 떠돌며 테러리스트를 꼼짝 못 하게 하고, 지진 피해, 건물의 붕괴 가능성을 미리 알려주며, 사람들의 행동도 일일이 모니터링 하는 것도 가능해진다.

이 모든 정보가 중앙 관리되고 이용될 수 있다면 빅브라더는 절대로 잠들지 않을 것이다. 모든 기술이 그렇듯이 좋은 쪽으로 사용되면 인류에 기여하는 혜택이 될 수 있지만, 왜곡되어 사용되면 인류에 우려스러운 걱정거리로 남게 된다. 이는 기술 자체에 문제가 있는 것이 아니고, 이를 사용하는 우리에게 책임이 있다.

02

사물 인터넷 세상이 온다

2014년 1월 미국 라스베이거스에서 개막한 CES2014에서 가장 관심이 집중된 분야는 최근 폭발적인 성장세를 보이고 있는 사물인터넷$^{Internet\ of\ Things}$ $^{:\ IoT}$이었다. 사물인터넷은 사물에 센서 등을 적용해 주위의 사물, 사람, 공간 등을 유무선 네트워크로 연결해 주는 개념으로 블루투스와 근거리 통신^{NFC} 등 무선 통신 장치가 핵심 인프라로 주목된다. 이번 CES2014에서는 IoT와 로봇이 융합된 자율주행자동차, 스마트 홈 및 헬스케어기기 등이 이목을 끌었다.

인간과 실시간 웹의 결합

실세계를 구성하는 사물이 정보기술의 발전을 기반으로 온라인으로 연결되면서 사물 환경이 실시간 웹으로 연결되는 '사물의 인터넷' 시대가 도래하고 있다. 정보를 수집하고 활용하는 주체가 인간 대 인간, 인간 대 사물, 사물 대 사물 관계로 확장되면서 사물에 대한 기본정보, 위치, 상태 모니터링 및 원격 조정이 가능해지고 있다. 즉, 사물이 센서와 무선 네트워크로 연결되어 다양한 산업 비즈니스에 활용되고 개인의 의사 결정에 영향을 주면서 기존의 웹 환경이 실시간 웹 시대로 발전되고 있다.

실세계와 웹이 실시간 연동이 되는 '사물의 인터넷'이 발전하면, 사물

통신에 사용되는 주요 기술 및 서비스 인프라는 환경 재해 감시, 재난 예방, 스마트 시티 및 그린 IT 등을 위한 미래 산업 전반에 활용되는 인프라로 발전할 수 있다.

지난 2008년에 이미 〔타임〕지는 그 해 최고의 발명품으로 '사물의 인터넷'을 선정하였고, 현재 인터넷에 연결된 컴퓨터가 5억 대 내외로 추정되지만, 향후 2020년에는 1,000억대가 넘는 사물기기가 인터넷에 연결될 것으로 전망된다.

인간과 실시간 웹의 결합

IoT의 미래

하지만 IoT의 미래가 낭만적인 것만 있는 것은 아니다. 연결될 사물의 수는 증가하고 있지만, 함께 연결되어 유용하게 활용하기 위한 공통언어와 필요한 정보, 그리고 필요성에 대해서는 더 많은 연구가 요구된다. 예를 들어 냉장고가 '연결'되어 있다고 가정해 보자. 냉장고가 우유가 부족하다는 것을 인식하고, 또 내가 항상 우유가 필요하다는 것을 알고, 동네 슈퍼마켓에 어떻게 냉장고가 스스로 우유를 주문할 것인지, 마지막으로 슈퍼마켓에서 주문한 우유를 배달해 주기까지 이 모든 과정이 연결되어 일어나기 전까지는 연결이 완전히 유용하다고 볼 수 없다.

우리는 이러한 시대를 대비하여 기술개발, 인터넷 등 인프라 구축 및 응용 서비스 개발에 전략적으로 준비하여 새로운 기회를 만들어 내야 한다.

사물 인터넷의 관련 기술

사물 인터넷은 누군가에게는 재미없어 보이는 이름으로, 또 누군가에겐 신기하긴 하지만 실현 불가능한 것으로 여겨졌던 이 개념이 재조명되고 있다. 이제 많은 사람이 IoT에 잠재된, 비즈니스 변혁의 가능성에 주목하고 있다. 또한, IoT가 약속하는 전에 없이 강력한 사물 간의 연결성과 막대한 규모의 정보 수집 역량은 기업에 새로운 비즈니스 기회와 효율성 증진 가능성에 대한 기대를 불러일으키고 있다.

기본적으로 IoT는 인터넷에 연결된, 그리고 이 연결을 통해 상호 인식 및 데이터 커뮤니케이션을 진행하는 일상 속의 모든 물리적 대상을 아우르는, 광범위한 생태계를 의미한다. 이 개념을 처음 적용한 것은 민간 기업과 학계의 협업으로 구성된 비영리 기관인 오토-ID 센터였다. 이 기관은 전자 상품코드EPC:Electronic Product Code를 운반하는 RFID 태그를 활용해 상품을 추적하는 웹 인프라스트럭처 등을 개발하여 명성을 알려오다 지난 2003년 운영이 종료됐다.

기본적인 IoT는 RFID나 바코드, 센서, 내장 소프트웨어, 무선 인터넷 연결 등의 추적 테크놀로지로 구성된다. 현실 세계에 있는 사물에 대한 정보를 인터넷을 통해 확인할 수 있게 되면, 웹 문서로 구성된 현재의 인터넷 세상에서의 서비스 역시 엄청나게 바뀔 수 있다.

집을 알아보기 위해 돌아다니다가, 매물로 나온 집을 보고 집 앞에 붙어 있는 QRQuick Response코드나 바코드 등을 휴대전화로 찍으면 바로 매물정보를 확인할 수 있다. 집 크기, 가격, 연락처 등 매물정보가 자세하게 나와 있어 부동산에 직접 들르지 않더라도 집주인이나 중개인과 바로 통화하고 집을 볼 수 있다. 최근에는 포도주, 자동차 등의 상품 마케팅에도 활용되어 QR코드나 바코드를 통해 정보를 확인할 수 있는 시대에 와 있다.

지금은 내비게이션을 통해 길 안내를 받기도 하고, 교통정보를 간단히 확인하기도 하지만, 사물의 인터넷 세상에서는 GPSGlobal Positioning System, RFIDRadio Frequency Identification, USNUbiquitous Sensor Network 등이 제공하는 각종 센서정보를 실시간 교통 상황뿐만 아니라 차량 위치 추적, 위치 기반 서비스가 언제 어디든지 제공될 수 있다.

미래에는 사물의 인터넷 실현을 위해 어떤 기술이 필요할까? 전문가들은 현재 활발하게 활용되고 있는 RFID 기술에서부터 원격 사물을 모니터링하고 조정하기 위한 원격조정Teleoperation 및 원격 현장감Telepresence 기술로 사물의 인터넷을 실현하기 위한 기술이 발전하고 있다.

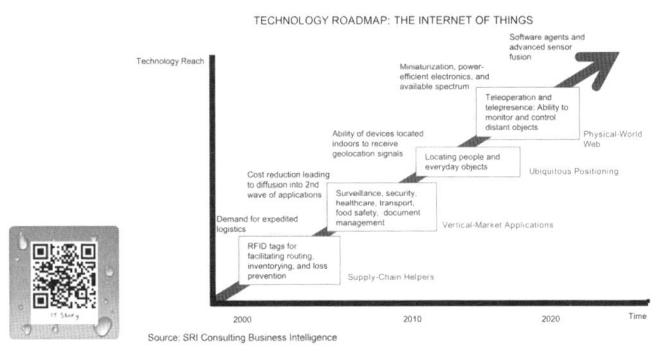

IoT 기술   사물 인터넷 관련 기술의 로드맵

각 산업계에 활용되는 IoT

사물의 인터넷이 제시하는 모든 미래의 가치에 관해 관심을 두지 않는 기업은 없을 것이다. 특히 운송수단, 건축 설비, 가스 및 전기 계량기 등

어떤 유형의 제품이나 장비든 웹에 연결할 수 있게 되면서 비즈니스는 폭넓은 '스마트 사물' 네트워크를 통해 생활 속 수많은 정보를 수집하고 다양한 비즈니스에 활용할 수 있게 된다. 특히, 네트워크화된 물리적 시스템으로부터 창출되는 데이터 스트림을 좀 더 정확하고 정밀하게 모니터링하고 통제에 대한 준비를 한 기업에는 더욱 많은 가치를 제공할 것이다.

전문 컨설팅 그룹에서는 IoT 관련 기술이 이미 다양한 산업에서 활용되고 있다고 말한다. 예를 들어, 농업 시장에서는 실시간 작물 모니터링 시스템을 활용함으로써 작물의 품질을 개선했을 뿐 아니라 살충제나 비료, 용수 등 농업에 필요한 자원을 보다 효율적으로 활용할 수 있게 됐다.

또한, 공공 서비스 기업은 '스마트 계량기'를 도입함으로써 에너지와 가스, 수도 사용량을 보다 체계적으로 모니터링 할 수 있게 됐고, 지방자치기관 역시 교통 체증이나 폐기물, 가로등 등을 관리하는데 IoT 관련 기술을 이용하는 이른바, '스마트 시티'에 관심이 많다.

일본 산업장비 제조업체인 쿠리모토철공소는 자사 장비에 약 500여 개의 센서를 장착해, 100밀리 초 간격으로 부품가동률과 온도, 진동소리의 데이터를 수집하고 있으며, 이를 통해 원거리에서도 장비의 가동상태를 모니터링해, 문제 발생 시에는 저장된 기존 데이터를 기반으로 빠르게 원인을 분석함으로써 관리비용 절감과 고객서비스 향상을 동시에 달성하고 있다.

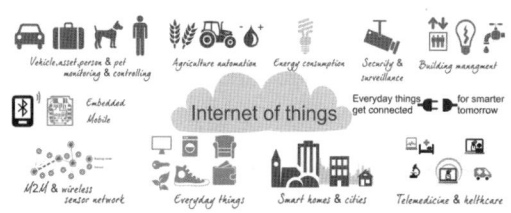

모든 사물의 중심이 되는 인터넷 세상

이처럼 각종 산업용 장비 자동차, 스마트폰 등 인터넷 접속 가능 기기의 수가 증가하면서 대용량 데이터를 관리하고 분석할 수 있는 기능 및 고객과의 접점을 강화해 부가가치 향상은 물론, 단순 제품 판매가 아닌 서비스 제공 수단으로 차별화 방안까지 모색할 수 있다.

IoT의 미래

가트너는 2013년 12월 16일, 2020년 IoT 제품과 서비스 공급업체의 수익이 3천억 달러를 상회하며, 대부분 서비스 부문에서 창출될 것으로 예상했다. 이 때문에 창출되는 세계 경제적 부가가치는 1조 9천억 달러에 이를 것으로 보인다.

가트너 책임연구원인 피터 미들턴은 "IoT는 여타의 연결 기기의 성장을 곧 앞지를 것"이라며 "2020년이면 사용 중인 스마트폰, 태블릿, PC의 대수는 73억 대에 이를 것으로 예상하지만, IoT는 대략 260억 대에 이르게 될 것"이라고 밝혔다.

IoT 기능을 소비자 제품에 탑재하는 비용이 낮아서 기하급수적으로 증가하는 IoT 탑재 제품과 더불어 인터넷에 연결이 안 되어 있는 '유령ghost' 기기도 일반화될 전망이다. IoT 기능이 탑재되었지만, 연결을 활성화하기 위해 소프트웨어가 필요하거나, IoT 기능이 있지만 사용자가 적극적으로 활용하지 않는 제품이 '유령' 기기에 해당한다.

기업의 경우 IoT 기술을 광범위하게 활용할 전망이다. 첨단 의료기기, 공장 자동화 센서와 산업 로봇 애플리케이션, 농작물 수확량 제고용 센서 모트, 자동차 센서와 도로 및 철도 교통, 수자원 공급, 송전 등의 분야에 적용할 수 있는 인프라 모니터링 시스템까지 폭넓은 시장을 대상으로 한 다양한 제품이 판매될 것으로 예상된다.

미들턴 책임연구원은 "프로세서 가격이 1달러 이하로 떨어지는 등 2020년에 부품 가격이 현저히 하락해 인터넷 연결은 기본 기능으로 자리잡을 것."이라며 "단순한 제품부터 복잡한 기기까지 모두 인터넷 연결을 기반으로 원격조정, 모니터링과 센싱 기능을 제공할 수 있을 것"이라고 밝혔다.

그는 "현재는 존재하지 않는 다수의 인터넷 연결 사물connected things이 2020년에 사용될 것"이라며 "제품 디자이너가 지능형 제품에 내재된 인터넷 연결을 활용할 방안을 모색하기 시작하면서 IoT 기기 종류가 폭발적으로 늘어날 것으로 예상한다."라고 강조했다.

IoT는 하드웨어 자체, 임베디드 소프트웨어, 커뮤니케이션 서비스 및 사물과 관련된 정보 서비스를 모두 포함한다. 가트너는 하드웨어, 소프트웨어, 서비스를 제공하는 기업을 모두 IoT 공급업체로 분류하며, 2020년 IoT 공급업체의 IoT 수익 증가분이 3천9억 달러에 이를 것으로 전망했다.

IoT 기술의 판매와 활용을 창출하는 산업은 제조(15%), 헬스케어(15%), 보험(11%) 등이 IoT 채택을 주도하는 수직 산업이다. IoT 부가가치는 이미 혜택을 창출하는 성숙한 IoT와 고성장 IoT 기회로 구성된다. 커넥티드, 자동화 제조 시스템과 같은 부문별 기술과 LED 조명, 스마트 HVAC 시스템 등을 포함하는 '스마트 빌딩' 기술과 같이 더 일반적이고 광범위하게 사용되는 기술로 함께 구성된다.

새로운 분야의 IoT 도입도 급속도로 늘고 있다. 보험 산업의 안전, 보안, 손실 예방을 개선해 줌과 동시에 IoT로 수집된 실시간 운전 데이터 기반의 보험과 같은 새로운 비즈니스 모델도 활성화될 전망이다. 은행, 증권 산업은 POS 단말기에 탑재된 모바일과 소액결제 기술을 기반으로 IoT 혁신을 일으키고, 물리적 보안 시스템 개선에도 IoT 투자가 늘 것으로 예상되었다.

IoT는 의료기기와 결합해 건강관리나 피트니스와 관련된 장비, 서비스 등을 지원할 예정이어서 헬스케어 부문이 상당한 수혜를 입을 것으로 보인다. 커넥티드 센서 기술의 부상으로 수도, 교통, 농업 부문의 가치 창출에도 공헌할 것으로 전망된다.

사물 인터넷의 미래 지도

03

3D 프린팅 마법을 보이다

미래 기술의 총아이자 새로운 제조업의 혁신으로 불리는 '3D 프린터'는 우리의 삶을 바꿀 기술로 주목받고 있다. 한편에서는 3D 프린터로 만든 권총 등이 널리 퍼질 것을 우려하는 목소리도 나온다. 3D 프린터의 가능성은 무궁무진하다. 그동안 제조업 현장에서는 시제품 제작에 주로 쓰이던 3D 프린터가 책상 위에 놓을 수 있을 정도의 크기로 작아지고, 가격도 현저하게 낮아지면서 많은 사람이 3D 프린터의 새로운 가능성에 눈을 뜨기 시작했다.

모든 것을 실현하는 마법의 기술

우리 주변에서 흔히 볼 수 있는 프린터가 종이에 글씨나 그림을 인쇄하는 것처럼, 3D 프린터는 컴퓨터에서 받은 3차원 파일정보로 물체를 만들어낼 수 있다. 일반적 잉크젯 프린터가 2차원 정보를 출력하는 것이라면 3D 프린터는 플라스틱은 물론이고 강철, 신체 장기까지 만들어 낼 수 있다.

사실 3D 프린팅 기술은 최근에 나온 것이 아니다. 이미 오랜 전부터 제조업 현장에서는 '쾌속조형RP'이라는 말로 불리며 널리 시제품 제작에 쓰여 왔다. 북미나 유럽에서는 공식 명칭인 '적층가공AM'으로 불리기도 했다. 이는 3D 프린터의 제조방식과도 연관되어 있다. 제조업 현장에서는 대부분 재료를 절단하거나 금형을 사용해 새로운 물체를 만들어 왔다.

하지만 3D 프린터는 가루로 분쇄되어 있거나 녹아있는 액체형태의 소재를 얇게 쌓아 올리는 방식으로 제품을 만들어 낸다. 얇은 층으로 여러 겹 쌓아 올리면, 3차원의 물체를 만들어 내기 때문에 디자인 수준에 따라 섬세하고 복잡한 구조의 제품도 만들 수 있다. 3D 프린터의 다른 제조방식 중에는 마치 잉크젯 프린터처럼 미세한 가루를 분사해 형태를 만드는 방식도 있다.

이미 자동차, 항공기 등 산업현장에서 시제품 제작만이 아니라 실제 사용하는 부품을 제작하는데 3D 프린터를 사용하기도 한다. 치과, 보청기, 의족, 인공장기 등 의료 분야도 3D 프린터를 가장 활발하게 사용하고 있고, 최근에는 패션업계에서 3D 프린터를 사용해 의상을 제작하거나, 건축 현장에서 3D 프린터만으로 집을 짓는 실험적인 작업이 이뤄지고 있다.

과학자들은 우주공간에서 3D 프린터를 이용해 음식을 만들거나, 우주공간에 집을 짓는 것도 검토하고 있다. 이는 대량생산이 아닌 소량의 섬세한 제품을 만들기에 3D 프린터가 적합하다.

3D 프린터와 총기 제작이 가능하다는 뉴스 영상

머지않은 미래에 우리는 지금의 프린터나 팩스를 가정이나 사무실에서 누구나 사용하는 것처럼, 원하는 물건을 간편하게 그 자리에서 만들어 낼 수도 있다. 인터넷에 연결된 컴퓨터 정보로 그 자리에서 빵이 만들어지거나, 원하는 디자이너에게 주문 제작한 의상을 집에서 받아볼 수도 있을지 모른다.

이처럼 3D 프린터가 많은 가능성을 가진 기술인 것은 사실이지만, 한편으로 과장된 기술이라는 의견도 있다. 복잡하거나 크기가 큰 제품을 만들어 내려면 수천만 원에서 수억 원대의 3D 프린터가 필요하다. 무엇보다 배보다 배꼽이 더 크다고 할 만큼 재료값이 비싸거나, 제조비용이 비쌀 수 있다.

아직 제품의 성능이나 재료의 다양성, 강도, 친환경적 요소 등 풀어야 할 숙제가 많다. 또한, 3D 프린터로 제작될지도 모르는 권총 등 기술의 진보에 따른 윤리적 고민도 있어야 한다. 하지만 겁먹을 필요는 없다. 3D 프린터는 우리 곁에 온 미래이다. 과거 새로운 기술이 등장할 때마다 인류는 거듭된 시행착오 끝에 도전과 발전을 선택했다. 용기와 상상력을 발휘하면 더 나은 미래를 꿈꿀 수 있다. 3D 프린터는 그런 세대를 위해 준비된 디딤돌이 될 수 있다.

3D 프린터 제조회사 및 적용사례

3D 프린터는 1984년, 찰스 헐Charles Hull이 최초로 고안해냈다. 그 당시 헐은 전문가용 자외선램프를 사용하여 액체플라스틱으로 만든 용기의 일정 부분만 응고시킬 수 있다고 믿었고, 그래서 입체로 된 물건이 출력되기에 이르렀다. 그 후 헐은 컴퓨터로 제어 가능한 자외선 레이저 광선기기를 개발하여, '스테레오리소그래피Stereolithography'라는 입체 프린팅 공정으로 특허를 신청하고, '3D 시스템즈'라는 회사를 설립했다.

현재 스테레오리소그래피는 가장 널리 애용되는 3D 프린팅 기술이다. 초창기의 스테레오리소그래피 프린터는 아주 부서지기 쉬운 플라스틱만을 출력할 수 있었으나, 이제는 다양한 광경화성 수지가 개발된 상태라, 아주 강하면서도 신축성 있는 물체를 출력해내는 것이 가능해졌다.

스테레오리소그래피 입체 프린팅 기술은 응용 범위가 매우 광범위하다. 가장 일반적으로는 새로운 제품을 만들기에 앞서 기능을 제대로 갖춘 시제품을 생산하는 데 사용된다. 따라서 여러 업계에서는 스테레오리소그래피 프린팅을 '쾌속 조형기'라고 불렀다.

3D 프린팅 기술은 이제 막 무르익기 시작했다. 현재 3D 시스템즈, 스트라타시스Stratasys, Z 코퍼레이션Z Corporation, 아이시스 쓰리디Isis 3D 등과 같은 회사들이 입체 프린터 판매에 나서고 있다. 오늘날 3D 프린터의 기능은 대단하다. 가정용, 개인용, 전문가용 등 다양한 모델이 출시되고, 광범위한 재료를 사용해 다양한 제품을 출력하거나, 컬러 출력까지도 가능하기 때문이다.

오늘날 3D 프린터 설비를 갖춘 회사들은 대부분 시제품 제작이나 금형을 뜨는 작업에 주로 스테레오리소그래피 공정을 도입하고 있다. 아직은 출력하는데 드는 시간이 오래 걸리고, 출력된 이후에도 따로 처리 과정을 거쳐야 하는 등 번거로움이 있지만, 분명히 어떤 분야에서는 재래식 공정으로 생산하는 고정보다는 비용과 시간을 절감하는 효과를 보고 있다.

3D 프린터를 사용한 효율성 향상은 매우 고무적이다. 하지만 3D 프린트 혁명이 자리를 잡기 위해서는 일상적으로 다량의 완성품이 입체 프린트로 생산되는 모습을 보여 주지 않으면 안 된다. 그렇게 해서 고안해 낸 공정이 '직접 디지털 제조DDM : Direct Digital Manufacturing' 기법이다. DDM 기법은 다품종 소량생산과 복잡한 파트 생산에 가능한 공법으로 다양한 작은 부품을 생산해 내어 정밀하게 조립하는 방식이다.

DDM 방식을 선도적으로 이끌고 있는 것은 세계의 유수한 6개의 항공 엔진 제조업체가 컨소시엄으로 참여한 'MERLIN Project'이다. 롤스로이스가 주축이 되어, 항공기 엔진 생산 및 금속 적층가공 방식 도입을 목표로 2011년 1월 착수되었으며 2014년 12월까지 완료될 전망이다.

MERLIN 프로젝트로 인해 수년 뒤에 항공 엔진 생산에 DDM 방식이 적용되겠지만, 이미 3D 프린팅으로 완제품을 생산하거나 심지어 생산품 전체를 DDM 기법으로 출시하는 업체들도 나타나고 있다.

한 예로, '머큐리 커스텀스Mercurry Customs'라는 회사를 들 수 있다. 이 회사는 최고급 맞춤형 오토바이를 비롯해 오토바이용 부품을 생산하고 있는데, 스트라타시스의 디멘션 FDM 프린터를 활용해 '프로라이트'라는 아주 독특한 오토바이 펜더를 생산한다. 그 펜더는 LED 조명이 통합된 형태인데, 기존의 사출 성형 방식만으로는 제작할 수 없는 제품이다.

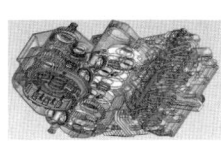

또 하나의 사례는 같은 오토바이 제조업체로서 DDM 기술을 개척하고 있는 '클락 워크스 커스텀 사이클즈Klock Werks Kustom Cycles'이다. 이 회사는 '솔리드웍스SolidWorks'라는 입체 모형 제작 프로그램을 사용해 맞춤형 부품을 설계하고 있다. 설계를 마친 다음 이를 알루미늄으로 제작하거나 플라스틱으로 사출 성형하기보다 FDM을 이용해 보통 폴리카보네이트로 출력해낸다.

현재 3D 프린팅의 잠재력을 제조 공정에 가장 잘 활용하고 있는 업체는 암스테르담에 본사를 둔 '프리덤 오브 크리에이션Freedom of Creation'이다. 2000년, 잔 키타넨Janne Kyttanen이 설립한 이 회사는 업계를 선도하는 디자인 회사로 3D 프린터를 이용해 전 세계 25개국에 식탁용 전등, 벽 부착용 전등, 쟁반, 식탁, 의자, 휴대폰 케이스 등 다양한 제품을 판매하고 있다.

3D 프린팅의 미래

앞으로 10년 전후로 3D 프린팅은 제조 공정의 주류를 형성하게 되고, 신제품은 예전보다 훨씬 빠르게 시장에 선보이게 될 것이다. 탁월한 수준의 맞춤형 제품 제작도 가능할 것이다. 그러나 무엇보다도 3D 프린터 사용이 활발해지면 디지털 수송과 보관 그리고 복제 기술이 널리 상용화될 것이다.

오늘날 제품들이 판매처로부터 수백 혹은 수천 킬로미터 떨어진 장소에서 제작되는 경우가 다반사다. 그 때문에 제품 판매가의 많은 부문을 직간접적인 운송비가 차지하고 있다. 생산품을 지구 구석구석으로 운송하는데 엄청난 양의 석유와 기타 원자재 등이 투입된다. 따라서 물리적 운송 수단을 이용하지 않고 디지털 방식으로 생산품을 운송하게 된다면 큰 폭의 비용을 절감하게 된다.

디지털 수송의 취지는 간단하다. 제조업체들이 상품을 직접 수송하기보다 인터넷을 이용해 디지털 파일을 가까운 지역에 있는 3D 프린팅 물류센터로 전송한다. 그리고 판매처에서 가장 가까운 지점에서 출력하게 하면 된다.

앞서 예로 든 프리덤 오브 크리에이션의 창립자인 키타넨은 다음과 같이 말했다.

"프리덤 오브 크리에이션은 데이터 자체를 디자인된 생산품으로 받아들이는 미래를 지향한다. 이미지와 음악이 인터넷을 통해 유통되듯이 제품 또한 같은 방식으로 유통되는 세상을 꿈꾼다."

디지털 수송은 제조업계의 운송 혁명을 이끌게 될 것이다. 장차 제조사들이 주요 도시 및 거점에 디지털 데이터를 전송할 수 있는 3D 프린팅 물류센터들을 입주시킬 가능성이 많다. 이러한 물류센터를 운영하기 위해 여러 제조업체가 모여 컨소시엄을 구성할 수도 있다. 작은 규모의 생산품일 경우에는 인터넷 사이트를 통해 가정용 3D 프린터로 직접 운송하고, 대형 매장에서는 대부분 제품을 상점 내에서 바로 출력하는 방식을 채택할 것이다.

디지털 수송과 밀접한 관련이 있는 요소는 바로 디지털 저장이다. 오늘날 소매상이 취급할 수 있는 상품은 지극히 제한적이다. 물리적인 창고 같은 공간적 제약 때문이다. 하지만 생산품의 입체 출력이 가능한 상황이라면 디지털 상품을 컴퓨터나 인터넷 상에 저장해 보관하면 그만이다. 따라서 3D 프린터만 있다면 어떤 종류의 상품이라도 제공 가능할 것이다. 디지털 방식으로 저장된 상품 및 부품은 물류 저장 공간의 제약성을 해결해준다.

3D 프린터를 활용한다면 손상된 어떤 부품이든 디지털화된 복제가 가능하다. 오늘날 예비 부속품 품절로 인해 제품 전체를 처분해야 하는 경우가 빈번하게 발생한다. 그러나 머지않아 이러한 낭비적 관행에는 자연스럽게 제동이 걸릴 것이다. 따라서 모든 번화가에 수리 전문매장들이 등장하는 광경을 보게 될 날이 곧 올 수도 있다.

이러한 발전은 앞으로 가능성과 함께 온갖 문제를 잉태하게 된다. 예를 들어, 지금은 제품 구매 시 재질을 선택할 수 없지만, 앞으로는 가능해진다. '원본'에 대한 개념도 문제 될 소지가 있다. 조각가 밧세바 그로스만 Bathsheba Grossman은 원본이 대량생산될 수 있는 위험부담에도 불구하고 이미 3D 프린터를 사용해 작품을 제작하고 있다. 고로 예술작품을 비롯한 여타 다른 제품의 진위를 판별하기가 앞으로는 더욱더 어려워질 전망이다.

이처럼 3D 프린팅 기술이 가져올 미래의 변화상은 참으로 경이롭기만 하다. 현재의 상품 구조, 거래 패턴 등 모든 비즈니스의 관행을 바꿔 버릴 혁명이 일어날지도 모른다. 우리는 이런 미래에 준비하고, 대처해야 할 것이다.

04

상황인지와 증강현실 미래를 말한다

나의 마음을 읽고 내가 원하는 대로 다 해주는 비서가 있다면 얼마나 편할까? 영화에서 보듯이 멀리 떨어져 있는 사랑하는 사람과 대화할 때 바로 앞에 실물처럼 나타나 나와 자연스럽게 대화할 수 있다면 얼마나 좋을까? 상상 송이나 영화에서만 꿈꾸던 일이 현실화될 날이 머지않았다. 상황인지란 발전된 정보기술로 주변 상황을 인식하고 판단하여 인간에게 유용한 정보를 제공하는 것을 말하고, 증강현실이란 사용자가 눈으로 보는 현실 세계에 가상 물체를 겹쳐 보여 주는 기술이다.

에이전트 서비스, 미래의 기술

일반적으로 에이전트Agent란 다른 사람을 대신하여 업무 또는 교섭을 대행할 수 있는 권한이 부여된 사람으로 정의된다. IT 관점에서는 특정 목적에 대해 사용자를 대신하여 작업을 수행하는 자율적 프로세스Autonomous process이고, 독자적으로 존재하지 않고 어떤 환경 일부이거나 그 안에서 동작하는 시스템을 말하거나, 스스로 환경의 변화를 인지하고 그에 대응하는 행동을 취하며, 경험을 바탕으로 학습하는 기능을 가진 자를 말한다.

미래의 기술이 발전하여 나만의 에이전트가 존재한다고 가정해 보자. 회사에서 일을 마치고 집에 가서 저녁을 하고 편하게 쉬고 싶다고 개인

에이전트에게 주문을 경우, 개인 에이전트는 GPS를 통해 나의 위치를 파악하고, 도착시각을 고려하여 가전 에이전트에게 저녁을 준비하도록 명령을 내린다. 또한, 기상청 에이전트를 통해 현재의 외부 기온을 감안, 보일러를 가동해 평상시 인지하고 있는 적절한 온도를 유지해 놓는다. 개인 에이전트는 나의 개인정보뿐만 아니라 행동 패턴까지 기억하고 있으며, 에이전트는 최적의 조건을 만들도록 상호 협력하여 자율적으로 일을 처리한다.

물론 이런 일이 실현되기 위해서는 기술적인 지원이 필요하다. 시공간을 포함한 주변 상황을 알아차리는 상황인지Context-Aware 기술, 에이전트 간 대화를 가능하게 해주는 서비스 기술, 대화에 필요한 지식을 갖추게 해주는 시맨틱Semantic 기술, 각종 센서와 그들로부터의 데이터를 처리하고 해석하는 기술까지 다양하다.

이처럼 미래의 에이전트는 누구에게나 같은 서비스를 제공하는 대신, 상황인지 기능을 포함한 정보기술의 발전으로 한층 진화된 개인화되고, 정확한 서비스를 제공하게 될 것이다.

상황인지, 추천하고 개인화한다

티몬, 쿠팡 및 위메프 등 소셜 커머스의 진화된 기술 중의 하나는 고객의 쇼핑 패턴과 위치 정보 등을 활용하여 개인에게 맞는 상품을 적시에 추천한다는 것이다. 상황인지는 "상황의 변화를 감지하고 사용자에게 적합한 정보나 서비스를 제공하거나, 시스템이 스스로 상태를 변경하는 것"을 말한다. 이러한 상황의 변화를 컴퓨터가 이해하기 위해서는 상황을 특징 하는 임의의 정보를 판단하고 정보의 변화에 따라 능동적으로 대처하는 것이 요구된다. 즉 상황인지란 위치를 포함해서 사용자의 현재 상황을 인식하는 것을 의미한다.

상황인지의 가장 큰 특징은 추천과 개인화에 있다. 상황인지 기술을 서비스에 적용한 주요 기업으로는 아마존과 구글, 페이스북 등이 있다. 아마존은 고객이 도서를 구매할 때, 고객의 구매 이력을 저장하고 분석한 결과를 토대로 도서 검색 및 구매 시에 고객의 취향을 고려한 추천 도서를 보여 주는 서비스를 제공한다.

구글은 iGoogle과 같은 서비스를 통해 사용자의 만족도를 극대화하기 위한 다양한 인터페이스를 제공하고 있으며, 페이스북은 개인의 프로파일에 기반을 두어 친구를 찾아 주거나 검색에 활용하는 등의 서비스 형태를 보여준다.

상황인지 관련 기술

행동형태나 위치를 추적하기 위한 장치로 가장 많이 활용되고 있고, 활용될 것으로 기대되는 기술은 역시 RFID^{Radio Frequency Identification}이다. RFID는 물품에만 부착되지 않고, 유기견 방지를 위해 개나 고양이처럼 동물에도 활용되며, 머지않아 사람에게도 RFID가 부여될 것이다.

미국 등에서 활발하게 연구 중인 스마트 더스트Smart Dust 역시 관심을 가질 기술 중 하나이다. 1mm² 미만의 크기로 빛, 온도, 진동 등을 감지할 수 있는 센서, 기기 등의 네트워크이다. 험준한 산에 용의자가 숨어 있을 때 공중에 살포하여 그 움직임을 실시간 추적할 수 있다면 수 만명을 동원하지 않고도 쉽게 찾을 수 있다. 이 기술은 전쟁에서 매우 유용하게 사용될 것으로 기대되어 현재 미 국방성에서 연구 개발 중이다.

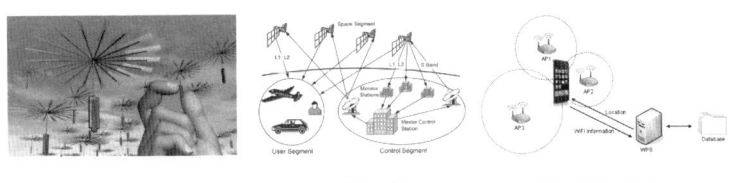

스마트 더트   GPS 기반 서비스   WPS 기반 서비스

위치 기반 서비스로는 위성에서 보내는 신호를 수신해 사용자의 현재 위치를 계산하는 위성항법 시스템인 GPSGlobal Positioning System 실내에서도 위치 추적이 가능하여 더욱 정교한 상황인지가 가능하도록 하는 WPSWi-Fi Positioning System가 있다. 그러나 문제가 있다. Wi-Fi로 대변되는 무선랜 서비스가 국가나 도시 간 빈부 격차에 따라 차이가 크다는 것이다. 향후 서비스 활용에 제약사항으로 보인다.

상황인지 기술은 사용자가 정보기기 및 관련 서비스를 이용하는 데 근본적인 변화를 가져다줄 것으로 보인다. 인터넷에 연결된 수십 억 개의 기기는 점점 스마트해지고, 상황 데이터를 감지하고 공유하는 기술은 모바일기기와 더불어 전혀 예상치 못한 서비스로 등장하면서 상황인지 기술의 적용 범위는 더욱 확대될 것으로 보인다.

영화 같은 가상현실이 현실로 보여진다

증강현실Augmented Reality은 사용자가 눈으로 보는 현실세계에 가상 물체를 겹쳐 보여 주는 기술이다. 현실세계에 실시간으로 부가정보를 갖는 가상세계를 합쳐 하나의 영상으로 보여 주므로 혼합현실Mixed Reality이라고도 한다. 현실환경과 가상환경을 융합하는 복합형 가상현실 시스템Hybrid VR System으로 1990년대 후반부터 미국과 일본을 중심으로 연구, 개발 중이다.

증강현실은 기본적으로 사물에 대한 인식이 이루어진다는 가정을 전제로 한다. 부가정보를 실체와 결합해 보여 주려면 실체가 무엇인지 알아야 하기 때문이다. 그래서 바코드 등의 태그정보를 이용한 인식이나, RFID, GPS 등의 센서를 이용한 인식이나, 이미지 또는 음성인식이 필요하다.

최근에는 인식하는 수단으로 생체인식 방법을 활용하는 경우가 많아졌다. 특히 생체인식의 응용이 가장 활발하게 이루어지는 분야가 보안 분야이다. 허가된 사람에게 접근을 허용하기 위해서는 생체만큼 확실한 게 없기 때문이다. 그래서 공항에서도 지문인식이 일반화되고 있고, 보안이 심한 곳은 홍채인식이나 정맥인식까지 적용하고 있다.

영화 '마이너리티 리포트'에서도 생체인식 장면이 나온다. 주인공이 추적을 피해 도망을 가고 있을 때, 벽에 설치된 광고판 옆의 카메라가 주인공을 인식하고 주인공이 좋아하는 '불가리' 향수 광고를 바로 광고판에 내보내는 장면이다.

또한, 증강현실을 실외에서 실현하는 것이 착용식 컴퓨터Wearable Computer이다. 특히 구글글래스 같이 머리에 쓰는 형태의 기기는 사용자가 보는 실제 환경에 컴퓨터 그래픽, 문자 등을 겹쳐 실시간으로 보여 줌으로써 증강현실을 가능하게 한다.

상점에 설치된 인터렉티브 증강현실 키오스크가 있다. 고객이 브로셔나 제품 상자 또는 패키지를 키오스크 카메라 앞에 들이대면 다양한 관련 정보와 미디어가 표시된다. 증강현실은 컴퓨터를 바탕으로 형성된 상황에 맞는 자료 및 시각화를 통해 우리가 바라보는 것을 겹쳐 준다는 의미를 가진 포괄적인 단어이다. 이 기술의 초점은 우리를 둘러싼 것과 직접 관련된 정보를 제공함으로써 그것과 상호 작용할 수 있는 능력을 증가시키는 데 있다.

자동차에 적용된 증강현실

모바일 앱을 활용

웨어러블 활용

증강현실의 적용사례와 미래

증강현실은 어쩐지 미래의 이야기처럼 들리지만, 사실 이미 존재하는 기술이며, 기업에 무한한 기회를 제시한다. 이제 이 증강현실을 기업의 이익을 위해 어떻게 활용해야 할지 생각해야 할 시점이다. 일부 업계 관계자와 전문가들은 증강현실이 모바일 시장의 판도를 바꿔 놓을 만한 위력을 가졌다고 자신하고 있다.

영화 터미네이터에서 아놀드 슈워제네거가 로봇 관점으로 자동차, 사람, 사물을 보는 즉시 관련 정보가 표시되는 것을 본 적이 있을 것이다. 로봇은 위험이나 피해의 정도를 실시간으로 예상해서 계산하고, 그 정보를 현재 시야에 덧붙인다. 아마 언젠가는 이 영화 속 이야기가 현실이 될 것이다.

아토믹 그리팅스Automic Greetings라는 신생기업은 '증강현실 인사말 카드'를 판매한다. 사용자가 직접 카드를 디자인하고, 이 카드에 넣을 비디오를 업로드하면 아토믹 그리팅스가 종이 카드를 우편으로 보낸다. 받은 사람이 이 카드를 PC 웹캠 앞에 대면 PC의 화면에서 비디오가 재생되는 방식이다.

올림푸스는 펜 E-PL1 카메라를 증강현실을 통해 홍보한다. 특수하게 제작된 카드를 웹캠 앞에 들어 올리면 컴퓨터에서 생성된 카메라가 화면에 나타난다. 이 증강현실을 통해 얻는 것은 카메라를 들고 있는 자신의 모습이 전부다.

여러 증강현실 구현 중 가장 그럴듯한 것은 온라인 상점에서 옷을 미리 입어볼 수 있는 애플리케이션이다. 사용자 주변으로 버튼이 떠다니고, 이 버튼 중 하나로 손을 통과시키면 해당 버튼이 활성화된다. 여러 스타일과 색을 돌아가면서 보기 위한 버튼이다. H&M 온라인 쇼핑몰의 '가상 옷 입히기' 응용 프로그램은 고객과 비슷한 유형의 모델을 찾아 선택하고, 구매하고 싶은 옷과 액세서리 등을 클릭해 입혀 보고, 마음에 드는 물건을 구매하게 한다.

증강현실은 특히 학습 분야에서 가장 주목받고 있다. 백과사전을 넘길 때마다 실사화면과 컴퓨터그래픽이 혼재돼 나타난다고 생각해보라. 실제 교육계에선 증강현실을 이용한 일명 '매직북' 연구개발이 한창이다.

복잡한 전선을 조립하거나 자동차 엔진을 수리하는 일도 증강현실을 이용하면 훨씬 쉽다. 순서에 맞는 조립품과 끼워 넣어야 할 위치를 가상으로 보여 주면 초보자도 숙련된 엔지니어만큼 수월하게 일을 해치울 수 있기 때문이다.

BMW는 Z4를 증강현실로 광고한다. 특수한 기호를 인쇄한 다음, 이 인쇄물을 웹캠 앞에 대면 마법처럼 자동차가 나타난다. 그러면 화면의 차를 확대하거나 축소하고 책상 위 여기저기로 운전해볼 수 있다. 도요타 및 아우디도 비슷한 광고를 시행하고 있다.

이러한 증강현실 앱은 처음 보면 신기하고 멋지지만 그게 전부다. 신기한 느낌은 금방 사라진다. 이와 같은 마케팅 캠페인에 이끌린 사용자는 '현실에 없는 어떤 것을 현실에 있는 어떤 것 위에 덧씌워 보여 주는' 무의미한 비디오를 보게 된다.

위 사례에서 본 것은 결코 '현실을 증강'하지 않는다. 현실이 아니라 마케팅과 미디어를 증강할 뿐이다. 증강현실은 마케팅과 미디어가 만들어 내는 인공 세계가 아니라 현실 세계의 증강을 의미한다.

현재의 모바일 증강현실 앱은 그야말로 초기 단계다. 기대치를 지나치게 높게 잡지 않는 편이 좋다. 현시대의 스마트폰의 기능도 한계를 가진다. 문제는 앞으로 증강현실이 기대치만큼의 역할을 해 줄 것이냐는 점이다.

증강현실이 가상현실보다 좀 더 유용해보는 것은 사실이지만 향후 발전 방향과 실세계에의 적용성은 아직 지켜봐야 할 입장이다. 특히 비즈니스 분야에의 적용은 더욱 그렇다. 그럼에도 앞으로 수년 내에 더욱 진보한 스마트폰과 모바일기기가 등장할 것이라는 점은 분명하다. 그리고 이들 기기는 모바일 증강현실 앱이 더 정확하게 실세계를 인식하고 추적할 수 있게 해줄 것이다.

05

웹 3.0 또는 웹스케어드 시대로

사용자 인터페이스의 발전방향을 한 마디로 압축하면 '내추럴'이다. 자연스러움이란 학습이 필요없이 눈에 보이지 않는다는 의미도 포함한다. 1세대 인터페이스는 마우스와 키보드다. 2세대는 요즘 스마트폰에 적용된 터치스크린이다. 3세대는 비접촉 동작 인식 방식이 대표적이고, 4세대는 비접촉 3D 상호작용이 될 것이다. 웹에 대한 접근방식도 마찬가지다. 초기에는 원하는 정보를 얻기 위해 스스로 찾아가야 했으나, 이제는 원하는 자료가 자연스럽게 알아서 찾아 주는 시대로 접어들고 있다.

인간과 컴퓨터의 상호작용

요즘 미래의 IT 기술로 주목받고 있는 분야가 있다. 바로 인간과 컴퓨터 간의 상호작용에 대해 연구하는 '인간과 컴퓨터의 상호작용HCI : Human computer interaction이다. HCI의 목적은 사람이 컴퓨터라는 도구에 대한 부담 없이 원하는 일을 성공적으로 수행하도록 도움을 주는 것이다.

인간과 컴퓨터 사이에서 의사소통을 할 수 있도록 일시적 또는 영구적인 목적으로 만들어진 물리적, 가상적 매개체가 사용자 인터페이스다. 사용자 인터페이스는 IT 기술의 발전과 함께 지속적으로 발전해 왔고, 지극히 인간 친화적으로 진화되었다.

1세대 인터페이스를 대표하는 것은 마우스와 키보드이다. 키보드의 경우는 초보자가 쉽게 배우기 어렵고, 자연스럽게 쓰기 위해서는 오랜 시간 숙달이 필요하다. 반면 마우스는 상대적으로 편리성을 갖추고 있으나, 키보드만큼 다양한 기능을 소화하기 힘들다는 단점이 있다.

2세대는 터치스크린이다. 최근 스마트폰이 널리 보급되면서 터치스크린은 일상화가 되었고, 눈에 보이는 아이콘이나 메뉴를 손가락으로 누르면 되기 때문에 학습 시간이 짧고 사용하기도 편리하다. 한 살배기 아기가 아이폰을 사용하는 동영상은 터치스크린의 편리성을 극단적으로 보여 주고 있다. 또한, 이 방식은 마이크로소프트의 서페이스Surface로 대표되는 테이블 PC에 활발히 적용될 것으로 예측된다.

마이크로소프트의 차세대 인터페이스 'Surface'   아이패드 터치스크린

3세대는 비접촉 동작 인식 방식이 대표적으로 닌텐도 위같이 반드시 컨트롤러가 필요한 경우와 마이크로소프트의 Xbox 360 키넥트처럼 별도의 컨트롤러 없이 사용자의 동작을 인식하여 처리하는 경우가 있다. 결국, 2세대와 3세대의 차이는 접촉 여부에 있다.

4세대 인터페이스는 비접촉 3D 상호작용Interaction 방식이 대표적이다. 미래의 기술로 실사 수준의 3D 콘텐츠를 생성하고, 3D 안경을 착용하지 않고서도 사용할 수 있는 경지에 이를 것이다. 이 수준까지 진화하면 상품을 구매하기 위해 상점에 직접 가지 않더라도 컴퓨터를 통해 상하좌우를 살피고, 내부를 열어볼 수 있게 되어 새로운 쇼핑문화가 만들어질 것이다.

닌텐도 위를 이용한 게임

MS Xbox 360 키넥트를 활용한 게임

웹 3.0 시대가 여는 세상

웹 1.0 시대에서 웹 2.0 시대로 접어들면서 정보에 접근하는 방식과 범위가 획기적으로 바꿨다. 웹 초창기에는 특정 기사를 보기 위해서는 해당 콘텐츠를 만든 웹사이트에 접속해야 했다. 그러나 요즘은 네이버나 다음 같은 포탈에 들어가면 원하는 기사나 정보를 대부분 구할 수 있다.

웹 2.0 시대에는 더는 특정 기사나 콘텐츠를 구하기 위해 해당 사이트를 직접 방문할 필요가 없다. 사실 소비자의 입장에서는 어떤 물건을 사는지, 어떤 정보를 보고 싶은지가 중요한 거지, 어디서 사고, 보는지는 별로 중요치 않다.

인터넷 초장기에는 정보를 접할 수 있는 계층이 한정되어 있고 정보의 독점이 가능했지만, 이제 위키리크스Wikileaks 사례처럼 기밀문서도 구할 수 있는 시대에 살고 있다. 이제는 콘텐츠를 독점할 수도 없고, 같은 분야 내에서만 경쟁할 수도 없다.

나이키의 경쟁상대가 닌텐도가 되듯이, 전혀 상관없는 회사끼리도 경쟁할 수밖에 없는 무한 경쟁시대에 살고 있다. 참이슬 경쟁상대가 스마트 TV가 될 수도 있고, 엔씨소프트 경쟁사가 미드가 될 수도 있다. 구글이나 마이크로소프트처럼 거대 IT 기업조차도 정보 관리나 정보 서비스 관련 회사가 아닌 음악, 동영상, 소셜 등 어떠한 분야이든 콘텐츠를 제공하는 회사를 경쟁적으로 인수하고 있다.

사용자의 관심이 점점 분산되어가고 있고, 원하는 콘텐츠를 별개의 바구니에 담아서는 경쟁력이 없기에, 직접 콘텐츠를 제어하고 사용자가 원하는 정보를 하나로 확실히 모아 제공하겠다는 생각이다.

웹 1.0은 기술 중심으로 대부분이 운영체제와 브라우저에 종속되어 있었고, 웹 2.0은 사람이 중심이 되는 참여와 공유의 개념을 바탕으로 운영체제와 브라우저에 상관없이 기능 구현이 가능하다.

Web 1.0		Web 2.0
DoubleClick	-->	Google AdSense
Ofoto	-->	Flickr
Akamai	-->	BitTorrent
mp3.com	-->	Napster
Britannica Online	-->	Wikipedia
personal websites	-->	blogging
evite	-->	upcoming.org and EVDB
domain name speculation	-->	search engine optimization
page views	-->	cost per click
screen scraping	-->	web services
publishing	-->	participation
content management systems	-->	wikis
directories (taxonomy)	-->	tagging ("folksonomy")
stickiness	-->	syndication

웹 2.0이 새로운 기술의 선도이었던 시대가 불과 몇 년 지나지 않아서 데이터의 의미를 중심으로 서비스의 패러다임이 바뀌는 웹 3.0 시대가 다가왔다. 웹 3.0은 지식을 연결하는 시대이다. 그것도 사람이 아닌 컴퓨터가 할 것이다. 컴퓨터가 이해할 수 있는 콘텐츠를 생산하는 것이 웹 3.0의 핵심 가치이다.

정보 간에 연결이 잘 되어 있고, 그 정보를 컴퓨터가 이해할 수 있는 수준으로 정의한다면 충분히 가능한 얘기이다. 그렇다고 인간을 위한 '문서의 웹'이 없어지는 것은 아니다. 웹 3.0 시대에는 인간과 컴퓨터가 각각 이해할 수 있는 '문서의 웹'과 '데이터의 웹'이 상호 공존할 것이다.

링크드 데이터와 시맨틱 웹

연결된 데이터란 의미의 링크드 데이터는 LOD^{Linking Open Data} 프로젝트가 만들고자 하는 목표이자 산물이다. 이 프로젝트는 누구나 자유롭게 이용 가능한 데이터를 만드는 것을 목표로 하고 있으며, RDF^{Response Description Framework}라는 형식으로 웹에 데이터를 공개하고 데이터 간의 링크를 만듦으로써 상호 연결을 강화하는 방향으로 '데이터의 웹'을 만들고 있다.

데이터의 웹은 데이터가 연계, 협업 될 때 진정한 의미의 시맨틱 웹이 실현될 수 있음을 강조하던 팀 버너스리^{Tim Berners Lee}가 2009년 TED 콘퍼런스에서 링크드 데이터의 중요성에 대해 언급하며, 데이터 웹을 위해서는 데이터의 개방을 통한 연계, 협업이 이루어져야 한다고 말했다.

즉, 가공된 데이터가 아닌 원천 데이터^{Raw Data}가 더 많이 개방되고 연계되어야 시맨틱 웹이 실현될 수 있고, 이 원천 데이터가 더 많이 링크드 데이터화 되어야 풍족한 정보의 꽃을 피울 수 있다.

링크드 데이터는 학술 데이터뿐만 아니라 정부, 백과사전, 사진, 동영상 등 전 분야를 망라한 전 세계 데이터를 포함한다. 현재의 속도로 커 나간다면 몇 년 내에 '문서의 웹'에 있는 대부분 정보를 '데이터의 웹'에서도 볼 수 있을 것이다.

데이터가 연결된다는 것이 얼마나 큰 힘을 발휘할 수 있는지 예를 들어 보겠다. 어떤 특정 인물을 선택한다고 할 때, 그 사람이 어디에서 글을 올렸는지 확인할 수 있고, 그 지역을 다룬 신문 기사를 계속해서 찾아볼 수 있고, 그 기사에서 다룬 주제에 해당하는 사진과 사진이 찍힌 위치와 기자를 연속적으로 확인할 수 있다.

이렇듯이 지식이 연결되는 웹 3.0 시대가 완성되면, 바로 지능이 연결되는 웹 4.0 시대가 도래한다. 여기에서 지능은 인간이 아닌 컴퓨터의 지능을 의미한다.

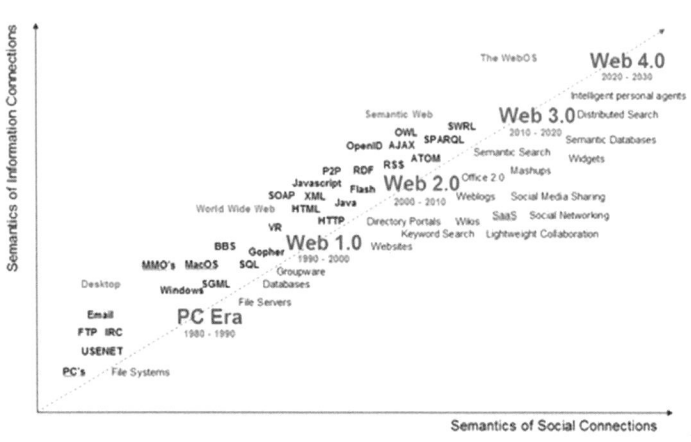

Web Road Map source : Radar Networks, 2007

시맨틱Semantic이란 용어는 의미를 뜻한다. 현재의 웹이 '문서의 웹'이라고 한다면, 시맨틱 웹은 '데이터의 웹'이다. 문서의 웹은 전 세계적인 거대한 파일 시스템이고, 데이터 웹은 전 세계적인 거대한 데이터베이스를 뜻한다. 문서 웹은 사람이 사용하기 위한 웹이고, 데이터 웹은 기계가 사용하기 위한 웹이다.

시맨틱 웹의 핵심 기술 중 하나는 추론이다. 추론이란 것은 삼단논법과 같이 기존 지식으로부터 새로운 지식을 계속 익혀 나갈 수 있는 기반 기술이다. 시맨틱 웹에서는 이 기반 기술을 표준화하고 컴퓨터에 적용함으로써 컴퓨터가 새로운 사실을 빨리 습득하는 동시에 그 사실에 숨겨져 있는 또 다른 사실을 알아챌 수 있게 해준다.

사람이 100년 걸려 습득할 수 있는 지식을 컴퓨터는 하루면 할 수 있는 수준으로 발전하고 있고, 거기에 추론이 더해지면 2025~2030년에는 사람과 대화하고 작업을 지능적으로 알아서 수행할 수 있는 로봇이 등장할 것이다. 사람과 기계가 공존하는 세상, 기계가 사람과 대화하고 작업을 수행하는 세상, 기계끼리 서로 도우며 협업하는 세상, 시맨틱 웹이 추구하는 세상이다.

Epilogue

기술과 인문학이 교차하는 지점에 있어라

2010년 스티브 잡스는 아이폰 이후로 또 한 번의 혁신적인 상품인 아이패드를 선보였다. 이미 췌장암의 재발로 죽음을 눈앞에 둔 초췌한 모습의 그는 여느 발표회와 마찬가지로 터틀넥의 웃옷에 청바지와 운동화 차림이었다. 그 날의 발표도 감동적인 것은 말할 필요가 없다. 하지만 저자는 끝에 나온 그의 결론에 주목한다. 애플이 아이패드와 같은 창조적 상품을 만들어 낼 수 있었던 것은 "기술과 인문학이 교차하는 지점에 있으려고 노력했기 때문이다."라고 말한 부문이다.

우리는 영화 같은 미래가 현실이 되는 과학기술의 시대에 살고 있다. 하루가 멀다고 발전하는 기술에 현기증이 날 지경이다. 과학기술은 단순한 도구 이상이다. 과학기술이 현대문명을 발전시킨 편의 수단에 지나지 않는다면 우리는 결코 인문과 기술의 관계와 융합을 논하지 않을 것이다.

현대의 인간은 기계 없이는 살 수 없다. 우리가 사는 세계의 모습을 결정적으로 이끌고 있는 것은 두말할 필요없이 기술이다. 다양한 자동차로 움직이고, 인터넷과 휴대폰 같은 통신기구로 소통하며, TV와 각종 게임

기기로 오락을 경험하고, 조명기구, 에어컨과 같은 기계장치를 이용해 날씨와 자연환경에 영향 받지 않으려 한다.

스티브 잡스가 아이패드와 같은 창조적 상품을 만들 수 있는 이유로 인문학과 기술의 융합을 이야기한 것은 구체적으로 말하고 있지는 않지만, 도구를 사용하는 인간에게 좀 더 편하고, 효율적으로 활용됨으로써 궁극적으로는 경제적인 이득을 취하려고 하지 않았을까?

사람이 인문과 기술, 인문학과 과학기술의 관계를 이야기하기 시작했다는 것은 이 관계에 문제가 있다는 것을 의미한다. 우리는 매일 마시는 공기를 의식하지 못하고, 생명을 유지해주는 심장의 박동을 자각하지 못한다. 숨쉬기가 힘들 정도로 오염되었을 때 공기를 느끼고, 몸에 이상이 있을 때 심장 박동 소리를 듣는 것처럼, 자연스러운 것이 더는 자연스럽게 느껴지지 않을 때 우리는 비로소 그것을 의식하게 된다.

눈부시게 발전하는 과학기술은 더는 단순한 삶의 도구로서가 아니라 거꾸로 우리의 삶을 결정하는 막강한 힘으로서 작용한다. 우리는 자동차 없이는 움직이지 못하고, 휴대폰 없이는 소통할 수 없으며, 컴퓨터 없이는 글도 쓰지 못한다. 우리가 누리고 있는 생활수준이 오로지 과학과 기술의 덕택이라면, 어느 누가 기술의 현실적 힘을 부정하겠는가?

21세기의 기술은 단순한 도구적 기술이 아니다. 정보기술IT, 생명공학BT, 나노공학NT, 로봇공학Robotics 등으로 대변되는 첨단 과학기술은 이미 인간 자체를 대상으로 삼고 있다. '기술은 힘이다.'라는 명제를 통해 인류에게 도움을 주고 편리하게만 해주는 의미에서, '기술은 이미 권력이다.'라는 관점에서 인간 스스로 만들어 낸 기술권력을 제어할 수 있는 새로운 미래 윤리가 필요하다고 본다.

미래의 인류는 과학기술의 뛰어난 발전으로 철저하게 변화할 것이다. 우리는 노화의 필요성, 인간 지성과 인공두뇌의 제약, 공간적, 시간적 제약으로부터 해방될지도 모른다. 과학기술은 우리에게 창조된 대로 사는 대신 스스로 자신의 삶과 생명을 창조하는 힘을 부여한다.

그러나 많은 인류학자는 이런 과학기술의 발전에 두려워한다. 그들은 인간의 삶과 생명, 그리고 삶의 터전인 지구 자체를 위험에 빠뜨릴 수 있는 기술의 힘에 대해 윤리적 문제를 제기한다. 그런 한편 이렇게 질문한다. 늙어 가는 것은 과연 가치가 없는가? 죽음의 불가피성이 오히려 생명의 진화에 도움이 되지 않는가? 망각은 인지적 능력의 결함에 불과한가?

문제는 인간을 풍요롭게 하는 기술로 표현되는 과학기술의 힘을 어떻게 인간의 존엄과 품위에 기여할 수 있는 방향으로 조정할 수 있는가 하는 것이다. 이것이 바로 21세기에 막강한 힘을 발휘하고 있는 과학기술과 인문학의 융합을 요구하는 핵심적 이유이다.

융합 기술은 이제 인간의 삶과 인간 능력을 개선하는 데 만족하지 않고, 인간 조건 자체를 변화시키려 한다. 건강하게 오래 살고 싶지 않은 사람이 있겠는가? 치매에 대한 공포가 확산되고 있는 오늘날 자신의 기억력과 사고 능력을 향상하고 싶지 않은 사람이 과연 있겠는가? 기쁨과 행복에 필수적인 정서적 통제력을 원하지 않는 사람이 있는가? 사람은 항상 인간과 삶과 행복에 부과된 어떤 장애와 한계도 극복하려 노력해 왔다. 이런 상황에서 누가 감히 인간 능력을 획기적으로 향상시킬 수 있는 융합 기술을 반대하겠는가?

새로운 융합 기술이 단순히 인간 삶의 향상을 추구한다면 문제는 간단하다. 하지만 나노 공학, 바이오 기술, 로봇공학 등 유사한 과학이 결합한 새로운 융합 기술은 이제까지와는 전혀 다른 새로운 상황을 만들어 냈다. 예컨대 유전공학 덕택에 우리 인간은 이제 자신을 스스로 재설계할 수 있을 뿐만 아니라 다양한 한계에서 탈피하기 위하여 미래 세대를 다시 디자인할 수 있게 되었다.

분명 눈부신 정보기술의 힘으로 우리는 윤택한 삶을 살고 있다. 하지만 이제 스스로 제어하고 통제할 수 있어야 한다. 자신도 모르는 사이 중독되고, 노예가 되는 일은 없어야겠다. 그런 측면에서 정보기술 권력에 지배당하지 않고, 삶의 편리를 위해서는, 한 박자 쉬면서 자신을 돌아볼 필요가 있다.

오늘날 우리에게 무엇보다 긴박하게 필요한 것은 생각할 수 있는 여유를 갖는 것이다. 기술과 인문학의 교차점에 있으려고 하는 것은 현기증 나는 속도로 질주하는 과학기술에 제동을 거는 것으로 생각한다. 그리고 이렇게 묻는다. 무엇을 위한 과학기술인가? 발전된 과학기술의 대가로 치러야 하는 희생 제물은 무엇인가?

저자는 미래의 정보기술이 인문학의 도전으로 인류를 더 풍족하게 하고, 우리가 꿈꾸는 사회의 방향을 함께 성찰함으로써 정보기술이 '인류와 미래를 생각하는 힘'이 되기를 기대한다.

참고문헌

【도서】

- Google's 10 Golden Rules, 구와바라 데루야 지음/ 김정환 옮김. 2011, 윌컴퍼니.
- IBM 창업자와 후계자, 토머스 왓슨, 피터 페트리 지음/ 유철준 옮김. 2004, 을유문화사.
- Inside Apple, 애덤 라신스키 지음/ 임정욱 옮김. 2012, 청림출판.
- Linked, 알버트 라줄로 바라바시 지음/ 강병남, 김기훈 옮김. 2002, 동아시아.
- IT 슈퍼리치의 조건, 김정남 지음. 2012, e비즈북스.
- IT에 의한 뉴 비즈니스 세상, 정한민. 2011, 이담북스.
- IT 천재들, 이재구 지음. 2011, 미래의 창.
- The very next new thing, 지니 크레이엄 스콧 지음/ 신동숙 옮김. 2011, 미래의 창.
- WEB 2.0 이노베이션, 오가와 히로시, 고토오 야스나리 지음/ 권민 옮김. 2006, 브라이언앤컴퍼니.
- 강한 자가 아니라 적응하는 자가 살아남는다, 김진백. 2012, 성안당.
- 거의 모든 IT의 역사, 정지훈 지음. 2010, 메디치.
- 검색으로 세상을 바꾼 구글스토리, 존 바텔 지음/ 이진원, 신윤조 옮김. 2005, 랜덤하우스.
- 과학기술과 인간 정체성, 김선희 지음. 2012, 아카넷.
- 구글드 Googled, 켄 올레타 지음/ 김우열 옮김. 2010, 타임비즈.
- 구글 아마존화 하는 사회, 모리 켄 지음/ 하연수 옮김. 2008, 작가정신.
- 구글 이후의 세계, 제프리 스티벨 지음/ 이영기 옮김. 2011, 웅진 지식하우스.
- 기술과 전향, 마르틴 하이데거 지음/ 이기상 옮김. 1993, 서광사.
- 나이키의 상대는 닌텐도다, 정재윤 지음. 2009, 마젤란.
- 누가 한국의 스티브잡스를 죽이나, 김재연 지음. 2012, 서해문집.
- 대한민국 IT사 100, 김중태 지음. 2009, e비즈북스.
- 대한민국 IT인사이드, 조신 지음. 2013, 중앙북스.
- 드래곤플라이 이펙트, 제니퍼 아커, 앤디 스미스 지음/ 김재연 옮김. 2011, 랜덤하우스.
- 디지로그 선언, 이어령 지음. 2006, 생각의 나무.
- 디지털 기업의 4가지 코드, 래리 크레이머 지음/ 김지현 옮김. 2012, 21세기북스.

- 디지털을 읽는 10가지 키워드, 글렌 크리버 외지음/ 나보라 옮김. 2011, 이음.
- 라이프 3.0, 메타트렌드연구소 지음. 2012, 한스미디어.
- 마이크로소프트 재창조, 로버트 슬레이터 지음/ 김기준 옮김. 2005, 조선일보사.
- 마크 주커버그의 초고속 업무술, 구와바라 데루야 지음/ 김정환 옮김. 2011, 랜덤하우스.
- 모든 견고한 것들은 하이퍼텍스트 속으로 사라진다, 최혜실 지음. 2000, 생각의 나무.
- 모바일 이노베이션, 김지현 지음. 2010, 21세기북스.
- 무엇이 세상을 바꿀 것인가, 정지훈 지음. 2012, 교보문고.
- 미디어 2.0과 콘텐츠 생태계 패러다임, 송해룡 지음. 2009, 성균관대학교 출판부.
- 미래가 보이는 25가지 트렌드, 크리스토퍼 바넷 지음/ 손진형 옮김. 2012, 더난콘텐츠.
- 미래 기업의 조건, 클레이튼 크리스텐슨 지음/ 이진원 옮김. 2005, 비즈니스북
- 미래를 만든 Geeks, 앤디 허츠펠드 지음/ 송우일 옮김. 2010, 인사이트.
- 미래를 생각한다, 정재승외 지음, 2012, 비즈니스맵.
- 바이오테크 시대, 리프킨, 제레미 지음/ 전영택, 전병기 옮김. 1999, 민음사.
- 반도체 비즈니스 제대로 이해하기, 강구창 지음. 2010, 지성사.
- 백년기업의 변화경영, 윤정구 지음. 2010, 지식노마드.
- 빅데이터가 만드는 비즈니스 미래지도, 송민정 지음. 2012, 한스미디어.
- 빅데이터 세상을 이해하는 새로운 방법, 박순서 지음. 2013, 레디셋고.
- 빅데이터 어떻게 활용할 것인가, 오라일리 미디어 엮음/ 배장열 옮김. 2013, 제이펍.
- 빌게이츠 넥스트페이지, 메리 조 폴리 지음/ 양승민 옮김. 2009, 엘도라도.
- 빌게이츠 @ 생각의 속도, 빌 게이츠 지음/ 안진환 옮김. 1999, 청림출판.
- 삼성브랜드는 왜 강한가, 신철호, 이화진, 하수경 지음. 2009, 김앤김북스.
- 삼성전자 왜 강한가, 한국경제신문 특별취재팀 지음. 2002, 한국경제신문사.
- 세계 1위 메이드인 코리아 반도체, 최영락, 이은경 지음. 2004, 지성사.
- 소셜 네트워크가 만드는 비즈니스 미래지도, 김중태 지음. 2010, 한스미디어.
- 스마트 워크 앤 스마트 라이프, 지용구 지음. 2012, 매경출판.
- 스마트 융합과 통섭 3.0, 신동희 지음. 2011, 성균관대학교.
- 스마트 TV 혁명, 고찬수 지음. 2011, 21세기북스.
- 스마트 혁명, 이상호, 김선진 지음, 2011, 미래를 소유한 사람들.
- 스티브잡스, 월터 아이작슨 지음/ 안진환 옮김. 2011, 민음사.
- 스티브 잡스 어록, 조지 빔 지음/ 이지윤 옮김. 2011, 샘앤파커스.
- 스티브 잡스의 위대한 선택, 하야시 노부유키 지음/ 정선우 옮김. 2007, 아이콘북스.
- 실리콘밸리 스토리, 데이비드 캐플런 지음/ 안진환, 정준희 옮김. 2000, 동방미디어.
- 아마존닷컴 경제학, 류영호 지음. 2013, 아이콘출판.

- 애플의 방식, 제프리 크루이상크 지음/ 정준희 옮김. 2007, 더난출판.
- 우리가 아는 미래가 사라진다, 김형근 지음. 2013, 위즈덤하우스.
- 웹 이후의 세계, 김국현 지음. 2012, 성안당.
- 융합시대 핵심키워드 지식비즈니스가 뜬다, 윤태성 지음. 2013, 매일경제신문사.
- 이건희 리더쉽, 김병완 지음. 2013, 문학스케치.
- 이기는 기업은 무엇이 다른가, 맹명관 지음. 2012, 책이있는풍경.
- 인문학과 과학기술은 어떻게 만나는가?, 이인식 지음. 2008, 고즈윈.
- 인사이드 인텔, 팀 잭슨 지음/ 금기현 옮김. 1998, 세종연구원.
- 인사이트 지식사전, 조선경제I 연결지성센터 지음. 2010, 샘앤파커스.
- 일과 일터의 혁명 스마트워크, 오익재 지음. 2012, 성안당.
- 일등 기업의 이기는 습관, 정철화 지음. 2010, 도서출판 무한.
- 전자산업 100년사, 알프레드 챈들러 지음/ 한유진 옮김. 2005, 베리타스북스.
- 잡스 사용법, 한미화 지음. 2012, 거름.
- 잡스처럼 창조하고, 구글처럼 경영하라, 전유현 지음. 2012, 을유문화사. 전자책의 충격, 사사키 도시나오 지음/ 한석주 옮김. 커뮤니케이션북스.
- 정보화와 뉴미디어, 전석호 지음. 2006, 신광문화사.
- 제4의 물결중심 스마티즌, 김성태 지음. 2013, 북콘서트.
- 진화하는 정보기술 변화하는 세상, 김성철 지음. 2012, 시그마프레스.
- 집단지성이란 무엇인가, 찰스 리드비터 지음/ 이순희 옮김. 2009, 21세기북스.
- 칼리 피오리나, 조지 앤더스 지음/ 이중순 옮김. 2003, 해냄.
- 커넥티드, SBS 서울디지털포럼 사무국 엮음. 2011, 시공사.
- 컨버전스와 다중미디어 이용, 서울대학교 언론정보연구소. 2011, 커뮤니케이션북스.
- 쿠텐베르크에서 스마트폰으로, 조도현 지음. 2010, 해냄출판사.
- 클라우드 컴퓨팅, 크리스토퍼 버넷 지음/ 이경환, 윤성호 옮김. 2011, 미래의 창.
- 클라우드 혁명, 찹스 밥콕 지음/ 최윤희 옮김. 2011, 한빛비즈.
- 통제하거나 통제되거나, 더글러스 러시코프 지음/ 김상현 옮김. 2010, 민음사.
- 트위터, 140자의 매직, 이성규 지음. 2009, 책으로 보는 세상.
- 트위터 비즈니스, 신호철 지음. 2010, 아라크네.
- 페이스북 비즈니스, 구창환, 최규문, 정단비 지음. 2011, 더숲.
- 페이스북 이펙트, 데이비드 커크패트릭 지음/ 임정민, 임정진 옮김. 2010, 에이콘출판.
- 픽사 이야기, 데이비드 프라이스 지음/ 이경식 옮김. 2010, 흐름출판.
- 황의 법칙, 이채윤 지음. 2006, 머니플러스.
- 휴렛 팩커드 이야기, 데이비드 팩커드 지음/ 유영수 옮김. 1997, 중앙M&B.

【리포트】

- 소프트웨어 개발 신세계를 여는 5가지 빅 트렌드, Serdar Yegulalp, 2013, Infoworld.
- 2013 IT 전망 라운드업, Lynn Haber, 2012, IDG.
- 모두가 원하는 개발자 되기 10단계, Andrew Oliver, 2013, Infoworld.
- IT 메가트렌드에 대한 29가지 전망, Michael Cooney, 2012, Network World.
- 가트너 10대 전략 기술을 중심으로 본 정보보안, 심상규, 2012, 펜타시큐리티시스템
- IT 의사결정자가 참고해야 할 2014년 10대 트렌드, David Neo, 2013, MS Asia.
- 2014년 이후까지 이어진다 확실한 IT 트렌드 9가지, Eric Knorr, 2013, Infoworld.
- 3D 프린터와 기업 혁신, Zach Miners, 2013, IDG News Service.
- 웨어러블 기기가 바꿔 놓을 업무의 미래, J.P. Gownder, 2013, Computerworld.
- 데이터를 통해 커뮤니케이션 하라, 김동호, 2013, IDNCU.
- 빅 데이터 경영을 바꾸는 힘, 변진석, 2013, KT NexR.
- 성공적인 빅 데이터 프로젝트를 위한 전략 가이드, Bob Violino, 2013, Infoworld.
- 데이터 주도형 문화로 통찰력을 확보한다, Julia King, 2013, Computerworld.
- 빅 데이터에서 고객의 속마음을 꿰뚫어, AMO-RE PACIFIC, 2013, IBM.
- 데이터와 위치분석 결합 통해 새로운 통찰력을 창출한다, 윤국호, 2012, Esri Korea.
- 클라우드 시대의 새로운 DMZ, '아이덴티티', 빅 만코티아, 2013, CA EXPO Seoul '13.
- CIO, IT인이 아닌 리더가 되야, Diann Frank, 2012, CIO Executive Council.
- CIO의 역할 변화가 IT 관리자들에게 미치는 영향, 2011, IBM Global CIO Study.
- 2011 CIO 현황 보고서, Kim S. Nash, 2012, Dell.
- IT 우선순위를 바꿀 4가지 최신 경향, Shane O'Nell, 2012.
- 아마존·구글·애플·마이크로소프트 4대 글로벌 미디어 생태계 집중해부, JR Rapaael, 2012, Comuterworld.
- 국내 빅 데이터 사례, 이제부터 시작이다, 이대영, 2013, ITWorld.
- 빅 데이터로 보안 역량 개선한 지온스의 성공담, Bill Brenner, 2012, 지온스 CSO.
- 디즈니의 마법같은 고객서비스와 BI, Hamish Barwick, 2012, 디즈니 CIO.
- PC 컴퓨팅의 미래 울트라북의 이해, IDG 편집부, 2012, IDG Tech Report.
- 빅 데이터 및 소셜 분석의 이슈와 해결 방안, 정경후, 2012, 마이크로스트레티지.
- 클라우드 환경에 대응하는 HP의 데이터센터 솔루션, 유화현, 2012, 한국HP.
- 상상 그 이상의 파워-클라우드, 서경구, 2012, 마이크로소프트.
- 사설 클라우드 기능, 이점 및 경제성 비교, 2011, 마이크로소프트.
- 미래 성장 동력 확보를 위한 상품정보 즉각 활용, 2013, KDB 대우증권.